联邦学习
技术及实战

彭南博 王 虎◎等著

电子工业出版社
Publishing House of Electronics Industry
北京·BEIJING

内 容 简 介

本书针对产业界在智能化过程中普遍面临的数据不足问题，详细地阐述了联邦学习如何帮助企业引入更多数据、提升机器学习模型效果。互联网数据一般分布在不同的位置，受隐私保护法规限制不能共享，形成了"数据孤岛"。联邦学习像"数据孤岛"之间的特殊桥梁，通过传输变换后的临时变量，既能实现模型效果提升，又能确保隐私信息的安全。

本书介绍了联邦学习技术的原理和实战经验，主要内容包括隐私保护、机器学习等基础知识，联邦求交、联邦特征工程算法，三种常见的联邦形式，以及工程架构、产业案例、数据资产定价等。

本书内容源自产业实践经验，适合机器学习、数据挖掘和产业智能化领域的从业者与求职者阅读，也适合对联邦学习感兴趣的学术和研究人员阅读。

未经许可，不得以任何方式复制或抄袭本书之部分或全部内容。
版权所有，侵权必究。

图书在版编目（CIP）数据

联邦学习技术及实战/彭南博等著. —北京：电子工业出版社，2021.3
ISBN 978-7-121-40597-6

Ⅰ. ①联… Ⅱ. ①彭… Ⅲ. ①机器学习 Ⅳ. ①TP181

中国版本图书馆 CIP 数据核字（2021）第 032797 号

责任编辑：石　悦
印　　刷：涿州市般润文化传播有限公司
装　　订：涿州市般润文化传播有限公司
出版发行：电子工业出版社
　　　　　北京市海淀区万寿路 173 信箱　　邮编：100036
开　　本：720×1000　1/16　印张：21.25　字数：369 千字
版　　次：2021 年 3 月第 1 版
印　　次：2022 年 3 月第 2 次印刷
定　　价：106.00 元

凡所购买电子工业出版社图书有缺损问题，请向购书店调换。若书店售缺，请与本社发行部联系，联系及邮购电话：(010) 88254888，88258888。
质量投诉请发邮件至 zlts@phei.com.cn，盗版侵权举报请发邮件至 dbqq@phei.com.cn。
本书咨询联系方式：(010) 51260888-819，faq@phei.com.cn。

推 荐 序

科技是第一生产力,每一次新技术的出现都会带来生产力的进步,甚至进一步引发产业变革。但是,新技术的理论与生产实践之间存在鸿沟,跨越这条鸿沟是需要大量的探索实践才可能实现的。无论是当下的5G、区块链和人工智能,还是量子通信、量子计算、自动驾驶等探索中的技术,无不依赖于前赴后继的产业人去探寻实践道路。

联邦学习作为近几年新生的数据安全共享技术,在"数据孤岛"的情境下有用武之地。飞速发展的信息化技术使得政府、企业积累了大量的数据信息,这些数据信息对于构建社会信用体系、提升用户服务质量具有重要作用。但是这些数据信息往往因涉及用户隐私问题,导致流转障碍,形成了"数据孤岛"状态,不能满足国家培育数据要素市场的需求。同时,处于移动互联网这个大背景下,用户的各种行为(例如,消费、社交、娱乐等)都发生着深刻的变化,用户越来越多的信息在线上化,同时也在数据化。

作为行业从业者,我们所面对的挑战是大量用户仍然没有被传统金融机构的服务所覆盖,对于需要金融服务的用户来说,其信息搜集困难、信息不健全,大量的"数据孤岛"使得用户的分析犹如盲人摸象。同时,很多不良企业为了自己的业绩和利润,铤而走险,非法获取和传播用户的个人隐私数据,造成了大量用户信息的泄露。对此,监管部门重拳出击,整顿市场。联邦学习为监管、市场提供了一种可能的技术化解决方案。我们可以借助其技术特点,让数据可用不可见、隐私数据不出库,构建基于隐私计算的联邦学习模型,全面地评估用户的风险水平,既保证了用户的隐私安全,又防止了数据的泄露。我们如果能够合理地使用该技术,持续挖掘其潜在价值,那么能为我国的数字经济发展提供有益的帮助。

在金融科技等产业化应用中,该技术的理论门槛相对较高,涉及密码学、算法、工程等多项内容,市场上的相关技术和研究资料较少,导致企业在产业实践中常常遇到难以解决的问题,需要花费较长时间。

本书全面地介绍了联邦学习的技术原理,突出案例应用和实践经验,对联邦学习产业应用具有较大的参考价值。

京东集团副总裁、京东科技集团风险管理中心负责人

程建波

2021 年 2 月

前　　言

写作背景

联邦学习迅速成了产业界的宠儿，很多互联网企业纷纷投入研发资源，并进行市场布局。这项技术于 2016 年被谷歌提出，在 2019 年年初被引入国内，在 2020 年即已出现数十家企业提供的产品，并出现了大规模的商业应用，这种速度在新技术应用中实属罕见。

究其原因，是因为联邦学习可以解决企业之间的"数据孤岛"问题，让企业可以通过使用更多的数据提高 AI 模型的效果，为用户提供更便捷的个性化服务。同时，在这个过程中数据是安全的，用户的隐私信息不会被输出和泄露，因此这项技术不但不会损害合作企业的利益，而且可以为其带来额外的收益。对于用户而言，他们既可以享受个性化服务质量的提升，又不用担心具体隐私信息的传播，有利而无害，因此愿意授权互联网服务商通过这种安全的方式使用外部数据。对于市场监管而言，这种方式的跨企业数据服务不是直接复制数据，而是需要通过联邦网络，由联邦参与方共同确认才能产生结果，这解决了使用传统方式造成的数据被任意复制、难以监管的难题。

从技术层面来看，联邦学习是密码学、分布式计算、机器学习三个学科交叉的技术，涉及面较广，部署实施难度大，很多具体问题需要跨领域的综合知识才能解决。一方面，在人才市场中这种综合型人才十分稀缺，很多项目都面临无人可用的困境。另一方面，越来越多的人关注到联邦学习这个新兴技术，希望系统地掌握联邦学习的原理，并在产业应用中解决具体问题。不幸的是，市面上相关的书籍还很少，网络博文往往不够系统和深入。我们在联邦学习产品化、探索实践的过程中积累了大量经验，撰写了这本关于技术与实战的书，希望帮助读者更好地掌握联邦学习，在符合法律法规及现有监管政策的前提下开展对联邦学习技术的探索。我们也希望与互联网伙伴一起，组建更大的联邦网络，在确保用户隐私数据安全的前提下，为用户提供更优质的服务，促进跨企业大数据行业的健康发展。

如何阅读本书？

本书详细地阐述了联邦学习的相关概念，同时给出了较多案例，适合对联邦学习感兴趣的读者阅读。本书在必要之处给出数学公式，读者在阅读这些小节时需要具备统计学的基础知识。

我们对本书进行了系统性的编排和统筹。本书共 12 章，包括联邦学习基础、具体的联邦学习算法、联邦学习的产业应用和展望三大部分。各个部分相对独立，读者可依据目标和兴趣进行有选择性地重点阅读。

第 1 章～第 3 章为联邦学习基础，旨在帮助读者了解联邦学习的市场背景、技术现状，以及基础的隐私保护技术、机器学习技术和分布式计算技术。建议联邦学习的初学者和求职者重点阅读这个部分，借以梳理清楚联邦学习的基本问题和基本技术。第 1 章从全局的角度概述了联邦学习的基本问题，用于建立对联邦学习的总体认识，主要由陈玉林和范昊撰写。第 2 章介绍多方计算和隐私保护，是联邦学习成功地解决数据孤岛问题，实现跨企业大数据融合的关键，主要由周帅撰写。第 3 章介绍传统机器学习，包括基本概念、方法和效果评价，是联邦学习建立联合模型、有效地利用多方数据解决业务问题的基础，主要由王帝撰写。

第 4 章～第 8 章为具体的联邦学习算法，旨在帮助读者了解具体算法的应用背景、特点和扩展方法，进而帮助读者根据需求选择合适的算法，适合联邦学习从业者进行重点阅读。第 4 章介绍联邦交集计算的相关理论和具体方法，用于提供联邦数据之间的对应关系，主要由王森和何天琪撰写。第 5 章介绍联邦特征工程的相关理论和具体方法，用于为联邦学习提供符合业务需求的输入数据，同时还可以减少噪声、提高效率等，主要由张一凡撰写。第 6 章～第 8 章分别介绍纵向联邦学习、横向联邦学习和联邦迁移学习这三种方案的架构、方法和案例。纵向联邦学习用于解决相同用户在不同企业场景中产生的数据的联合建模问题，主要由陈忠和李怡欣撰写。横向联邦学习用于解决不同用户在相同场景中产生的数据的联合建模问题，主要由敖滨和张润泽撰写。联邦迁移学习用于解决不同用户在不同场景中产生的数据的联合建模问题，主要由王森撰写。

第 9 章～第 12 章为联邦学习的产业应用和展望，旨在帮助读者了解联邦学习技术的商业应用现状、挑战、趋势，以及与数据资产和要素市场的关联，据此引发读者进一步思考。该部分较为宏观，涉及面广，适合联邦学习相关的项目管理者重点阅读。第 9 章介绍了常见的开源架构、训练服务和推理架构，并对具体部署过程中遇到的通信、资源不足等问题给出了优化方案，主要由张德、陈行、闫玉成、孙浩博、黄乐乐、肖祥文撰写。第 10 章介绍产业案例，包括联邦学习在医疗健康、金融产品广告投放、风控金融等场景中的应用，主要由王博、季澈和石薇撰写。第 11 章从数据自身价值出发阐述数据资产的相关概念和特征，据此引出联邦学习应用中的激励机制和定价模型，主要由吴极、孙果和周帅撰写。第 12 章介绍联邦学习的挑战和可扩展性，由陈玉林和陈晓霖撰写。

致谢

本书是很多人共同努力的结果，在此感谢各位作者的辛勤付出。同时，在本书后期的整理和内容统筹过程中，何彦婷、刘云、孟璐、张竹清等同事做出了贡献，在此表示衷心的感谢。

我们也要感谢刘威。通过他的介绍，我们和电子工业出版社的石悦编辑相识，最终达成了合作。在审稿过程中，石悦编辑多次邀请专家给出宝贵意见，对书稿的修改完善起到了重要作用。在此感谢石悦编辑对本书的重视，以及为本书出版所做的一切。

由于作者水平有限，书中不足之处在所难免。此外，由于联邦学习方兴未艾，技术不断完善，新算法层出不穷，本书难免有所遗漏，敬请专家和读者批评指正。

彭南博　王虎

2020 年 12 月

目　　录

第 1 章 / 联邦学习的研究与发展现状 ··················· 1

1.1 联邦学习的背景 ··················· 1
1.2 大数据时代的挑战：数据孤岛 ··················· 4
1.2.1 "数据孤岛"的成因 ··················· 4
1.2.2 具体实例 ··················· 5
1.2.3 数据互联的发展与困境 ··················· 7
1.2.4 解决"数据孤岛"问题的难点与联邦学习的优势 ··················· 10
1.3 联邦学习的定义和基本术语 ··················· 11
1.3.1 联邦学习的定义 ··················· 11
1.3.2 联邦学习的基本术语 ··················· 13
1.4 联邦学习的分类及适用范围 ··················· 15
1.4.1 纵向联邦学习 ··················· 16
1.4.2 横向联邦学习 ··················· 18
1.4.3 联邦迁移学习 ··················· 19
1.5 典型的联邦学习生命周期 ··················· 20
1.5.1 模型训练 ··················· 21
1.5.2 在线推理 ··················· 21
1.6 联邦学习的安全性与可靠性 ··················· 22
1.6.1 安全多方计算 ··················· 22
1.6.2 差分隐私 ··················· 24
1.6.3 同态加密 ··················· 25
1.6.4 应对攻击的健壮性 ··················· 25
1.7 阅读材料 ··················· 26

第 2 章 / 多方计算与隐私保护 ········· 28

2.1 多方计算 ········· 28
2.2 基本假设与隐私保护技术 ········· 29
2.2.1 安全模型 ········· 29
2.2.2 隐私保护的目标 ········· 30
2.2.3 三种隐私保护技术及其关系 ········· 32
2.3 差分隐私 ········· 34
2.3.1 差分隐私的基本概念 ········· 34
2.3.2 差分隐私的性质 ········· 40
2.3.3 差分隐私在联邦学习中的应用 ········· 41
2.4 同态加密 ········· 43
2.4.1 密码学简介 ········· 44
2.4.2 同态加密算法的优势 ········· 44
2.4.3 半同态加密算法 ········· 45
2.4.4 全同态加密算法 ········· 49
2.4.5 半同态加密算法在联邦学习中的应用 ········· 50
2.5 安全多方计算 ········· 51
2.5.1 百万富翁问题 ········· 52
2.5.2 安全多方计算中的密码协议 ········· 53
2.5.3 安全多方计算在联邦学习中的应用 ········· 61

第 3 章 / 传统机器学习 ········· 63

3.1 统计机器学习的简介 ········· 63
3.1.1 统计机器学习的概念 ········· 63
3.1.2 数据结构与术语 ········· 66
3.1.3 机器学习算法示例 ········· 67
3.2 分布式机器学习的简介 ········· 71
3.2.1 分布式机器学习的背景 ········· 71
3.2.2 分布式机器学习的并行模式 ········· 72
3.2.3 分布式机器学习对比联邦学习 ········· 75
3.3 特征工程 ········· 76
3.3.1 错误及缺失处理 ········· 76

3.3.2　数据类型 …… 76
　　　3.3.3　特征工程方法 …… 77
　3.4　最优化算法 …… 80
　　　3.4.1　最优化问题 …… 80
　　　3.4.2　解析方法 …… 81
　　　3.4.3　一阶优化算法 …… 82
　　　3.4.4　二阶优化算法 …… 84
　3.5　模型效果评估 …… 85
　　　3.5.1　效果评估方法 …… 86
　　　3.5.2　效果评估指标 …… 87

第 4 章 / 联邦交集计算　91

　4.1　联邦交集计算介绍 …… 93
　　　4.1.1　基于公钥加密体制的方法 …… 93
　　　4.1.2　基于混乱电路的方法 …… 96
　　　4.1.3　基于不经意传输协议的方法 …… 97
　　　4.1.4　其他方法 …… 99
　4.2　联邦交集计算在联邦学习中的应用 …… 100
　　　4.2.1　实体解析与纵向联邦学习 …… 100
　　　4.2.2　非对称纵向联邦学习 …… 102
　　　4.2.3　联邦特征匹配 …… 106

第 5 章 / 联邦特征工程　107

　5.1　联邦特征工程概述 …… 107
　　　5.1.1　联邦特征工程的特点 …… 107
　　　5.1.2　传统特征工程和联邦特征工程的对比 …… 109
　5.2　联邦特征优化 …… 110
　　　5.2.1　联邦特征评估 …… 111
　　　5.2.2　联邦特征处理 …… 113
　　　5.2.3　联邦特征降维 …… 122
　　　5.2.4　联邦特征组合 …… 128
　　　5.2.5　联邦特征嵌入 …… 133

5.3 联邦单变量分析 · 137
5.3.1 联邦单变量基础分析 · 138
5.3.2 联邦 WOE 和 IV 计算 · 139
5.3.3 联邦 PSI 和 CSI 计算 · 143
5.3.4 联邦 KS 和 LIFT 计算 · 145
5.4 联邦自动特征工程 · 148
5.4.1 联邦超参数优化 · 149
5.4.2 联邦超频优化 · 152
5.4.3 联邦神经结构搜索 · 154

第 6 章 / 纵向联邦学习 · 156
6.1 基本假设及定义 · 156
6.2 纵向联邦学习的架构 · 157
6.3 联邦逻辑回归 · 159
6.4 联邦随机森林 · 166
6.5 联邦梯度提升树 · 172
6.5.1 XGBoost 简介 · 172
6.5.2 SecureBoost 简介 · 176
6.5.3 SecureBoost 训练 · 176
6.5.4 SecureBoost 推理 · 178
6.6 联邦学习深度神经网络 · 180
6.7 纵向联邦学习案例 · 184

第 7 章 / 横向联邦学习 · 186
7.1 基本假设与定义 · 186
7.2 横向联邦网络架构 · 187
7.2.1 中心化架构 · 187
7.2.2 去中心化架构 · 189
7.3 联邦平均算法概述 · 190
7.3.1 在横向联邦学习中优化问题的一些特点 · 190
7.3.2 联邦平均算法 · 191
7.3.3 安全的联邦平均算法 · 193

7.4 横向联邦学习应用于输入法···194

第 8 章 / 联邦迁移学习··198

8.1 基本假设与定义···198
    8.1.1 迁移学习的现状··198
    8.1.2 图像中级特征的迁移··201
    8.1.3 从文本分类到图像分类的迁移··203
    8.1.4 联邦迁移学习的提出··206
8.2 联邦迁移学习架构··206
8.3 联邦迁移学习方法··209
    8.3.1 多项式近似··209
    8.3.2 加法同态加密···210
    8.3.3 ABY··210
    8.3.4 SPDZ···211
    8.3.5 基于加法同态加密进行安全训练和预测··212
    8.3.6 基于 ABY 和 SPDZ 进行安全训练··215
    8.3.7 性能分析··216
8.4 联邦迁移学习案例···217
    8.4.1 应用场景··217
    8.4.2 联邦迁移强化学习··218
    8.4.3 迁移学习的补充阅读材料···224

第 9 章 / 联邦学习架构揭秘与优化实战···227

9.1 常见的分布式机器学习架构介绍··227
9.2 联邦学习开源框架介绍··235
    9.2.1 TensorFlow Federated··235
    9.2.2 FATE 框架···238
    9.2.3 其他开源框架··241
9.3 训练服务架构揭秘··242
9.4 推理架构揭秘··246
9.5 调优案例分析··250
    9.5.1 特征工程调优··250

9.5.2	训练过程的通信过程调优	251
9.5.3	加密的密钥长度	253
9.5.4	隐私数据集求交集过程优化	254
9.5.5	服务器资源优化	254
9.5.6	推理服务优化	255

第10章 / 联邦学习的产业案例 … 256

10.1 医疗健康 … 256
- 10.1.1 患者死亡可能性预测 … 257
- 10.1.2 医疗保健 … 258
- 10.1.3 联邦学习在医疗领域中的其他应用 … 260

10.2 金融产品的广告投放 … 261

10.3 金融风控 … 263
- 10.3.1 数据方之间的联邦学习 … 264
- 10.3.2 数据方与金融机构之间的联邦学习 … 266

10.4 其他应用 … 269
- 10.4.1 联邦学习应用于推荐领域 … 269
- 10.4.2 联邦学习与无人机 … 271
- 10.4.3 联邦学习与新型冠状病毒肺炎监测 … 273

第11章 / 数据资产定价与激励机制 … 274

11.1 数据资产的相关概念及特点 … 274
- 11.1.1 大数据时代背景 … 274
- 11.1.2 数据资产的定义 … 275
- 11.1.3 数据资产的特点 … 277
- 11.1.4 数据市场 … 279

11.2 数据资产价值的评估与定价 … 281
- 11.2.1 数据资产价值的主要影响因素 … 281
- 11.2.2 数据资产价值的评估方案 … 286
- 11.2.3 数据资产的定价方案 … 289

11.3 激励机制 … 290
- 11.3.1 贡献度量化方案 … 291

####### 11.3.2 收益分配方案 292
####### 11.3.3 数据资产定价与激励机制的关系 293

第 12 章 / 联邦学习面临的挑战和可扩展性 295

12.1 联邦学习面临的挑战 295
####### 12.1.1 通信与数据压缩 296
####### 12.1.2 保护用户隐私数据 296
####### 12.1.3 联邦学习优化 298
####### 12.1.4 模型的鲁棒性 299
####### 12.1.5 联邦学习的公平性 301

12.2 联邦学习与区块链结合 302
####### 12.2.1 王牌技术 302
####### 12.2.2 可信媒介 303
####### 12.2.3 对比异同 304
####### 12.2.4 强强联合 306

12.3 联邦学习与其他技术结合 307

参考文献 309

第1章
联邦学习的研究与发展现状

1.1 联邦学习的背景

1956年夏天，人工智能（Artificial Intelligence，AI）的概念在美国达特茅斯学院第一次被提出，人工智能领域就此诞生。经历了60多年的起起落落，人工智能经受住了时间的考验，逐渐发展成熟。特别是在 AlphaGo 击败了顶尖的人类围棋玩家后[1]，人工智能引起了学术界和工程界对其发展潜力的极大关注，国内外掀起了对人工智能技术研究和应用的高潮[2]，甚至在政府管理和城市建设中，也开始使用人工智能技术。

横看国内各行各业，纵观世界发展趋势，人工智能无疑是发展得最迅速的学科，越来越多的精英投身于人工智能的研究与发展中。从2011年至今，随着大数据[3]、边缘计算[4]、大型云计算平台[5]和各种开源框架的发展，机器学习（包括深度学习、强化学习）等人工智能技术以前所未有的速度应用到各个行业，不管是传统的自然科学学科（如地质学、数学等），还是现代新兴的工程应用学科（如金融工程、智能电网信息工程等），都开始引入机器学习技术推动学科发展[6]，甚至有人将人工智能技术革命列为人类历史上的第四次工业革命，这足以看出人工智能技术对于人类社会发展和科学创新的重要性。

但是，人工智能技术在为我们带来机遇的同时，也带来了新的挑战。特别是随着大数据的发展，数据的隐私和安全引起了全世界的重视[7]。不管是个人、企业，还是组织，都不希望自己的隐私数据被泄露，但是现有的技术却无法提供良好的数据保护能力。2018 年，Facebook 因黑客入侵导致 2900 多万个用户的个人数据泄露，一下子陷入了舆论中，同时也引发了我们每个人对信息安全的思考：我们的隐私数据是否早已泄露，而我们却毫无察觉？为了加强对数据隐私安全的保护，各国开始纷纷出台各类法律法规，希望能够从法律层面规范和保护数据安全。

2018 年 5 月，欧盟发布了新法案《通用数据保护条例》(*General Data Protection Regulation*，GDPR)以加强对用户数据隐私保护和对数据的安全管理[8]。2019 年 10 月，中国人民银行推出了《个人金融信息（数据）保护试行办法》(初稿)的规定。该规定声明"不得以'概括授权'的方式取得信息主体对收集、处理、使用和对外提供其个人金融信息的同意"。金融信息几乎囊括了移动互联网的所有数据，在这样的新要求之下，即使重新签订授权协议，也依然有一大批互联网公司被查、被关停，这无疑给人工智能技术在金融行业的发展迎头一击。

数据使用的限制使得互联网数据分散在不同企业、组织中，形成了"数据孤岛"现象，各方数据不能直接共享或者交换，而面对这个问题，人工智能的学术界和企业界目前并无较好的解决方案来应对这些挑战[9]，人工智能的发展开始进入瓶颈期。因此，如何在解决"数据孤岛"问题的同时保证数据隐私和安全，成为各界最关注的事情。正是在这样的背景之下，联邦学习（Federated Learning，FL）横空出世，为信息技术发展带来了新的希望[10]。

在联邦学习的概念提出之前，国外已经出现了一系列相关研究工作。早在 20 世纪 80 年代早期，研究人员就已经展开了针对数据隐私保护的密码学研究。Vaidya 等人首先在使用中央服务器学习本地数据的同时进行保护隐私的早期研究[11]。随着"数据孤岛"问题的凸显，联邦学习在**统计机器学习**[12]和**安全多方计算**[13]等技术的基础之上发展得日趋成熟，并开始演化出**横向联邦学习**、**纵向联邦学习**、**迁移联邦学习**三大研究范围。2017 年 4 月，谷歌研究科学家 McMahan 等人发表 *Federated Learning: Collaborative Machine Learning without Centralized Training Data*[14]，标志着联邦学习第一次进军机器学习领域，文中介绍了用户可以通过移动设备利用联邦学习训练模型。2019 年 2 月，谷歌基于 TensorFlow 构建了全球首个产品级可扩展的大规模移动端联合学习系统，并且已经实现了在千万台设备上运行；谷歌还发表了 *Towards Federated Learning at Scale: System Design*[15]，并发布了全球第一个联邦学习框架：TFF 框架（TensorFlow Federated Framework）。2019

年 5 月，谷歌开发者还特别推出了《什么是联盟学习》的中文漫画对联邦学习进行介绍。除了谷歌，Facebook 的 PyTorch 框架也支持实现隐私保护的联邦学习技术，同时其 AI 研究小组同步推出了 Secure and Private AI 课程，讲述了在 PyTorch 框架下如何使用联邦学习技术。

现在，我们把视线转移到国内，国内的联邦学习虽然起步晚于国外，但是发展迅速。在 2018 年的中国人工智能大会（Chinese Congress on Artifical Intelligence，CCAI）上，CCAI 名誉副理事长杨强教授进行了题为《GDPR 对 AI 的挑战和基于联邦迁移学习的对策》的主题演讲，引入了联邦迁移学习技术的相关研究思路。他提出了一个应对各个国家、组织发布的数据隐私保护法案的新方向，那就是直面数据隐私保护需求，将对数据安全的考虑归入机器学习技术框架中。对数据隐私安全的保护是世界性趋势，我们必须从技术上解决它。联邦学习便提供了这样一种技术，保证了各个企业在无须直接共享数据的前提下实现协作建模。

国内企业纷纷开始进行联邦学习布局。2019 年，杨强教授带领的 AI 团队开源了全球首个联邦学习框架 FATE（Federated AI Technology Enabler），作为安全计算框架支持联合 AI 生态系统，并且发布了《联邦学习白皮书》（Federated Learning White Paper）。百度大脑基于数据隔离技术和安全多方计算，采用联邦学习技术构建了面向企业客户的大数据服务开放平台——"点石"，推进了联邦学习服务生态的发展。在金融风控方面，基于联邦学习框架，京东科技集团研发出联合建模工具——"联邦模盒"，在符合法律法规及监管政策的前提下进行技术探索，并参与由监管部门牵头的对行业标准和规范的研讨。这个工具通过隐私保护的分布式机器学习，可以在隐私数据不出库且不能被反推的情况下提升模型的效果。

目前，正值人工智能发展的关键期，联邦学习技术将为整个行业带来革命性的突破，突破人工智能的发展瓶颈。国内外各大互联网巨头纷纷开始进行联邦学习布局，"数据隐私安全保护"与"数据孤岛"问题即将被解决，联邦学习将为世界展现一个新的、更美好的未来。目前，关于联邦学习的综合性书籍较少，我们希望以通俗易懂的语言为读者描述一个新的透彻的"联邦学习"世界。本书聚焦于国内外联邦学习技术的研究和发展，对联邦学习的基础（包括发展现状、安全计算、统计机器学习等）、方法（包括联邦交集计算、特征工程、横向联邦学习等）和应用（包括联邦学习框架、产业案例等）进行详细的介绍。

1.2 大数据时代的挑战：数据孤岛

正如前文所述，联邦学习、人工智能等诞生于大数据时代。因此，为了使读者更深入地理解和认识联邦学习技术，本书首先简要地介绍大数据时代的信息技术，着重分析大数据时代面临的主要问题——"数据孤岛"现象，并通过若干实例，让读者直观地理解。通过阅读本节，读者将对"联邦学习能做什么"这个基本问题建立直观而感性的认识。

1.2.1 "数据孤岛"的成因

通俗地说，在一个组织中，各级部门都拥有各自的数据，这些数据互有关系却又独立存在于不同的部门。出于安全性、隐私性等方面考虑，各个部门只能获取本部门的数据，而无法获得其他部门的数据。这就好像在信息技术这片大海之中，数据各自存储、各自定义，形成了海上的一座座孤岛，即"数据孤岛"[16~19]。这些"数据孤岛"由于受到内部隐私或者外部法律法规的约束无法进行连接互动，数据库彼此无法兼容。经过对国内外的各类"数据孤岛"现象进行分析，我们将其成因总结为以下三类。

首先，数据管理制度因素。欧洲国家的数据管理现状以英国为典型，英国政府从 1980 年开始就针对数据管理发布了一系列相关法律法规和政策，特别是对私人数据安全保护、信息管理，以及政府数据隐私管理等领域进行了相关约束，目前已经形成了一套相对完整的数据治理系统。尽管现在英国已经退出了欧盟，但是英国的大部分数据管理方案和数据隐私保护政策框架与欧盟都是相通的。在美国，私人数据和政府数据的管理是分开的。美国从 1950 年开始建立关于全国犯罪数据的管理系统，这些犯罪数据除了可以用于查询犯罪记录，还对企业招聘、个人背景调查、社会治理和政府计划起到了重要作用。但是，即使在相对完整的数据管理体系之下，如果在各个环节数据无法进行流通，那么最终也依然会演化成"数据孤岛"。虽然我国的大数据产业发展得很快，但是在数据管理与利用、数据安全、信息公开、政府数据开放与隐私保护、网络信息安全等方面目前还没有一套完备的数据管理系统。这也加剧了"数据孤岛"的形成[18,20]。

其次，法律法规的约束已经成为世界性趋势。正如 1.1 节所讲，国内外对数据隐私保护纷纷出台相关法案，力图避免数据泄露带来的恶劣影响。在国内，自 2017 年 6 月起实施的《中华人民共和国网络安全法》加大了对个人信息的保护力度，其中严格要求任何个人和组织不得窃取或者以其他非法方式获取个人信息，并且不得非法向他人提供个人信息。在国外，2018 年 5 月有着史上最严个人信息保护法规之称的数据隐私保护的法案《通用数据保护条例》正式出台，将数据保护范围进一步扩大[21]。

除了以上两点，业界的一些学者和数据管理人员认为，利益和信任问题是形成"数据孤岛"现象的核心原因[22]。当数据的集中程度过高时就有可能产生大量的数据副本，容易引起数据泄露。假设有 A 公司和 B 公司，B 公司出于业务 1 的需求，向 A 公司购买相关数据，并和 A 公司签署了合同，在合同中明确规定该数据只能用于业务 1 的需求。但是当 A 公司把相关数据给 B 公司之后，B 公司到底如何使用数据，A 公司就不得而知了。

1.2.2 具体实例

从国内的现状来看，数据主要掌握在政府部门、数据运营商、企业三大"数据孤岛"中。数据被独立地存储于各个"孤岛"中，使得数据的共享十分困难。在"数据孤岛"内部，由于数据无法完全地在内部各个组织间流通，还会存在一些小的"数据孤岛"，也就是"岛中岛"现象（如图 1-1 所示）。这是比较典型的"数据孤岛"现象，还有一些看起来不太明显的"数据孤岛"，比如 A 公司的数据可能对 B 公司有用，但是 A 公司和 B 公司都不知道，它们自己都没有意识到"数据孤岛"问题，只是独立收集和独立存储着自己的业务数据。数据一旦可以共享，就会对政府部门、数据运营商、企业产生巨大的商业价值。本节将用几个案例详细地介绍"数据孤岛"现象和联邦学习在消除"数据孤岛"方面的优势，而对于可能遇到的挑战难点将会在 1.2.4 节中详细说明。

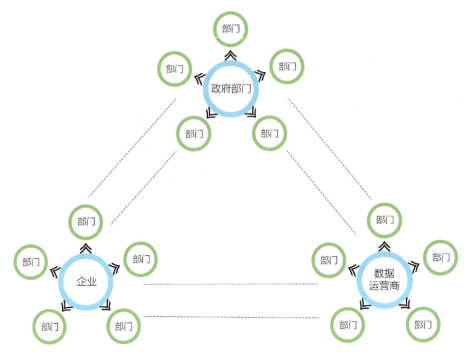

图 1-1 政府部门"数据孤岛"、数据运营商"数据孤岛"、企业"数据孤岛"示意图
（虚线表示无法流通，彼此独立）

案例一：金融服务的"数据孤岛"

金融服务是提高生活水平、促进生产和消费的重要途径，在社会经济发展中具有重大意义。金融服务所产生的数据包括用户的实名信息、担保信息、借贷信息、还款和催收信息等，这些数据是非常有价值的。例如，借款后失联可认为是欺诈行为；连续在多个金融机构借款，可认为是资金链断裂、拆东墙补西墙的多头借贷行为等。存在这些行为的用户具有比较高的风险，金融机构找出这类用户后阻断放款，可以减少坏账造成的损失，从而降低经营成本，为优质用户提供更优惠的贷款，吸引更多用户实现规模扩张，在为用户提供便利的同时，促进经济健康发展。

然而，对于用户来说，这些数据属于隐私信息，数据泄露将给用户造成巨大的损失。这使得大量金融服务数据只能保存于公司内部，形成金融服务数据的一个个"孤岛"。

案例二：消费行为的"数据孤岛"

经过 20 多年的发展，在网上购买商品已成为很多人的生活习惯。电商平台提供了各式各样的商品，以及质量保障服务、便捷的送货到家等各种服务。小到各种零食、牙签，大到家用电器都可以在电商平台买到，甚至还能买到房产。2020 年，电商平台更成了人们生活中必不可少的一部分，不仅让人们得到了更多的实惠，还降低了交叉感染的风险。电商平台经常会做促销活动以便吸引新客，然而这催生了一批"黑灰产业"用户。他们利用虚假身份和规则漏洞套取非法利益，造成了电商平台的损失。在套取非法利益的同时，这些用户也在电商平台留下了消费行为数据，可作为"黑灰产业"用户的识别依据，据此可以帮助其他互联网服务防止这些用户带来更多损失。然而，消费行为数据也是用户的隐私，只能在电商平台的公司内部保存和使用，这便形成了消费行为的"数据孤岛"。

从上述两个例子中，我们可以看出，"数据孤岛"其实存在于生产消费的方方面面，所产生的数据仅在"孤岛"内部发挥了作用。若各个机构间进行合作，联合利用各方数据，则可以更充分地挖掘数据中蕴含的价值。

（1）在案例一中，金融机构详细地记录了用户的实名信息、担保信息、借贷信息、还款和催收信息等。我们可以通过各家金融机构所记录的用户信息联合建模，辨别高风险用户，以加强对不良用户的放贷管控，使得信用良好的用户可以享受到更好的服务，形成正向循环。

（2）在案例二中，用户在各家电商平台上留下了消费记录，我们可以整合电商平台和其他互联网服务的用户数据，对利用虚假身份套取非法利益的"黑灰产业"用户进行辨别，以减少其他电商平台和互联网服务被非法套利的损失。

1.2.3　数据互联的发展与困境

从 1.2.2 节的案例中可以看出"数据孤岛"现象对人工智能的进一步发展产生了负面影响。鉴于此，不同国家的政府、大型企业和组织正在试图打破"数据孤岛"的壁垒，进行数据互联以获得更为丰富的数据，促进自身发展。数据互联技术在不同领域之间发展得参差不齐，依旧面临许多亟待解决的问题。本节将以医疗、金融、教育领域为例，详细地讲解数据互联共享的发展与困境。

1. 医疗领域

健康医疗大数据作为基础性战略资源，得到了全世界各国政府的重视：欧美、日本等较多国家都已将其列为大力发展的战略领域。我国发布的《"健康中国 2030"规划纲要》明确提出"推进健康医疗大数据应用"。2016 年，国务院办公厅发布的《关于促进和规范健康医疗大数据应用发展的指导意见》指出，要大力推动政府健康医疗信息系统和公众健康医疗数据互联融合、开放共享。医疗领域的数据互联可以分为三类。①政府主导的互联互通。例如，英国政府主导的英国国民健康服务（National Health Service，NHS）的信息网络 NHS.net、加拿大政府创建的全国性互联互通的电子健康档案系统（Interoperable Electronic Health Records，IEHR）、美国的国家健康信息网络（Nationwide Health Information Network，NHIN）等。但由于缺乏强有力的政策支持以及互联互通的国家技术标准，这些数据互联政策的推进一波三折。②企业主导的互联互通。穿戴设备的出现，让企业采集用户的健康数据变得容易。例如，苹果的 Apple Watch、小米手环。不同的可穿戴设备可以收集用户某一方面的健康数据，自动上传并储存在设备制造商的数据库中。但由于竞争关系的存在，不同厂商之间往往缺乏数据互联的意愿，公众健康数据难以被整合，如何最大化其价值仍是难点。③研究机构主导的互联互通。例如，美国的退伍军人健康信息交换（Veterans Health Information Exchange）、印第安纳健康信息交换（Indiana Health Information Exchange）、美国 FDA 哨点系统（Sentinel）等研究机构都参与了数据互联的项目。但如何实现持续、互联、实时的数据安全性监测，如何处理跨机构、多个来源、具备不同特征的数据，仍是研究机构的核心目标和挑战之一。

2. 金融领域

金融数据的互联共享，正引发全球金融领域的变革，各国政府都纷纷推出相关法律促进金融数据共享。英国政府竞争和市场委员会（Competition and Markets Authority，CMA）于 2016 年主导了 Open Banking 计划，鼓励银行业数据互通，并于 2018 年开始在英国各大银行逐步实现；欧盟于 2016 年通过 PSD2（Payment Service Directive 2）法令，规定从 2018 年 1 月 13 日起欧洲银行必须把支付服务和相关客户数据开放给第三方服务商。美国消费者金融保护局（Consumer Financial Protection Bureau，CFPB）于 2016 年 11 月就金融数据共享广泛征求社会意见，并于同年 10 月发布金融数据共享的 9 条指导意见；澳大利亚于 2017 年 8 月发布 *Review into Open Banking in Australia*（Issue Paper），规划了金融数据共享的宏伟蓝图。新加坡、韩国、日本等国也纷纷推出金融共享的战略计划，希望通过金融数据共享推动传统银行、金融科技公司更深层次的协作和竞争，最终追求用户利益最大化。

3. 教育领域

教育领域的数据互联也不断发展，但依旧面临诸多难题。2014 年 1 月，为促进高等教育不断进步，美国教育部等机构联合开放教育数据。2014 年 3 月，欧盟正式启动为期两年的 OpenEdu 项目，旨在研究开放教育战略。共建共享教育数据，再通过互联网整合和优化配置，这些举措让优质教育资源形成一种流动的良性循环，使更多群体从中受益，但是教育数据的共享互联依旧面临着数据隐私、数据安全等问题。

面对数据互联共享的诸多难题，联邦学习无疑是一把利器。它可以建立起事前发现和事后干预的风险识别模型，帮助我们破除"数据孤岛"问题的负面影响，并针对金融领域、互联网领域高发的职业信贷欺诈、网络刷单、非法套利等违规行为对症下药，从根本上解决"数据孤岛"问题。对于用户而言，"数据孤岛"的破解可以使个体得到全方位的金融数据评估，有效资产配置和规划不再受限；对于企业而言，完整、全面的数据结合大数据分析和人工智能等先进的技术可以帮助企业挖掘出新的商机与数据价值；对于社会而言，数据数量和质量的提高提升了机器学习、人工智能项目的效果上限，社会更加智能化。联邦学习的出现，对"数据孤岛"的破除，可以帮助用户、企业、社会达到多方共赢的局面。

在 1.2.4 节中，我们将进一步解读联邦学习在解决"数据孤岛"问题上发挥的具体优势。

1.2.4 解决"数据孤岛"问题的难点与联邦学习的优势

结合目前国内外的企业、组织的数据存储现状和法律法规对数据共享的限制，要解决"数据孤岛"问题主要有以下难点。

（1）数据安全保护。如果我们要解决"数据孤岛"问题，那么需要将分散在不同组织中的数据分享给各方，或各方将数据分享到一个第三方协作平台，但是在这个过程中，除了需要考虑数据泄露问题[23]，也要考虑数据有没有可能被第三方协作平台恶意利用。这不仅是数据管理技术的需求，还涉及信任问题。

（2）数据格式与统一。即使我们对第三方协作平台信任，愿意将数据交付给第三方协作平台，这些数据到底能不能用也是一个值得思考的问题。由于数据来源于不同的企业和组织，很可能在数据格式方面不统一[24]。例如，同样是运营收入数据，在不同的企业中可能存在不同的分级方式：在 A 公司 5000~6000 可能为一级，在 B 公司 5000~5500 可能为一级，那么这些数据在数据融合的时候就会出现问题。

（3）数据传输速度。各方在数据传输过程中还会出现一些问题，如果把数据交付给第三方协作平台，在传输过程中数据的压缩和传输速度都可能不一样，目前还没有一种架构能够保证不同数据源的传输速度完全相同。除了传输速度，大数据时代的海量数据还会带来其他问题，如数据传输的成本。

（4）数据定价难。数据作为一种无形资产，不同于传统资产。它依托于特定的业务场景，可以被流转和复制，并且随着应用场景的变化，数据价值也相应地改变，因而数据资产的定价存在数据产权难以确定、交易标的难以确定、商业价值难以衡量、缺少定价标准等诸多难题。

在机器学习中，我们除了要考虑以上问题，还要考虑模型的准确性、安全性、可解释性等问题，而联邦学习作为一种面向安全的大数据的机器学习技术，和其他技术最本质的区别在于：联邦学习的应用场景十分广泛，并没有特别的领域或者具体算法限制，比如微众银行已经在故障检测、风控管理、智慧城市建设等领域中应用联邦学习技术。从"数据孤岛"问题来看，联邦学习提供了一种解决数据安全和"数据孤岛"问题的可行性方向。以纵向联邦学习为例，联邦学习系统在解决"数据孤岛"问题中主要有以下几个优势。

（1）安全性。通过引入 RSA 和 Hash 加密机制，保证了在多方交互过程中只用到交集部分，而差集部分不会产生数据泄露[25]，且对梯度和损失计算所需的中间结果进行加密以及额外的掩码处理，以保证真实的梯度信息不会向对方泄露。

（2）无损性。同态加密技术保证了在传输过程中各方的原始数据不会被传输，并且这些加密后的数据具有可计算性[26]。

（3）共享性。相对于单独一方，联合建模机制提高了模型的准确性，同时与数据集中建模相比，保证了模型质量无损和模型的可解释性。

（4）公平性。联邦学习技术保证了参与方的公平性，让各个参与方都能在数据独立的条件下建立联合训练模型。

除了上述几点，正如 1.2.2 节所述，在联邦学习技术实践应用时，用户还可能从数据中发现更多的数据价值和商机。

1.3 联邦学习的定义和基本术语

前面两节介绍了联邦学习的"出生背景"，本节将重点对"联邦学习"的定义进行描述，这样读者对于"联邦学习是什么"就有比较清晰的认识。因为国外的高校或者互联网公司可能使用的不同名称来指代联邦学习，所以读者在学习联邦学习时易产生困惑，下面把国内外常用的联邦学习的技术名称和比较权威的相关定义呈现出来，为读者建立起对联邦学习的初步认知。除此之外，联邦学习作为一项比较前沿的新技术，想要快速入门联邦学习，看懂相关技术介绍或者权威论文，对联邦学习中重点术语的了解是必不可少的。相信在阅读完本节之后，读者再遇到相关术语，脑海里已经有大致的认识了。

1.3.1 联邦学习的定义

既然要了解联邦学习，那么我们首先要了解联邦学习刚被提出时是如何定义的。联邦学习这个术语是由 McMahan 等人在 2016 年提出的[27]："我们把我们的方法称为联邦学习，因为学习任务是由一个松散的联邦参与设备（我们称之为客户端）来解决的，而这个联邦设备是由一个中央服务器来协调的"。

谷歌和我国的微众银行都采用"Federated Learning"术语来描述这项技术，但是在国外不同的企业、不同的组织有不同的术语，比如 UC Berkeley 使用"Shared Learning"这一术语。到目前为止，国内外主要使用"Federated Learning"，国内一般翻译为"联邦学习"。本书统一使用"联邦学习"为读者介绍这项有巨大发展潜力的前沿技术。关于联邦学习的定义，在比较权威的论文中主要有三种。在文献[28]中，研究者基于服务器等设备对联邦学习进行更广泛的定义[28]。

定义 1-1　联邦学习是一种机器学习设置，在中央服务器或服务提供商的协调下，多个实体（客户端）协作解决机器学习问题。每个客户的原始数据都存储在本地，不进行交换或传输；作为替代，通过特定的中间运算结果的传输和聚合来达到机器学习模型训练的目标。

基于模型训练方式，在文献[29]中，联邦学习的定义如下。

定义 1-2　联邦学习是在异构、分布式网络中的隐私保护模型训练。

在国内，比较权威的联邦学习的定义来自微众银行发布的 *Federated Machine Learning: Concept and Applications*。其基于联邦学习技术的实现方法对联邦学习的定义如下[30]。

定义 1-3　令 N 个数据所有者为 $\{F_1,\cdots,F_N\}$，他们都希望整合各自的数据 $\{D_1,\cdots,D_N\}$ 来训练出一个机器学习模型。传统的方法是把所有的数据放在一起并使用 $D = D_1 \cup \cdots \cup D_N$ 来训练一个模型 M_{SUM}。联邦学习系统是一个学习过程，数据所有者共同训练一个模型 M_{FED}。在此过程中，任何数据所有者 F_i 都不会向其他人公开其数据 D_i。此外，M_{FED} 的精度表示为 V_{FED}，应该非常接近 M_{SUM} 的精度 V_{SUM}。设 δ 为非负实数，如果 $|V_{FED} - V_{SUM}| < \delta$，那么我们可以说联邦学习算法具有 δ - accuracy 损失。

为了便于大多数读者理解联邦学习的概念，本书对**联邦学习**的定义如下。

定义 1-4　联邦学习是一种具有隐私保护属性的分布式机器学习技术，其应用场景中包括 N 个参与方及其数据 $D_1,\cdots,D_N$，该技术通过不可逆的数据变换 $(\cdot)$

后，在各个参与方之间交换不包含隐私信息的中间运算结果 $\langle D_1 \rangle, \cdots, \langle D_N \rangle$，用于优化各个参与方相关的模型参数，最终产生联邦模型 M，并将 M 应用于推理。

1.3.2 联邦学习的基本术语

我们希望对密码学和联邦学习感兴趣的学生、工程师、研究人员都能通过本书对联邦学习有更全面的了解。因为联邦学习涉及很多机器学习、密码学和数据安全方面的基础知识，所以我们将从头开始解释每一个概念，并不要求读者有密码学和机器学习背景，读者将通过本书掌握相关的数学理论基础和实际编程。为了做到这一点，我们在本节主要为读者呈现常见的联邦学习术语，其他相对不常出现的术语可以参见本书后续章节。

首先，联邦学习是一种机器学习技术。机器学习是计算机从数据中寻找统计规律的过程，像人一样解决不确定性问题。比如，在不同的光照条件下判断出熟人及其名字（人脸识别）、依据对某人历史行为的评估决定是否借钱给他（风控准入建模）以及借给他多少钱（授信额度建模）等。人从书本、课堂以及实践探索中不断积攒经验，成为具有智慧的个体；机器学习与此略有不同，它的经验来源于大量的数据，接受某个领域的数据便可被训练成为该领域的"智能体"，例如，利用大量的人脸图像可以训练出人脸识别或身份认证系统。利用数据获得经验的过程称为建模，利用经验对新数据做出估计或者预测的过程称为推理。

其次，根据数据的分布形式，联邦学习可以分为三种常见的应用类型：横向联邦学习、纵向联邦学习、联邦迁移学习，针对这三种应用类型的详细实例可参见本书第 6 章（纵向联邦学习）、第 7 章（横向联邦学习）和第 8 章（联邦迁移学习）。

横向联邦学习（也被称为水平联邦学习）是一种满足以下条件的联邦学习形式，限定各个联邦成员提供的数据集特征含义相同、模型参数结构相同，并使用联邦平均等隐私保护技术生成联邦模型。在推理过程中，联邦模型在联邦成员内单独使用。这种形式使得联邦模型能够利用多方的数据集进行模型训练，提升推理泛化能力。不同数据集的样本是不同的，因此从模型训练效果上来看，总的训练数据集是各个联邦成员数据集按照样本维度堆叠的，因为样本一般表示为行向量,所以这种形式称为"横向的"或者"水平的"。横向联邦学习适合业务相近但客群差异较大的场景。例如,在手机智能输入法应用中,不同用户的目标都是利用历史输入序列预测下一个输入词。因此,可以使用横向联邦学习来利用数千万个用户的输入序列特征建立"热门词"的模型。

与横向联邦学习相比,纵向联邦学习(也被称为垂直联邦学习)的不同之处在于,限定各个联邦成员提供的数据集样本有足够大的交集,特征具有互补性,模型参数分别存放于对应的联邦成员内,并通过联邦梯度下降等技术进行优化。在推理过程中,联邦模型需要联合所有参与方一起使用,由各个参与方依据自身的特征值和参数算出中间变量,最终由业务方聚合中间变量获得结果。业务方是指提供业务场景和业务标签 Y 的联邦成员,在联邦架构中也被称为 Guest 方;与之对应的,仅提供特征 X 而不提供业务标签的联邦成员称为数据方,也被称为 Host 方。这种形式使得联邦模型能够从不同视角(特征维度)观测同一个样本,进而提升推理的准确性。不同数据集的特征维度是不同的,因此从模型训练效果上来看,总的训练数据集是各个联邦成员数据集按照特征维度堆叠的。因为特征一般表示为列向量,所以这种形式称为"纵向的"或者"垂直的"。纵向联邦学习适合客群相近但业务差别较大的场景。例如,在风险评分应用中,可以使用纵向联邦学习从借贷历史、消费等不同维度考察用户风险。

联邦迁移学习是一种特殊的形式,既不限定数据集的特征含义相同,也不需要样本有交集,是一种在相似任务上传播知识的方法。例如,企业 A 是一家资讯服务提供商,需要提升广告推荐模型的效果。企业 B 是一家电商公司,需要提升商品推荐模型的效果。在这种情况下可以使用联邦迁移学习,利用双方相似的用户浏览序列,抽取深层用户行为特征作为知识,在双方模型间共享和迁移,最终提升双方模型的效果。可以看到,两个联邦成员的输入数据的含义是不同的,客群是不同的(不需要找出相同样本),预测目标也是不同的,相同之处在于双方的业务均与用户的喜好和习惯有关,而这些喜好和习惯可以作为知识共享,降低了模型过拟合的可能性,从而提升了模型效果。

再次,联邦学习的最大特点是对用户的隐私进行保护,使得隐私数据可以得到产业界应用,为用户提供更好的服务。当前,比较常见的隐私保护技术包括安全多方计算、同态加密、差分隐私,说明如下。

安全多方计算是一种用于多方协作的分布式计算技术，在多个数据参与方进行共同计算的情况下，保证互不信任的各个参与方在获取所需计算结果的同时不会泄露原始数据信息。安全多方计算需要针对不同的应用使用不同的计算协议，包括不经意传输协议、秘密共享协议等。

同态加密是一种基于数学计算加密的密码学技术，在四则运算与加密运算之间满足交换律，即针对数据 A，通过同态加密技术加密产生数据 B，在加密数据 B 上进行数据加减等运算。所得到的结果，与我们在数据 A 上进行相同的加减运算并加密得到的结果是一样的。同态加密一般分为全同态加密和半同态加密。其中，全同态加密同时满足加法同态加密和乘法同态加密，半同态加密只能满足其中一种。

差分隐私是一种在敏感数据上添加噪声保护隐私的方法，例如某数据库的样本特征是隐私信息，只能允许查询其样本集的特征值总和等统计信息。在没有噪声的情况下，攻击者首先查询包含用户 A 的集合 S_1 的特征值总和，然后查询不包含用户 A 的集合 S_2 的特征值总和，两者相减即可得到用户 A 的特征值（这类攻击手段称为差分攻击）。在有噪声的情况下，差分攻击只能得到经过两次随机噪声污染的特征值，用户隐私得到保护。差分隐私的难点在于选择添加噪声的强度。一方面，噪声太强将导致数据不可用；另一方面，噪声太弱将导致隐私保护形同虚设，隐私信息可能通过特定手段被获取。

1.4 联邦学习的分类及适用范围

在实际应用中，孤岛数据往往具有不同的分布特点。据此，联邦学习可以分为三类：横向联邦学习、纵向联邦学习、联邦迁移学习。本节将简要介绍各类方案对应的特点，以便读者初步了解不同业务场景中的联邦学习方法，三类联邦学习的架构和具体理论知识可参见第 6 章（纵向联邦学习）、第 7 章（横向联邦学习）和第 8 章（联邦迁移学习）。

假设有处于同一个领域的两个小公司 A 和 B，A 公司和 B 公司都拥有各自的数据集 D_A 和 D_B。D_A 和 D_B 都以矩阵形式表示，两个矩阵的行数据代表用户样本数据，矩阵的列数据代表用户特征，其中还分别拥有标签。A 公司和 B 公司在进行联合训练时，可能存在以下四种情况：

（1）在数据集中，用户特征部分重叠较多，但是用户样本部分重叠较少。

（2）在数据集中，用户特征部分重叠较少，但是用户样本部分重叠较多。

（3）在数据集中，用户特征部分和用户样本部分都重叠较少。

（4）在数据集中，用户特征部分和用户样本部分都重叠较多。

1.4.1 纵向联邦学习

纵向联邦学习主要对应上面数据集特征的第二种情况，如果两个或者多个数据集中的相同的用户样本较多，那么我们就按照纵向切分的方式从数据集中取出用户样本完全相同但是用户特征不同的数据进行训练。简单来说，纵向联邦学习根据特征维度进行切分（如图 1-2 所示），是一种基于特征维度的联邦学习方式。

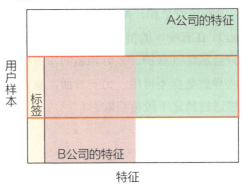

图 1-2　纵向联邦学习示意图

目前，很多模型都已经在纵向联邦学习中得到了较好的应用，如人工神经网络模型[31]、逻辑回归模型[32]、随机森林模型[33]等。

纵向联邦学习将多个参与方的数据集中的特征汇总在一起，并且通过同态加密等方式保护数据隐私安全，其中用户模型是一致的。在纵向联邦学习中，各方都使用一致的方法模型（数据不同），因此可以通过联合模型管理所有的模型。在文献[30]中，研究者将纵向联邦学习总结为

$$X_A \neq X_B, Y_A \neq Y_B, I_A = I_B, \forall D_A, D_B \qquad (1\text{-}1)$$

式中，D_A 指的是 A 公司的数据集，D_B 指的是 B 公司的数据集；X_A 指的是 A 公司的特征，Y_A 指的是 A 公司的标签，I_A 指的是 A 公司的用户样本。A 和 B 为不同的公司。同理，X_B 指的是 B 公司的特征，Y_B 指的是 B 公司的标签，I_B 指的是 B 公司的用户样本。

下面通过一个公司 A 与信贷公司的合作案例来理解纵向联邦学习的建模过程。公司 A 作为数据提供方，拥有大量用户的行为特征和部分信贷数据；信贷公司拥有大量的用户信贷数据。现在对公司 A 数据和信贷公司数据中同一批用户进行联邦建模，就属于纵向联邦学习。我们统一利用双方的数据信息建立模型，通过纵向联邦学习建模之后取得了很好的实验结果，不同用户的风险识别 KS（Kolmogorov-Smirnov）指标均大幅度上升，使得风控模型对信用良好用户和失信用户有更好的区分，如图 1-3 所示。

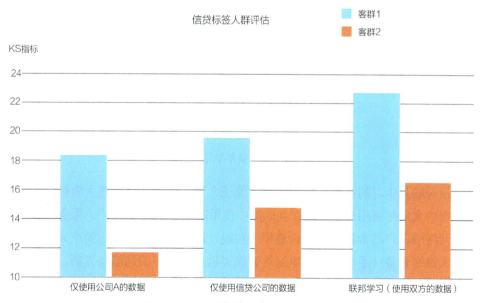

图 1-3　纵向联邦学习建模的实验结果

图 1-3 中横轴分别为仅使用公司 A 的数据、仅使用信贷公司的数据和使用双方的数据进行联邦建模的三种情况，客群 1 和客群 2 分别表示两个不同客群，纵轴的 KS 指标表示对信用良好用户和失信用户的区分度。

1.4.2 横向联邦学习

横向联邦学习的主要应用场景为用户特征部分重叠较多,但是用户样本部分重叠较少。如果两个或者多个数据集中的用户特征部分重叠较多,那么我们就按照横向切分的方式从数据集中取出特征完全相同但是用户不同的数据进行训练。简单来说,横向联邦学习根据用户维度进行切分(如图 1-4 所示),是一种基于用户样本的联邦学习方式。比如,对于不同地区的数据运营商服务(如四川省的移动服务、云南省的移动服务等)来说,因为其分布在不同的区域,所以用户样本部分重叠较少,但是这些不同区域的业务特征是很相似的,因此特征空间的重叠区域较大。这样的数据集就适合采用横向联邦学习的方式进行训练。

图 1-4 横向联邦学习示意图

横向联邦学习的典型应用场景是"端-云"服务框架。该场景主要针对拥有同构数据的大量终端用户,比如在互联网中使用同一个 App 的用户,服务商通过融合不同终端用户的数据进行联合建模。在经过用户授权后,用户的个人隐私均不出个人终端设备(手机、平板电脑等)就可以参与模型的训练与更新。横向联邦学习通过去中心化、分布式的建模方式在保证用户个人隐私的前提下,利用了不同用户的数据,建立了有价值的联邦学习模型。在文献[30]中,研究者将横向联邦学习总结为

$$X_A = X_B, Y_A = Y_B, I_A \neq I_B, \forall D_A, D_B \tag{1-2}$$

式(1-2)中各项的含义与式(1-1)中各项的含义相同。

1.4.3 联邦迁移学习

联邦迁移学习是联邦学习和迁移学习的结合体。在学习联邦迁移学习之前，我们先来认识迁移学习。随着机器学习的广泛应用，在很多有监督学习场景中常常需要进行大量数据标注，这是一项十分耗时且乏味的工作，因此迁移学习就被引入了。迁移学习的出发点是减少人工标注数据的时间，使得模型可以通过已有的标注数据将已学知识迁移到未标注的数据中。目前，迁移学习主要应用在将训练好的模型参数迁移到新的模型中辅助新的模型进行训练（如图1-5所示）。

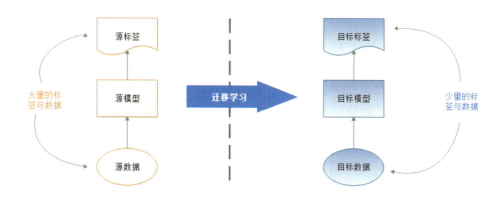

图1-5 迁移学习思想示意图

2010年，Pan等人在文献[34]中基于源域（Source Domain）和目标域（Target Domain）将迁移学习分为归纳迁移学习、直推式迁移学习和无监督迁移学习三种方向。在最近的研究中，对迁移学习的研究主要集中在基于特征表示的迁移学习方法，其已经在图像分类、文本分类、自然语言处理（NLP）等领域取得了很好的效果。

联邦迁移学习主要对应上面数据集中的第三种情况，即如果两个或者多个数据集中的用户样本和用户特征都不太相同，那么我们就按照迁移学习的方式从数据集中来弥补数据不足或者标签不足进行训练。简单来说，联邦迁移学习不对数据切分（如图1-6所示），是一种基于知识迁移的联邦学习方式。在文献[30]中，研究者将联邦迁移学习总结为

$$X_A \neq X_B, Y_A \neq Y_B, I_A \neq I_B, \forall D_A, D_B, \text{ A 和 B 为不同的公司} \qquad (1\text{-}3)$$

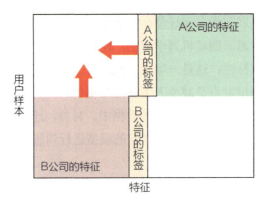

图 1-6　联邦迁移学习示意图

假设现在有中国某银行的数据集和美国某外卖公司的数据集，因为在不同的国家，所以用户的交叉很少。因为银行业务和外卖公司业务相差很大，所以用户特征的交叉也很少。如果用户需要进行有效的联邦建模，就需要借助迁移学习技术，解决单边数据缺乏或者标签少的问题，从而更有效地进行联邦模型训练。

1.5　典型的联邦学习生命周期

在实际应用中，模型的开发与完善往往对实验结果起着至关重要的作用，因此对联邦模型生命周期的了解是很有必要的。一般的联邦模型生命周期如下：需求确定、数据集部署、模型初始化、模型训练、模型评估、模型上线和在线推理（如图 1-7 所示）。

图 1-7　一般的联邦模型生命周期示意图

现在，我们将介绍模型训练和在线推理模块，其中对训练过程更为详细的介绍可以参考 9.3 节，具体的推理过程详见 9.4 节。

1.5.1 模型训练

联邦学习的训练过程是指由各方数据建立模型的过程。从训练过程的整体来看，如果把联邦学习的训练过程分为"分治"和"联合"两个部分，那么理解起来会简单、清晰。

1. "分治"部分

"分治"源于"分治算法"的思想。基于各个参与方在保护数据安全前提下的合作建模需求，各方工程师需要识别具体问题。因为我们需要基于各个参与方不同的数据进行模型训练，所以各个参与方需要先在各自本地终端部署数据和进行模型初始化，通过在本地执行训练程序进行本地模型的更新，最后所训练的模型也拥有不同的模型参数。

2. "联合"部分

虽然不同的框架的实现方式不同（如横向联邦学习、纵向联邦学习），但主要是全局模型、本地模型的训练和模型更新。全局模型通过聚合各个参与方本地计算的信息进行训练来完成模型更新，然后再把各个参与方所需的信息传递到本地，开始下一轮的迭代训练。在这个过程中，我们需要注意的是敏感数据的安全传输，比如对模型的梯度损失值常常采用同态加密，以在满足计算要求的前提下保护各方隐私。

1.5.2 在线推理

在线推理又被称为在线服务，联邦学习的推理过程是指从上线模型到预测结果的过程。如图 1-7 所示，当模型评估和模型上线完成之后，我们将进入在线推理阶段。在联邦学习中，在线推理通常由一端发起推理任务，其他参与方协作开展联合预测并最终得到推理结果。

1.6 联邦学习的安全性与可靠性

传统机器学习模型的典型工作流程如图 1-8 所示，而联邦学习则需要在保护各方隐私的条件下获得模型。因此，在上述典型流程的基础上，还需要结合特定的数据隐私保护技术。例如，同态加密保证了在传输过程中各方在不泄露原始数据的同时又能得到真实的数据运算结果，而对梯度的额外掩码处理保证了真实梯度信息不会向对方泄露。总之，联邦学习实现数据隐私保护主要通过安全多方计算（Secure Multi-Party Computation，SMC）、差分隐私（Differential Privacy，DP）和同态加密（Homomorphic Encryption）这三种方法。下面将分别对这三种方法进行简单介绍。

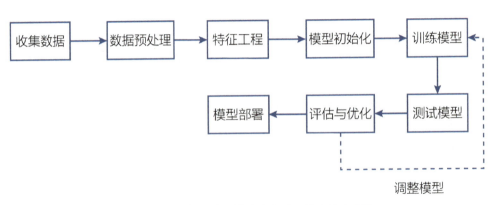

图 1-8　传统机器学习模型的典型工作流程示意图

1.6.1 安全多方计算

安全多方计算问题首先由图灵奖获得者、中国科学院院士姚期智教授于 1982 年提出，也就是著名的百万富翁问题：两个争强好胜的富翁 Alice 和 Bob 在街头相遇，如何在不暴露各自财富的前提下比较出谁更富有？安全多方计算是密码学的重要分支之一，目前主要用于解决各个互不信任的参与方之间的数据隐私和安全保护的协同计算问题，以实现在不泄露原始数据的条件下为数据需求方提供安全的多方计算[13,35,36]。为了让读者更容易理解安全多方计算，我们来看一个例子。

假设小明认为自己得了某种传染病 A，但是还不确定。这时，他正好听说朋友小张有一个关于传染病 A 的相关血液数据库。如果小明把自己的血液测试数据发给小张，小张就可以通过这些数据判断小明是否得了传染病 A。但是小明又不想让别人知道他得了传染病，所以直接把数据发给小张是不可行的，因为这样自己的隐私就被小张知道了。

那么，小明和小张如何在保证数据隐私的前提下实现这种计算呢？这就是安全多方计算。一般来说，安全多方计算有两个特点：一是两个（或多个）参与方进行基于他们各自私密输入信息的计算；二是他们都不希望除了自己以外的参与方知道自己的输入信息。目前，解决上述问题的方法如下。

假设存在可信任的中间方（或者服务提供商）能够保证隐私数据不泄露，然后各方把数据交给中间方（或者服务提供商）进行安全计算，但是这同时也是高风险的。对于上述案例来说，假设小王是值得信任的中间方，小明不信任小张，所以把自己的数据发给小王。小张也把自己的数据发给小王，小王通过计算验证，再把结果反馈给小张，这就完成了一次计算。但是小王到底能不能保证数据隐私安全实在是值得商榷的，所以有学者指出："将针对特殊例子的安全多方计算拓展到通用的安全多方计算的方法是不切实际的。"如 1.2 节所述，我们可以利用联邦学习的技术优势，在不泄露原始数据的情况下，进行联合安全计算，训练模型，这样既能保护数据隐私和数据安全，又能为用户提供个性化的服务，具体的技术实现方法可参见第 2 章。

通过上述例子，如图 1-9 所示，我们可以把安全多方计算抽象理解：两个（或多个）数据参与方分别拥有各自的隐私数据，在不泄露个人隐私数据的前提下，通过一定的计算逻辑（公共函数）计算出最终想要的结果，并且参与方只能得到计算结果，计算过程的中间数据和各方原始隐私数据均不共享。

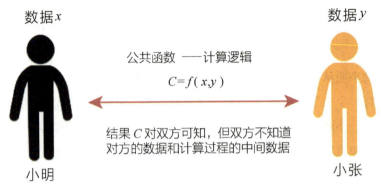

图 1-9 安全多方计算过程抽象图

1.6.2 差分隐私

为了避免个人数据被恶意使用或企业的敏感信息被泄露，数据发布者往往会采用一些数据隐私保护技术，例如对数据进行随机扰动或进行匿名化处理等，但是即使数据是匿名化的，也不能完全保证私有隐私数据的安全。例如，当攻击者得到了部分泄露的信息时（常见的攻击方式将会在 1.6.4 节中介绍），攻击者可以通过合并重叠数据获取到其他的信息，或者通过对多次查询结果的比较获得有效信息。

针对上述信息泄露风险，Dwork 等人提出差分隐私[37]。一般来说，满足差分隐私条件的数据集可以抵挡住对隐私数据的任何一种分析，因为差分隐私具有信息论意义上的安全性。差分隐私能够保证攻击者获取的部分数据几乎和他们从没有这部分记录的数据集中能获取的相差无几，因此这部分数据内容对于推测出其他的数据内容几乎没有用处[37~41]。差分隐私技术的最大优点在于即使对于大规模的数据集，也只需添加少量噪声即可实现高度的隐私保护。

在实践方面，苹果公司在 2016 年 6 月宣布，将通过**差分隐私**收集 iPhone 中的行为统计数据，这标志着差分隐私算法正式在实际生活中应用，我们可以通过差分隐私在获取数据价值的同时保护个人的信息隐私。同时，很多学者和工程师也开始关注差分隐私的发展和应用。尽管苹果公司没有公开具体的技术实现细节，但是我们可以推测苹果公司使用的差分隐私算法可能和谷歌的 RAPPOR 项目使用的算法很相似，谷歌在 Chrome 中使用差分隐私随机响应算法收集行为统计数据。除此之外，苹果公司还通过使用本地化差分隐私技术来实现 iOS/macOS 的用户个人隐私保护，并且计划将差分隐私算法应用于 Emoji、查找提示和 QuickType 输入建议中。

1.6.3 同态加密

差分隐私通过添加噪声或使用泛化方法实现数据隐私保护。不同于差分隐私，同态加密将私人隐私数据直接加密，在密文上进行计算，所得结果经解密后，与原始数据的输出结果一致。这样就可以实现各个参与方在无须共享本地数据的前提下进行合作。

同态加密包含半同态加密和全同态加密两种形式。与半同态加密相比，全同态加密的复杂度较高，发展相对缓慢。2009 年，世界上第一个完备的全同态加密体制由美国科学家 Gentry 提出。如前文所说，联邦学习的本质是一种隐私保护下的多方运算，因此在联邦学习中常采用同态加密进行隐私保护。

在联邦学习中引入同态加密的优势在于：同态加密保证了数据运算在加密层进行，而不直接利用原始数据进行计算。因此，管理和存储加密数据的中间方（或者服务提供商）就可以直接对加密数据进行联合训练，而不会泄露各个参与方的隐私数据。

1.6.4 应对攻击的健壮性

目前，在应对攻击时，机器学习系统因健壮性不足容易出现各种各样的问题。这些问题主要包括非恶意的攻击（比如，在数据预处理中的错误、训练标签混乱、进行模型训练的客户端不可靠等），以及在模型训练和部署过程中出现的显式攻击。由于联邦学习的分布性和隐私保护技术的融合，联邦学习在应对一些传统攻击方式时可以更好地保护数据，表现出良好的可靠性。

首先来看攻击方式，在分布式数据中心和集中式设置中，主要可分为三种攻击方式，即模型更新中毒攻击[42]、数据中毒攻击[43,44]和逃避攻击[45]（如图 1-10 所示）。联邦学习和普通的分布式机器学习、集中式学习相比，主要差别在于各个数据参与方协同训练的方式不同，而使用已部署模型的推论在很大程度上基本保持不变。我们已经对差分隐私、同态加密等隐私保护技术进行了讨论，现在，以在联邦学习中如何抵御模型更新中毒攻击为例简要地介绍。

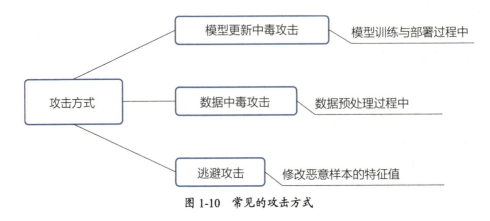

图 1-10　常见的攻击方式

在抵御模型更新中毒攻击方面，中央服务器可以通过对客户端模型更新进行约束：约束任何本地客户端对整个模型的更新，然后汇总本地的模型更新集合并将高斯噪声添加到集合中。这样可以有效地防止任何客户端更新对模型更新的过度干预，并且可以实现在具有差分隐私的情况下进行模型训练。最近的研究工作已经探索了在联邦学习环境中的数据中毒攻击。Geyer 等人对联邦学习中的差分隐私进行了研究，并且提出了一种保护客户端差分隐私的联邦优化算法，在隐私损失和模型性能之间取得平衡。实验结果表明，在有足够多的参与客户的情况下，这种方法可以以较小的模型性能代价实现客户级差分隐私[46]。

1.7　阅读材料

入门联邦学习需要有机器学习的知识基础，现在国内外的机器学习发展得比较成熟，参考文献很丰富，其中南京大学周志华老师著的《机器学习》就是入门机器学习的一本首推读物；Shai Shalev-Shwartz 和 Shai Ben-David 著的《深入理解机器学习：从原理到算法》对于理解机器学习算法和应用也很有帮助。除此之外，入门联邦学习还需要对密码学知识有相关了解，Christof Paar、Jan Pelzl 著的《深入浅出密码学：常用加密技术原理及应用》以及 Jonathan Katz、Yehuda Lindell 著的《现代密码学：原理与协议》都是入门密码学的经典读物。作为一项前沿新科技，虽然联邦学习的综合性参考资料目前还比较少，但是联邦学习的探索研究和应用实践却在以惊人的速度发展着。本书的第 1 章和第 12 章在调研国内外联邦学习研究和发展的基础上，主要取材于由国外计算机科学家 Kairouz 和 McMahan 发表的 *Advances and Open Problems in Federated Learning* 一文。我们希望对联邦学习研究和发展中需要解决的挑战问题做出详细、全面的介绍，这对于真正研究联邦学习和推进联邦学习的技术落地将具有重要意义。

第 2 章
多方计算与隐私保护

2.1 多方计算

在当前的互联网时代，由于网络基础设施发达，社会个体之间的交互变得更加频繁，多方之间的计算场景变得更加广泛。比如，区块链技术的诞生和走红，暗示了人们对多方计算的需求之大。多方计算不仅逐渐成为学术界的研究热点，同时为工业界的众多复杂问题提供了一种解决思路。

多方计算的应用场景非常丰富。推动多方计算发展的因素可以分为两个方面：算力和数据。首先，因为计算资源的成本较高和网络通信速度大幅提升，所以越来越多的场景希望使用多个节点的协同计算来代替单个节点的高负荷运转。同时，多个节点同时工作，可以极大地提高计算任务的并行性，有效地减少计算密集型工作的时间成本。

多方计算除了具有整合算力的优势，另一个天然的优势便是可以将分布式存储的多方数据进行聚合。这不仅为网络拍卖、电子投票以及电子选举等需要聚合多方数据的计算场景提供了合适的技术，还在数据层面提升了机器学习模型的学习效果，尤其在数据量不足的情况下，多方计算可以有效地提高模型的性能。

但是，无论是在网络拍卖等场景中，还是在分布式机器学习中，用户的隐私问题都是在技术落地中需要解决的重要部分。一个实用的、完善的电子投票协议不仅要准确地计算出投票结果，还要在有效地确保投票者身份合法性的情况下，能够同时保护每个用户投票内容的隐私性。在分布式机器学习中也是一样的。参与同一个分布式计算任务的机构数量可能很多，其可信度参差不齐，而在如今的信息社会中，信息与能源一样，已经成为一种重要的资源，数据本身也具有很高的价值。如果参与计算的各方将自己的敏感数据资源直接分享给其他机构，那么难免会产生对数据隐私性问题的顾虑。

因此，多方计算的安全性问题尤为重要。如何在完成多方计算任务的情况下，使用隐私保护技术有效地保护各个参与方的隐私，是在多方计算中需要考虑的重要问题。

2.2 基本假设与隐私保护技术

2.2.1 安全模型

因为在多方计算中参与方的可信度不同，所以面临的数据安全性问题也不同。在信息安全领域，一般会根据参与方的可信程度，将通信场景（如联邦学习的多方计算场景）分为以下三种安全模型场景[47]。

定义 2-1 在理想模型（Real-Ideal Model）场景中，参与计算的每一方都是可信的。每一方都将严格按照协议规则计算相关结果并发送给其他参与方，不会进行多余的计算。

定义 2-2 在半诚实模型（Semi-Honest Model）场景中，参与方被认为是半诚实的，即每一方都将按照协议规则计算相关结果并发送给其他参与方，但会根据其他参与方输入的信息或者交互的中间结果对有价值的额外信息进行推导。

定义 2-3 在恶意模型（Malicious Model）场景中，参与方都是完全不可信的。每一方都可能会不诚实地执行协议或者篡改数据，破坏协议的正常执行。

如果在理想模型中进行多方计算，那么我们可以完全地信任其他参与方，也就无须使用隐私保护技术来隐藏敏感信息。但现实并非如此，理想模型在现实场景中并不存在，我们只能依靠隐私保护技术去解决半诚实模型或者恶意模型场景中的隐私性问题，在非理想的场景中完成共享数据的需求。当然，在传统的多方计算场景中，参与计算的各方虽然不是完全可信的，但是都会被某些协议、规则或者业务要求所束缚。因此，以破坏协议正常运行为目的的恶意参与方也不常见。所以，本章主要关注"半诚实模型"场景。

2.2.2 隐私保护的目标

隐私保护的手段众多，从轻量级的 K-匿名算法到复杂的密码学算法，都为数据的通信和共用提供了解决方案，为很多复杂但有意义的场景实现提供了可能。这些算法虽然都能有效地保护数据隐私，但它们的原理却有着本质区别，当然对计算资源和通信量负载的要求也不同。根据隐私保护的目标，我们可以将与联邦学习关系较为密切的隐私保护算法分为两大类：差分隐私算法和密码学方法。接下来，我们简单介绍一下这两种算法的隐私保护的目标以及对隐私的保护程度。

在介绍隐私的保护目标之前，我们先简单地介绍几个相关的概念。值得注意的是，以下几个概念都有严格的数学定义，在此为了方便理解，采用通俗的方式进行描述，严格的定义可参考文献[48～50]。

定义 2-4 如果两个分布 X 和 Y 的统计距离是可忽略的，那么可以认为这两个分布是统计不可区分（Statistical Indistinguishability）的。

定义 2-5 如果对任意多项式时间的算法 D 和任选的多项式 p 来说，区分两个分布的可能性满足以下条件，那么可以认为两个分布 X 和 Y 是计算不可区分（Computational Indistinguishability）的，满足式（2-1）。$\Pr[a]$ 表示事件 a 发生的概率。

$$\Pr[D(X)=1] - \Pr[D(Y)=1] < 1/p \tag{2-1}$$

以上两个定义描述了两种分布之间的相似关系。通俗地讲，隐私保护就是将一个蕴含着统计信息的分布（或者可以用来进行机器学习的数据集）通过某种处理，使其与一个均匀分布（或者完全随机的、没有任何学习价值的数据集）的相似性达到某种不可区分的程度。这就是隐私保护的目标，而这个"不可区分的程度"即所谓的隐私保护的程度。举例来说，密码学方法作为一种隐私保护的手段，通过某种数学变换对明文进行处理，使得得到的密文与均匀分布达到计算不可区分的程度。

值得注意的是，隐私保护技术的目的是更好地为多方之间的通信和计算进行服务。我们在考虑隐私程度的同时，也不能忽略其实用性。也就是说，我们应该在隐私程度和算法效率之间进行折中考虑，在业务效率可接受的范围内，最大化隐私保护程度。在密码学研究中，正是基于这种折中的考虑，要求密码算法构造的密文与均匀分布达到计算不可区分的程度即可。

除了使用密码学的方法对数据进行加密从而对隐私进行保护的策略，还有 K-匿名等传统的隐私保护方法，但这些传统的隐私保护方法在面对某些特殊的攻击方式（如 2.3 节将会介绍的差分攻击）时，用户的隐私性还是会受到影响的。因此，"差分隐私"的概念应运而生[50]。差分隐私的提出重新定义了隐私的概念，默认敌手拥有较强的背景知识，且在这种情况下仍无法有效地区分相似数据集下的训练结果，即将两个相似数据集 X 和 X' 输入算法 D，所得的输出结果相差不大。差分隐私的效果也可使用式（2-2）进行描述

$$\Pr[D(X) \in S] \leqslant e^{\varepsilon} \cdot \Pr[D(X') \in S] + \delta \quad (2\text{-}2)$$

式中，$S \subseteq \text{Range}(D)$，隐私程度可通过相关参数 ε 和 δ 进行调节，相似数据集的概念和差分隐私的具体定义可以参考 2.3 节中的定义 2-6。

因此，隐私保护的程度可以简单地分为以上三类。其中，"统计不可区分"对应的隐私保护程度最强，使得处理后的分布（或数据集）与随机选取的均匀分布之间的统计距离达到了可以忽略的程度，也就是说，原始分布（或数据集）的信息在统计意义下被完全隐藏了；"计算不可区分"对应的隐私保护程度稍弱于"统计不可区分"，是指使用现有的计算能力无法判断出两个不同分布（或数据集）的区别，如果不能区分处理后的分布与一个完全随机选取的均匀分布的差别，便无法从处理后的分布来恢复原始分布。差分隐私重新对"隐私"进行了定义，将单个用户在某个数据集中的隶属关系定义为隐私，其对信息的隐藏程度也可通过定义中的参数进行调节。以机器学习为例，差分隐私保证所用的算法无法区分两个相邻的数据集，即使数据集中除了某个特定用户之外的所有用户信息均被攻击者掌握，攻击者仍无法确定该用户是否在已有的训练数据集中，因此攻击者无法分析该用户的隐私，从而实现了隐私保护。但在此过程中整个数据集的统计信息是没有隐藏的，也就是说，差分隐私就像对一张图片进行的马赛克处理，虽然图片的每一个具体像素已经变得不清晰，但是其整体轮廓依然能够被识别出来。如果使用加密算法对数据集进行加密，那么处理后便与完全随机的数据集达到了计算

不可区分的程度，就像把一张图片的像素重新打乱，修改后再组合，依靠我们现有的计算能力，图片上的信息已经很难被识别出来了。

2.2.3 三种隐私保护技术及其关系

根据联邦学习对用户隐私性的要求，差分隐私、同态加密和安全多方计算是三种最常用的隐私保护技术。其中，同态加密和安全多方计算属于密码学方法的范畴。这三种技术虽然都可以达到隐私保护的目的，但在工作原理和目标上都有区别。三者的关系如图 2-1 所示。

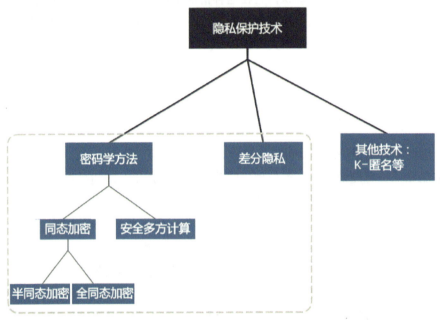

图 2-1　三种隐私保护技术及其与传统的隐私保护技术之间的关系

1. 密码学方法与差分隐私的区别

首先，密码学方法是对明文数据进行加密处理，以达到信息隐藏的目的。差分隐私与其他传统的隐私保护技术一样，未使用密码学方法处理数据，因此无法达到将数据完全随机化的效果。更具体地说，差分隐私通过在原始数据上增加噪声来掩盖重要信息，使得两个有细微差别的"相邻数据集"有着足够高的相似性，从而使得其他参与方不能通过交互数据获得额外的信息。密码学方法则通过某种置换和混淆技术，如高级加密标准（AES）[51]，或者复杂的数学变换，如 RSA 等经典的公钥加密[52]，将消息空间中的明文处理成密文的形式，同时能够保证没有解密密钥的一方根据密文得不到任何关于明文的信息。由此可见，差分隐私和密码学算法是完全不同的两种隐私保护机制。

2. 两种密码学方法的关系

在联邦学习中进行隐私保护的密码学方法有两种：同态加密和安全多方计算。同态加密和安全多方计算都是密码学研究领域的重要分支，其中同态加密既可以作为一种独立的方法应用于机器学习的隐私保护，又可以作为安全多方计算的一种核心技术，为安全多方计算协议的构造和实现提供更多可能性。

同态加密算法是指某些拥有同态运算性质的密码算法，比如 RSA 和 Paillier[53]算法。在这些具有同态运算性质的算法中，对明文进行加法或乘法运算后再加密，与加密后对密文进行相应的运算，结果是等价的，即密文之和（积）等于和（积）的密文。由于这个良好的性质，同态加密技术为实际业务场景提供了很多有现实意义的解决方案。

安全多方计算是指使用密码协议，在无可信第三方的帮助下，实现多方协同进行某种运算，且不泄露自己输入的信息。安全多方计算的这个性质与联邦学习目标的一致性使得该技术在联邦学习领域有着相当可观的应用前景。自 1982 年安全多方计算概念被提出以来，其技术也在不断地进行更新迭代，从最初单纯地使用混淆电路的实现方式[54]到秘密分享方法的引入，安全多方计算的效率不断提高，受到业界越来越多的关注。在接下来的章节中，我们会对混淆电路和秘密分享的方法，以及安全多方计算常用的不经意传输协议进行简单的介绍，从而帮助读者理解该技术的工作原理。

当面对不同的隐私攻击方式时，三种隐私保护方法在联邦学习的各种场景中分别发挥着不同的作用。只有在不同的场景中使用最合适的方法，物尽其用，才能进一步提高联邦学习的整体性能。

2.3 差分隐私

联邦学习使用多种隐私保护技术共同抵抗不可信参与方或者敌手的分析，从而保护用户隐私。在联邦学习的实现过程中，既可以根据技术的特性，仅使用一种技术对某个阶段进行隐私保护，也可以通过多种技术的组合，共同对某个阶段进行隐私保护。为了帮助联邦学习中的客户端抵抗来自服务器以及外部恶意敌手的各种攻击，差分隐私也会与密码学技术相结合，完成用户隐私数据的隐藏。

2.3.1 差分隐私的基本概念

差分隐私的提出是为了有效地应对差分攻击，我们使用一个虚拟案例介绍一下差分攻击和差分隐私的概念。

假设 A 公司想给 X 大学的 2000 名学生进行消费水平评级，从而决定在该大学投放广告的力度。由于缺乏相关数据，A 公司希望与电商公司 B 合作，查询这 2000 名学生在 B 公司 2019 年的月平均消费金额超过 500 元的人数，以此作为进一步决策的指标之一。

假设 A 公司向电商公司 B 进行了两次查询，第一次查询使用的数据为 2000 名学生的整体数据（记作 D_1），而第二次查询则将最后一位同学 Bob 删去，使用前 1999 名同学的数据（记作 D_2）。此时得到的两个数据集便可称为该场景中的相邻数据集。

如果电商公司 B 直接返回查询结果，$\text{query}(D_1)=900$，$\text{query}(D_2)=899$，那么根据这两次查询结果，A 公司便可得到额外的信息，即 Bob 在 2019 年，在电商公司 B 的月平均消费金额超过了 500 元。A 公司使用两个仅差一条记录的数据集分别进行查询的行为，便可视为一种差分攻击，旨在分析 Bob 同学的消费情况。

为了抵抗这种差分攻击，电商公司 B 可以使用差分隐私的方法对查询结果进行处理，即加入一个随机项 r，（r 取自离散均匀分布 $[-1,0,1]$）：$\text{query}_{\text{dp}}(D)=\text{query}(D)+r$，dp 表示差分隐私（Differential Privacy），于是 A 公司

得到的查询结果可能如式（2-3）和式（2-4）所示，即

$$\text{query}_{\text{dp}}(D_1) = \text{query}(D_1) + r_1 = 900 + 0 = 900 \quad (2\text{-}3)$$

$$\text{query}_{\text{dp}}(D_2) = \text{query}(D_2) + r_2 = 899 + 1 = 900 \quad (2\text{-}4)$$

加入随机项之后的查询结果便达到了掩盖真实结果的目的，但由于所使用的随机项分布过于简单，仍然可能出现极端情况导致真实结果的泄露。所以，可以根据具体的场景，通过修改随机项的分布，对保护隐私的程度进行修改。当然，这里展示的虚拟案例只展示了差分攻击的手段和差分隐私的思想，但所使用的随机项分布和方法都不能满足复杂的真实场景的要求。在接下来的部分，我们会对差分隐私的严格定义和常用的机制进行阐述。

回顾 1.6 节中对差分隐私的简单介绍，其具体定义如下。

定义 2-6 对于任意两个相邻数据集 X 和 X'，如果一个随机化算法 D 满足以下条件，那么可认为该算法是满足 ε-差分隐私的（隐私程度可通过参数 ε 进行调节），即

$$\Pr[D(X) \in S] \leqslant e^{\varepsilon} \cdot \Pr[D(X') \in S] \quad (2\text{-}5)$$

式中，$S \subseteq \text{Range}(D)$。

我们可以从字面上简单地理解该定义：在两个相邻数据集 X 和 X' 上，算法 D 获得同一个集合中输出结果的概率相差不大。其中，"相差不大"的定义则通过 ε 参数来完成，ε 越小，对两个数据集输出结果的差距限制就越小，保护隐私的程度就越强。

在 ε-差分隐私中，要求 $\Pr[D(X) \in S] \leqslant e^{\varepsilon} \cdot \Pr[D(X') \in S]$，即

$$\frac{\Pr[D(X) \in S]}{\Pr[D(X') \in S]} \leqslant e^{\varepsilon} \quad (2\text{-}6)$$

也就是说，ε 用于控制算法 D 在邻近数据集上获得"相同"输出结果的概率比值。因此，当 ε 足够小（比如为 0）时，很难找到一个数据集 S 使得在数据集 X 上输出该集合内结果的概率明显高于数据集 X'，也就无法区分两个数据集，从而达到较高的隐私保护程度，但是，当 ε 足够小时，意味着数据的可用性非常低，所以参数 ε 也称为**隐私预算（Privacy Budget）**。在实际应用中，该参数通常取很

小的值，例如 0.01 或者 0.1，我们应该根据具体的业务场景和隐私保护的期望要求，对该参数进行合理的设置。

正如前文所述，差分隐私通过增加噪声来掩盖真实数据，防止有一定背景知识的敌手分析出额外的信息。值得一提的是，差分隐私关注的不只是隐私，数据的可用性也是非常重要的一个指标。如果为了防止敌手进行分析，导致数据的可用性丧失，就失去了传输数据的意义，隐私保护的前提条件也就不复存在。因此，只有添加合适的干扰噪声，才能在保证数据可用性的同时，还能为数据的安全性提供一定的保护，防止数据被敌手进一步分析。

为了更清晰地确定添加噪声的大小，可以使用**敏感度（Sensitivity）**的概念对噪声进行衡量[55]。与差分隐私相似，敏感度的概念也是建立在某个算法（或函数）上的。我们所说的"是否满足差分隐私"的对象便是一个算法。同样，敏感度的概念也如此，是指某算法在相邻数据集上的输出结果的最大差异。在差分隐私中定义了两种敏感度，即全局敏感度和局部敏感度。其中，局部敏感度是在固定了相邻数据集中某个数据集（D 或者 D'）的情况下，计算某算法输出结果的最大差异，而全局敏感度则是对所有相邻数据集的组合进行计算。

定义 2-7 对任意两个相邻数据集 X 和 X'，$\mathrm{GS}_D = \max\limits_{X,X'} \|D(X) - D(X')\|_1$ 称为一个算法 D 的全局敏感度（Global Sensitivity）。其中，$\|D(X) - D(X')\|_1$ 为输出的两个结果的曼哈顿距离。

定义 2-8 对于给定数据集 X 及其任意相邻数据集 X'，$\mathrm{LS}_D(X) = \max\limits_{X'} \|D(X) - D(X')\|_1$ 称为一个算法 D 的局部敏感度（Local Sensitivity）。

全局敏感度在通常情况下要大于局部敏感度，二者的关系可表示如下

$$\mathrm{GS}_D = \max\limits_{X} \mathrm{LS}_D(X)$$

对哈希函数比较熟悉的读者，也可以用哈希函数中"强抗碰撞性"和"弱抗碰撞性"概念的区别来理解全局敏感度和局部敏感度的区别。

在知晓了隐私预算和敏感度的概念之后，我们可以更清晰地确定差分隐私中所使用的噪声的大小。在实际应用中，添加噪声的不同方法称为不同的"机制"，最基础的两种噪声添加机制分别是拉普拉斯机制（Laplace Mechanism）和指数机制（Exponential Mechanism）[50]。

我们先介绍拉普拉斯机制中使用的拉普拉斯分布。位置参数为 l、尺度参数为 s 的拉普拉斯分布（$\mathrm{Lap}(l,s)$）的概率密度函数为

$$p(x) = \frac{1}{2s} \cdot \exp\left(-\frac{|x-l|}{s}\right) \tag{2-7}$$

当位置参数 $l=0$ 时，$p(x) = \frac{1}{2s} \cdot \exp\left(-\frac{|x|}{s}\right)$，我们使用图 2-2 帮助读者更直观地理解。

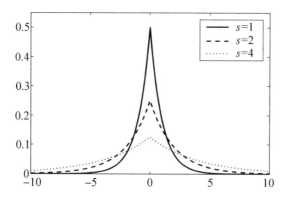

图 2-2　位置参数为 0、尺度参数不同的拉普拉斯概率密度函数

定义 2-9　拉普拉斯机制是指通过向原始算法 D 的真实输出结果添加服从拉普拉斯分布的噪声来实现 ε-差分隐私，即 $D_{\mathrm{dp}}(X) = D(X) + r$。其中，$r$ 服从拉普拉斯分布 $\mathrm{Lap}(0, \Delta f/\varepsilon)$，而 Δf 为算法 D 的敏感度。

从图 2-2 中可以观察到，在算法 D 的敏感度保持不变的情况下，隐私预算越小，添加噪声越大，这与差分隐私的直观要求是一致的。

拉普拉斯机制经常被用在输出域为数值类型的算法上，比如在班长选举的投票环节，用于计算每个候选者得票数的算法 D_1。假设投票结果如下，为了使选举

过程达到ε-差分隐私，班主任在公布结果之前使用拉普拉斯机制对算法D_1进行噪声添加。显然，算法D_1的敏感度$\Delta f=1$，当隐私预算ε分别选择0.01、0.1、1时，我们计算了对应的噪声以及添加噪声之后的输出结果。

计算了不同隐私预算对应的噪声（简单起见，对结果进行了舍入处理），分别将噪声添加到对应的数据上得到了以下结果（见表2-1）。

表2-1 使用不同隐私预算的拉普拉斯机制

候选者	真实结果 $D_1(X)$	添加噪声之后的结果		
		$\varepsilon=0.01$	$\varepsilon=0.1$	$\varepsilon=1$
C_1	10	−23	18	9
C_2	8	50	2	8
C_3	6	21	3	6
C_1噪声	—	−33	8	−1
C_2噪声	—	42	−6	0
C_3噪声	—	15	−3	0

根据以上结果可以观察到，如果令$\varepsilon=0.01$，那么噪声过大，使得最终的结果无法用于选举；如果令$\varepsilon=1$，那么最终的结果可以保证选举的正确性，但加入噪声的最终结果与真实结果相差不大，可能会泄露真实结果中的隐私。也就是说，当隐私预算过大时，可能很难保证数据的安全性；当隐私预算太小时，数据的可用性便会急剧下降。所以，我们应该根据具体的业务场景，对隐私预算进行严格、合理的设置，以达到可用性和安全性的折中。

对于输出域为数值类型的算法，可以使用拉普拉斯机制达到差分隐私的要求。但是对于输出域为枚举类型的算法，拉普拉斯机制则很难正常应用，比如用于计算获得票数最多的候选者名称的算法。对于这种输出域为一些实体对象集合的算法，则需要使用指数机制实现差分隐私。

由于输出域为枚举类型的算法很难衡量其敏感度，所以在指数机制的实现过程中使用可用性函数来代替算法进行敏感度的衡量。我们一般将可以区分不同输出结果之间优劣性的函数指定为可用性函数，记为$q(X,\text{res}) \to R$，其输出值一般为实数，代表着输出结果res的优劣程度。比如，在班长选举活动中，如果想输出得票数最多的候选者名称，那么可将不同候选者（res）的得票数（R）作为可用性函数。

定义 2-10 指数机制指的是，设算法 D 的输出结果 $\text{res} = D(X)$ 为枚举类型，即 $\text{res} \in \text{Set}_{\text{res}}$，$\text{Set}_{\text{res}}$ 为全部 res 可能结果的集合，可用性函数为 $q(X, \text{res})$，Δq 为其敏感度。如果算法 D 以正比于 $\exp\left(\dfrac{\varepsilon \cdot q(X, \text{res})}{2 \cdot \Delta q}\right)$ 的概率输出 res，那么认为算法 D 满足 ε-差分隐私。

我们同样考虑班长选举活动的场景，如果算法 D_2 输出的结果为得票数最多的候选者名称，那么根据示例中的数据，D_2 应该输出的结果是 C_1。

由于 D_2 的输出集合为候选者的名称集合，为了达到 ε-差分隐私，需要使用指数机制实现。在此，将每个候选者的得票数作为有效性函数，可以通过该函数对各个候选者的优秀程度进行评价，其敏感度则为 1。我们将指数机制应用到该示例中，计算了在不同的隐私预算下输出各个候选者的概率（如表 2-2 所示）。

表 2-2　在不同的隐私预算下输出各个候选者的概率

候选者	可用性函数		输出对应候选者的概率		
	$q(X, C_i)$	无噪声	$\varepsilon = 0$	$\varepsilon = 0.1$	$\varepsilon = 1$
C_1	10	1	0.33	0.37	0.67
C_2	8	0	0.33	0.33	0.24
C_3	6	0	0.33	0.3	0.09

根据结果可以看出，指数机制没有直接向输出结果添加具体的噪声，而将算法 D_2 修改成了随机化算法，其输出结果不是固定的，而是以某种固定的概率进行输出。数据的可用性要求正确结果总能以较大概率输出，隐私预算越大，正确结果的输出概率就越大；安全性则要求输出结果不能是确定性的，必须存在一定的"出错"概率，隐私预算越小，"出错"的概率就越大。因此，与拉普拉斯机制相同，必须严格、合理地选择隐私预算，才能实现安全性和可用性的平衡。

从以上两个例子中可以看出，差分隐私的主要思想就是保证最终输出的结果是经过噪声扰动的。因此，在差分隐私中扰动可以添加在任一阶段。根据扰动添加的位置，可以将扰动分为以下几类：输入扰动、目标扰动、优化扰动和输出扰动。本节的两个例子均为输出扰动。

2.3.2 差分隐私的性质

差分隐私使用严格的数学定义对"隐私"的概念进行了量化,这使得差分隐私备受欢迎。同时,严格的数学定义也赋予了差分隐私一些性质,使其在实际业务场景中,即使面对需要多个差分隐私保护算法同时使用的复杂问题,也能让业务方准确地把握整体的隐私保护的程度。接下来,我们介绍差分隐私的几个性质[55]。

性质 1. 序列组合性

设算法 D 由 n 个差分隐私保护算法 $\{D_1, D_2, \cdots, D_n\}$ 组成,隐私预算分别为 $\{\varepsilon_1, \varepsilon_2, \cdots, \varepsilon_n\}$,则在数据集 X 上,$D(X) = \{D_1(X), D_2(X), \cdots, D_n(X)\}$ 也满足差分隐私的要求,隐私预算为 $\sum_{i=1}^{n} \varepsilon_i$。

也就是说,在同一个数据集上,一系列算法的组合算法会降低隐私保护的程度,其隐私预算为全部预算之和。

性质 2. 并行组合性

设算法 D 由 n 个差分隐私保护算法 $\{D_1, D_2, \cdots, D_n\}$ 组成,隐私预算分别为 $\{\varepsilon_1, \varepsilon_2, \cdots, \varepsilon_n\}$,则对于不相交的数据集,$D(X_1, X_2, \cdots, X_n) = \{D_1(X_1), D_2(X_2), \cdots, D_n(X_n)\}$ 也满足差分隐私的要求,隐私预算为 $\max \varepsilon_i (i = 1, 2, \cdots, n)$。

也就是说,在不相交数据集上,一系列算法的组合算法的隐私保护程度取决于隐私保护最弱的算法,即其隐私预算为组合算法中的最大者。这与木桶效应类似,隐私保护最弱的算法相当于最短的木板。

性质 3. 变换不变性

设算法 D_1 满足 ε-差分隐私,那么对于任意算法 D_2 来说,即使算法 D_2 不满足差分隐私,二者的复合算法 $D(X) = D_2(D_1(X))$ 也是满足 ε-差分隐私的。

也就是说,差分隐私是对后处理的算法具有免疫效果的,无论对满足差分隐私的算法输出结果进行何种变换，都不会使其差分隐私的程度降低。

性质 4. 中凸性

设算法 D_1 和 D_2 均满足 ε-差分隐私；算法 $D(X)$ 以任意概率 p 输出 $D_1(X)$，以概率 $1-p$ 输出 $D_2(X)$，那么算法 D 也满足 ε-差分隐私。

也就是说，如果两个不同的算法均满足既定的差分隐私要求，那么对两种方法的任意选择进行输出，其结果也满足既定的差分隐私要求。当然，中凸性是指对不同的数据选择任意算法执行输出，如果将同一个数据集多次作为算法输入数据，那么必然会降低差分隐私保护的程度，这也是序列组合性的结论。

以上 4 个性质保证了差分隐私保护算法可以灵活地进行组合，从而应对各种复杂的业务场景，为差分隐私的落地应用提供了良好的理论支撑。

2.3.3　差分隐私在联邦学习中的应用

在联邦学习的实现过程中，要尽可能全面地考虑威胁模型和隐私攻击方式，使用相应的技术，达到隐私泄露的最小值。如上文所述，按照攻击者的目标，联邦学习的威胁模型可以分为模型窃取攻击和模型推理攻击。在联邦学习中，模型一般在参与协同训练的参与方中进行部署，不会向未参与训练的机构或者非客户端的实体开放模型使用接口，这就大大地提高了模型窃取攻击的难度。因此，联邦学习主要考虑模型推理攻击造成的隐私泄露。

模型推理攻击包括两种：旨在恢复数据集某些属性的属性推理攻击（又称为重构攻击），以及旨在判断某条数据（或某个用户）是否包含在训练数据集中的成员推理攻击（又称为追溯攻击）。受限于篇幅，本书不再对模型推理攻击的具体细节做进一步展开介绍，如感兴趣可参考文献[56]。

在横向联邦学习场景中，多个客户端在本地进行模型的训练，并将训练结果当作全局模型的中间结果上传到服务器。服务器再对各个客户端的结果进行聚合，作为全局训练结果发送至各个客户端。客户端和服务器多次交互，直至全局训练结果达到预期阈值，便可将模型在所有客户端进行部署。这是横向联邦学习的简单框架，具体的实现方法将在后续章节中进行详细介绍。在横向联邦学习中，模型推理攻击的威胁模型可以按照场景中的角色分为两种，即恶意的（不可信的）服务器和可信的服务器。

1. 恶意的服务器

如果横向联邦学习的中心服务器不是完全可信的，那么客户端在上传数据之前，便会使用差分隐私机制对原始数据或者上传数据添加扰动，这便使得服务器无法从客户端的模型更新结果中推理出客户端的额外信息，这防止了模型推理攻击的发生。

比如，在 Shokri 等人的工作中，由于服务器对全局模型参数的每轮更新迭代都需要每个客户端上传梯度，用于聚合得到新的全局模型参数，而这些客户端的梯度计算是在自己的私有数据上完成的，如果将梯度直接上传给服务器，那么可能会产生隐私泄露的问题[57]。因此，Shokri 等人提出了使用两个技巧保护用户隐私的方法。第一个技巧是上传部分梯度，而非全部梯度，因此，每个客户端可以自行判断某些梯度是否敏感以及自行决定是否将这些梯度上传；第二个技巧便是使用差分隐私，将服从拉普拉斯分布的噪声加入梯度之后，再上传至服务器，从而避免泄露任意一条数据的隐私。

2. 可信的服务器

如果假设服务器是可信的，而在参与训练的客户端中存在恶意敌手，那么在服务器收到客户端的模型更新结果并进行聚合之后，便会使用中心差分隐私机制向聚合结果增加噪声，再发送回各个客户端。每个客户端收到的都是增加了扰动之后的结果，这便大大地增加了进行模型推理攻击的难度。如文献[56]所说，理论上，可以使用样本级的差分隐私防止成员推理攻击，也可以使用参与方级的差分隐私防止属性推理攻击。

尽管差分隐私有着强大的隐私保护功能，但是也存在各种亟待解决的问题，比如使用本地差分隐私时数据的可用性问题、分布式差分隐私对服务器的可信度要求等问题。文献[56]介绍的差分隐私，在防止成员推理攻击的实现过程中，出现了模型无法收敛的情况，其原因便是参与方数量较少导致添加噪声后的数据可用性无法保证。本节仅介绍差分隐私在联邦学习中应用的简单思想，在实际应用中则需要考虑如何解决上述问题。根据业务场景的具体需求，隐私保护的手段更加复杂，比如通常会使用安全多方计算与本地差分隐私进行结合，扩大本地差分隐私的隐私保护水平，共同保证用户隐私。

另外，值得一提的是，在文献[58]中，作者列举了近些年已发表的 42 个联邦学习方向的工作，其中纵向联邦学习的工作仅有 4 个，且均使用密码学方法作为隐私保护手段。也就是说，差分隐私主要应用在横向联邦学习中，以抵抗多个客户端和服务器之间的推理攻击；在纵向联邦学习中，则更多地使用密码学的方法保护数据隐私。

2.4 同态加密

差分隐私因其理论背景清晰和算法简单等优点，在隐私保护中备受欢迎。不过，差分隐私主要抵抗推理过程中的模型推理攻击，防止模型结果在某个用户的数据上出现过拟合的现象，从而避免该用户数据被恶意敌手进行分析，但在传输过程中使用的数据还是明文状态的数据，尽管增加了扰动，但数据还是对多方可见的。如果仅仅使用差分隐私对训练数据或者训练过程中的梯度进行处理后直接进行传输，那么极有可能对数据隐私造成影响，这有可能带来合规性风险。回顾 2.3 节的内容，这也是差分隐私仅仅在横向联邦学习中广泛使用的原因，因为横向联邦学习只传输模型训练的结果，从训练结果中窥探训练数据的模型推理攻击方式则可以通过差分隐私避免，而纵向联邦学习会传输每次迭代的梯度，通过在明文状态下的梯度可以计算出训练数据的某些准确值（如标签）。所以，差分隐私在某些场景（如纵向联邦学习）中的使用非常受限，如果想对数据隐私进行保护，那么需要使用密码学方法。

密码学作为一门古老的学科，已经有数百年的发展。在最早期，古典密码只是一种用于私密消息传输的简单手段。随着人们对隐私保护的需求增加，密码学逐渐发展成了一门系统的科学，并在金融和军事等多个方面影响着社会的发展和人类的生活。

1976 年，Diffie 提出了公钥密码学的概念，将密码学的研究和应用带入了一个新阶段[59]。公钥密码学为加密通信提供了众多的功能，比如数字签名技术、密钥交换技术以及与云计算场景契合的同态加密等。其中，同态加密在多方协同训练的机器学习中得到了广泛应用，尤其是半同态加密，已经在多种场景的实际应用中表现出了实用性。本节会主要介绍在联邦学习中使用的半同态加密。由于全同态加密的落地应用较少，本节只对其进行简单介绍。

2.4.1 密码学简介

在介绍同态加密之前，我们先简单了解一些密码学中的专业术语和密码学的基本概念，这有助于我们理解联邦学习中隐私保护的原理、困难点以及同态加密算法的优势。

密码学研究为公开信道上的安全通信提供了众多解决方案，其主要思想是将机密消息从明文状态加密得到其密文形式，使得消息在公开的信道上进行传输时不会泄露明文的信息。密码学分为对称密码学和公钥密码学两条分支，其中在对称密码学中，加密过程和解密过程使用同一把密钥，因此加密方和解密方如何在不安全的公开信道上共享密钥便成了一个难题。公钥密码学的提出解决了这个问题。在公钥密码学中，加密方在对消息进行加密时，使用的是解密方的公钥（公钥是公开的），解密方在收到密文之后，使用自己的私钥进行解密。但是由于公钥密码学的密钥尺寸和加密效率问题，相比之下，对称密码算法在实际应用中的性能表现更好。因此，公钥密码算法就被赋予除了加密之外的使命——为对称密码算法的密钥传输提供保护。如果使用密钥封装算法，将对称密码算法的密钥作为消息进行加密后传输给另一方，那么另一方在得到密文后通过私钥进行解密，便在公开信道上实现了密钥的共享，从而解决了对称密码算法中共享密钥的难题。

2.4.2 同态加密算法的优势

同态加密算法是一种具有特殊性质的加密算法，其特殊性质主要表现在对密文的可操作性上。具体来说，使用同一个同态加密算法得到的两个密文，可以在不解密的情况下，进行加法或乘法的操作，其结果与直接在明文状态下进行加法或乘法之后再进行加密的结果是相同的。

同态加密算法这个特殊的性质可以保证在云计算场景中的客户端放心地使用云服务器的计算能力，同时还能保证自己的敏感数据不会泄露。另外，由于近些年来机器学习在工业界的大量应用，引起了众多领域对数据隐私的密切关注。其中，很多领域（如金融、医疗等）既希望共享数据以提高机器学习的效果，又要求敏感数据不能泄露。如果使用传统的加密算法（如 AES）直接将敏感数据加密后发送给合作的业务方，那么在失去了统计特征的密文上，机器学习将无法有效地学习，而同态加密算法很好地解决了这个问题。事实上，已有众多相关研究采用同态加密算法有效地实现了多方进行敏感数据分析的合作，包括在避免泄露用户信息的条件下训练模型和推理。

更具体地说，同态加密又可分为半同态加密（Partial Homomorphic Encryption, PHE）和全同态加密（Full Homomorphic Encryption, FHE）。半同态是指只能在一种运算上（加法或乘法）保持同态性质，但在另一种运算上则不满足该性质。换言之，半同态就是指加法同态或者乘法同态。所谓全同态则是指在加法和乘法两种运算上均满足同态性质。全同态加密目前已经成为密码学的一个独立的研究领域，获得了学术界和业界众多专家学者的关注。但是由于全同态加密的效率问题，目前在联邦学习中使用较多的还是半同态加密。

2.4.3　半同态加密算法

半同态加密算法是指乘法同态加密算法或者加法同态加密算法，即只能保证在密文上进行加法或乘法的其中一种操作的结果，与在明文上进行相同操作的结果是相同的。也就是说，对于满足以下要求的算法 Enc_A，可以称之为加法同态加密算法，即

$$c_1 = \text{Enc}_A(m_1) \tag{2-8}$$

$$c_2 = \text{Enc}_A(m_2) \tag{2-9}$$

$$c_1 \oplus c_2 = \text{Enc}_A(m_1 + m_2) \tag{2-10}$$

式中，m_1 和 m_2 代表明文；c_1 和 c_2 代表密文；$\oplus$ 可能与实数域上的加法不同，需要根据具体的加密算法进行调整。

另外，对于满足以下要求的算法 Enc_M，可以称之为乘法同态加密算法，即

$$c_1 = \text{Enc}_M(m_1) \tag{2-11}$$
$$c_2 = \text{Enc}_M(m_2) \tag{2-12}$$
$$c_1 \otimes c_2 = \text{Enc}_M(m_1 \cdot m_2) \tag{2-13}$$

式中，$\otimes$ 可能与实数域上的乘法不同，需要根据具体的加密算法进行调整。

如果在半同态加密算法的两个密文上同时进行加法和乘法，那么不能得到预期的结果。因此，在机器学习中，半同态加密算法的应用场景主要是计算类型单一的机器学习算法，或者计算类型偏向某一种的机器学习算法。比如，在多方的强化学习算法中，迭代过程的大多数操作均可以用加法同态加密算法来实现。

常用的半同态加密算法主要有以下几种：Paillier 加法同态加密算法[53]、ElGamal 乘法同态加密算法、Goldwasser-Micali 加法同态加密算法和 RSA 乘法同态加密算法等。以上几种半同态加密算法在计算效率上都具有良好的性能，根据其不同的特性有不同的应用场景，其中 Paillier 加法同态加密算法可将加/解密的计算时间控制在毫秒级，李宗育等人的结果表明，使用 Paillier 加法同态加密算法加密 1024 比特的消息只需 2.3 秒左右[60]。本节将主要介绍 Paillier 加法同态加密算法的加/解密过程，帮助读者理解公钥密码算法的工作原理及安全性保证，对其他半同态加密算法不再展开描述。

Paillier 加法同态加密算法介绍。

1. 密钥生成

（1）选择两个大素数 p, q。

（2）计算 $N = p \cdot q$，以及 $\lambda = \text{lcm}(p-1, q-1)$。

（3）选择一个整数 $g \in \mathbf{Z}_{N^2}^*$，使得 $\gcd\left(L(g^\lambda \bmod N^2), N\right) = 1$，即二者互素，其中，$L(u) = \dfrac{u-1}{N}$。

公钥为 $\langle N, g \rangle$。

私钥为 λ。

2. 加密（使用公钥）

（1）选择一个随机数 $r \in \mathbf{Z}_N^*$ 作为概率性加密的随机源。

（2）明文 m 对应密文为 $c = \text{Enc}(m,r) = g^m \cdot r^N \bmod N^2$。

3. 解密（使用私钥）

1）密文 c 对应的明文为

$$m = \text{Dec}(c) = \frac{L\left(c^\lambda \bmod N^2\right)}{L\left(g^\lambda \bmod N^2\right)} \bmod N$$

以上便是利用 Paillier 加法同态加密算法生成密钥、加密和解密的具体过程，其中 lcm(a,b) 是指 a 和 b 的最小公倍数，gcd(a,b) 是指 a 和 b 的最大公约数。

该算法的安全性建立在大整数分解问题的困难性上，即我们无法将大整数 N 进行分解得到两个素数因子 p、q。该算法的正确性是由有限域中元素的众多性质决定的，感兴趣的读者可以参考 Paillier 加法同态加密的原文[58]进行更深入的研究，在此不做过多的描述。

上文提到了多种半同态加密算法，由于算法的不同特性，其具体的应用场景也不同。在此，我们简单地介绍一下 Paillier 加法同态加密算法适合联邦学习的三个原因：概率性加密特性、同态运算属性以及相对较慢的密文扩张速度。

首先介绍一下公钥加密算法中语义安全的概念。密码分析学是一门与密码学共同演化的学科，主要研究的内容是在不知道密钥任何信息的情况下，恢复出密钥的相关信息，以达到破解密码系统的目的。在密码分析学中，对密码算法的攻击方式是复杂多样的，直接恢复出密码算法的密钥是恶意敌手的终极目标，因为恢复了密钥就可以得到所有使用该密钥加密过的消息明文，但是完成终极目标的成本极高、难度极大。因此，一些攻击者选择从密文中直接分析明文的相关信息，从而提出了选择密文攻击等更复杂的攻击方式，并在某些算法中成功地实现了攻击。为此，密码学学者提出了语义安全的概念，满足语义安全的密码算法可以防止敌手以超过 50%的概率识别两个不同明文分别对应的密文。

在某些公钥密码算法的构造中，加密过程会引入一个随机源，这使得对同一个明文进行两次加密可能会得到不同的密文,这种类型的算法称为概率性加密算法;相反,如果在加密过程中没有引入随机源,那么对同一个明文进行加密的结果是不会改变的,这种类型的算法被称为确定性加密算法。显然,确定性加密算法的密文在一定程度上泄露了明文的信息,因为明文和密文是一一对应的。当得到一个确定性加密算法的密文 c 时,我们可以使用其公钥对一个明文序列 $m_1, m_2, \cdots, m_n$ 分别进行加密,如果加密结果 $c_1, c_2, \cdots, c_n$ 均与 c 不相等,那么我们便可得出结论:c 对应的明文 m 不在明文序列 $m_1, m_2, \cdots, m_n$ 中,我们便通过密文分析出了明文的信息。另外,图 2-3 和图 2-4 直观地解释了语义安全的概念。在图片加密之前,在白色画布上有一把黑色的锁。通过某种确定性加密算法,将白色像素点加密为蓝色像素点,而黑色像素点则被加密为橙色像素点。由于确定性加密算法的特性,加密之前颜色相同的像素点在加密之后颜色还是相同的,因此从加密后的图片中我们还可以分辨出这是同一把锁,也就是说,加密后的图片还是泄露了原始图片的信息。概率性加密算法则不会产生这个问题,不同的白色像素点被加密成了不同的颜色,不同的黑色像素点的加密结果也同样是五颜六色的,因此原始图片的内容便无迹可寻。

加密之前　　　　　　加密之后

图 2-3　确定性加密算法对图片进行加密

显然,确定性加密算法都不满足语义安全,比如 RSA 乘法同态加密算法。概率性加密算法作为一种满足语义安全的算法,在实际应用中使用得更为广泛。其中,Paillier 加法同态加密算法便是一种概率性加密算法,这也是 SecureBoost 等众多算法选择用 Paillier 加法同态加密实现半同态加密的原因之一。另外一个更重要的原因是同态加密运算类型的要求。在大多数联邦学习算法中,需要进行的同态运算主要为加法,即希望通过操作密文达到明文相加的目的。因此,以 RSA、ElGamal 为代表的乘法同态加密算法则不适合该场景(即使 RSA 乘法同态加密算法可以通过密码学的相关框架转化为语义安全的算法）。除了 Paillier 加法同态加密算法，Goldwasser-Micali 算法也是一种加法同态加密算法，但由于该算法的密文扩张速度过快，与 Paillier 加法同态加密算法相比，该算法的实用性较差。因此，综合以上因素，包含 FATE 中 SecureBoost 算法在内的多种算法均选择实用性更好的 Paillier 加法同态加密算法作为加法同态加密算法。

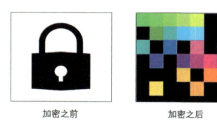

图 2-4 概率性加密算法对图片进行加密

2.4.4 全同态加密算法

半同态加密算法仅支持密文上的某一种运算，但机器学习场景的计算过程是相当复杂的，比如某些非线性的激活函数。如果想在数据的密文状态上完成非线性激活函数的运算，那么半同态加密算法无法保证计算结果的正确性，因此便产生了对全同态加密算法的需求。

全同态加密算法是指在不解密的情况下，可以进行任意次的加法和乘法操作，同时保证在解密后与明文做相同操作的结果是相等的。从理论上讲，能够进行任意次的加法和乘法操作，便意味着可以使用电路等方法实现其他任意复杂的运算。但由于这个过于理想的属性，从半同态加密算法到全同态加密算法的发展道路不是一帆风顺的，其间密码学专家和学者做了多种尝试，直到 2009 年才由 Gentry 构造出了第一个全同态密码算法。但该算法复杂的电路实现导致加密时的噪声扩张速度过快，从而影响了解密的正确性[61]。后来，Gentry 和 Halevi 对算法中的自举技术等方面进行了改进，从理论上解决了解密错误的问题，但由于自举技术的实现过程十分复杂，且十分耗时，因此并不能对密文进行任意次的操作，这导致全同态加密算法的实用性受到了影响[62]。因此，目前同态加密的实际应用依然以半同态加密为主。

2.4.5　半同态加密算法在联邦学习中的应用

半同态加密算法在机器学习领域的应用已经相对成熟,为密码算法在实际应用中出现的不兼容性提供了众多解决方法。首先,我们介绍一下密码算法在实际场景中的直接应用会导致哪些不兼容的问题。

密码学是一门基于数论的科学,密码算法的设计一般都在某个特殊的代数结构上进行(比如有限域),也就是说,明文空间和密文空间中的元素都是"整数",不存在小数。因此,第一个不兼容性出现在数字类型上。机器学习中的数据大多存在小数,如果想使用密码算法进行加密,那么必须先将小数编码至整数。常用的编码方案就是所有数同乘一个大整数(如 10^n),使得有效位均在小数点之前。第一个不兼容性很容易理解和解决,虽然编码操作会导致某些小数点后位数较多的数据产生误差,但是只要保证使用的系数足够大,便可将该误差控制在可以接受的范围内。

第二个不兼容性仍然来自代数结构。在密码学中,在代数结构中的运算都带有模操作,但在实际场景中对模操作的需求则比较少,密码算法的直接应用引入的模操作会导致解密错误。因此,需要对密码算法的参数进行设置,以保证模数 N 足够大,使得明文以及明文的运算结果始终小于 N,从而保证在实际应用中不会出现因模操作导致的解密错误。具体来讲,我们无须保证所有中间结果均小于 N,只需保证输入的明文以及待解密的运算结果小于 N 即可。举个例子,假如某加法同态加密算法的明文空间为 Z_N,我们在使用该算法进行加密时,必须保证所有的明文均为 $[0, N-1]$ 中的整数,如图2-5中的明文 m_1 和 m_2,另外,我们希望得到的计算结果 m_3 也应在该范围内,否则得到的结果可能是 $m_3 - N$。

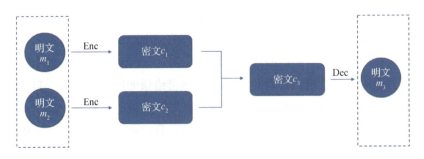

图2-5　在半同态加密算法中明文的大小不能大于模数

由于全同态加密算法实用性的限制，在联邦学习中，主要使用半同态加密算法实现对联邦其他参与方私有数据的操作。半同态加密技术主要应用在纵向联邦学习中。

在纵向联邦学习中，不同的参与方有不同的特征，为了实现协同训练，在训练过程中，不同的参与方之间需要传输中间结果以聚合所有特征的效果，但这些中间结果往往会被恶意的联邦成员用来推理分析用户的隐私数据。为了避免隐私的泄露，联邦学习使用半同态加密算法对中间值进行处理，只传输中间结果的密文。得益于半同态加密算法的性质，隐私不仅得到了保护，其他参与方仍然能通过中间结果的密文值完成协议内容。具体可参考 SecureBoost 方案[63]。

在横向联邦学习中，同态加密的应用较少，而核心技术一般为差分隐私或者安全多方计算。如在文献[64]中，同态加密算法作为一种辅助技术，对差分隐私的噪声进行加密，而算法的隐私保护更多的是由差分隐私本身和安全多方计算完成的。

2.5 安全多方计算

虽然同态加密为很多隐私保护的场景提供了解决方案，但由于其算法的特殊性以及实用性不佳的问题，其应用场景受到了明显的限制。比如，加法同态加密算法无法进行明文之间的乘法运算，在使用乘法运算较多的算法进行协同训练的场景中，每个参与方均无法对其他成员的隐私数据进行乘法运算，这大大地降低了协同训练的可行性。另外，全同态加密算法的实现也受到训练算法的极大影响，尤其对于复杂算法，全同态加密算法的效率会明显降低。因此，同态加密算法会受到应用场景的限制，只有在计算相对简单的场景中，同态加密算法才能发挥其优势。对于其他复杂的场景，则需要使用安全多方计算完成类似的功能。安全多方计算的概念由姚期智院士首先提出。安全多方计算现在已经发展为密码学的一个重要分支，不仅激起了学术界的研究热情，在工业界也受到了广泛关注。

2.5.1 百万富翁问题

安全多方计算能够在无可信第三方的辅助下,既保证各方的输入数据均不泄露,又可以使用各方的输入数据完成预期的协同计算。也就是说,参与计算的各方对自己的数据始终拥有控制权,只需在各个参与方之间公开计算逻辑,即可得到相应的计算结果。安全多方计算是如何实现这种效果的呢?在此,我们使用百万富翁问题来简述安全多方计算的实现方法和挑战。

图灵奖获得者姚期智院士于 1982 年提出了安全多方计算这个概念,并设计了百万富翁问题来说明安全多方计算的目标。百万富翁问题的描述非常简单,即两个百万富翁想比较谁更富有,但都不想泄露自己具体的财富值。解决该问题最自然的方法是找到一个可信第三方对二者的财富进行比较,然后公布结果,但在实际场景中很难找到完全可信的第三方,而安全多方计算便提供了无须可信第三方的解决方案。接下来,我们描述一个简单的解决方案。

假设两个富翁 A 和 B 的财富值分别为 f_A, f_B,均为 1~9 的整数。9 个整数分别对应 100 万,200 万,…,900 万元。富翁 A 可按照自己的财富值在编号分别为 1~9 的 9 个盒子内放入水果,并在上锁后发送给富翁 B,其中每把锁的钥匙均相同,并由富翁 A 自己保存。若盒子编号 $i < f_A$,则放入一个苹果;若盒子编号 $i = f_A$,则放入一个橙子;若盒子编号 $i > f_A$,则放入一个香蕉。如果 $f_A = 5$,那么 9 个盒子中的水果如图 2-6 所示。

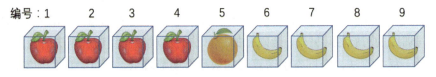

图 2-6 富翁 A 发送给富翁 B 的 9 个盒子

富翁 B 在收到富翁 A 的 9 个盒子之后,按照自己的财富值选取其中编号为 $i = f_B$ 的盒子,并按照协议销毁其他几个盒子。待其他盒子被销毁之后,富翁 A 将钥匙发送给富翁 B。富翁 B 打开盒子之后,若盒子内为苹果,则其财富值小于富翁 A;若盒子内为橙子,则其财富值等于富翁 A;若盒子内为香蕉,则其财富值大于富翁 A。

假设 $f_B = 7$，则富翁 B 获得编号为 7 的盒子，待其他盒子被销毁之后，富翁 A 将钥匙发送给富翁 B，富翁 B 打开盒子发现其中的水果为香蕉，便可得出结论：富翁 B 的财富值大于富翁 A 的财富值。

以上便是百万富翁问题的解决方法之一，这个简单的协议建立在双方都是诚实或者半诚实的参与方的前提下，双方不会恶意地输入错误的财富值扰乱协议的正确执行。也就是说，我们可以保证富翁 B 不会选择错误的盒子或者将错误的比较结果返回给富翁 A，但是我们却无法保证富翁 B 能够克制自己的好奇心，如实地销毁其他盒子。因为即使富翁 B 不销毁其他盒子，也可以保证协议正常执行，完全符合一个半诚实参与方的要求。因此，在实际应用中，双方通常使用密码协议实现这些理想的限制条件，即使面对半诚实参与方，也可以确保隐私不会泄露。比如，密码学中的不经意传输协议，便可以保证在以上场景中富翁 B 只能从富翁 A 的发送内容中获取其中一个盒子，而不能获得其他盒子的相关信息；同时，富翁 A 也无从得知富翁 B 所选取的具体是哪个编号的盒子。

安全多方计算的本质就是综合使用众多功能不同的密码协议，达到多方之间安全地得到约定函数的计算结果。接下来，我们介绍一下在安全多方计算中常用的密码协议及其功能。

2.5.2　安全多方计算中的密码协议

1. 不经意传输协议

在上文描述的百万富翁问题的解决方案中，在富翁 B 得到 9 个盒子之后，如何确定其会将其余盒子全部销毁是一个在现实中很难解决的问题。不经意传输（Oblivious Transfer，OT）协议则从根本上提出了一个解决方案，避免了富翁 B 未按照协议销毁其他盒子而产生的安全问题。从直观上来看，不经意传输协议的功能是保证富翁 B 从富翁 A 提供的两个或者多个备选项目中只能选择其中一个，而得不到其他备选项目的任何信息，同时还能保证富翁 A 不知道富翁 B 选择的具体是哪一个。

不经意传输协议是安全多方计算研究中的一个基础的密码协议，具体的定义如下：

定义 2-11 不经意传输协议指的是，Alice 输入一个包含两个信息的集合 $\{m_0, m_1\}$，Bob 选择一个标签 $b \in \{0,1\}$，一个不经意传输协议满足以下条件：Bob 作为协议的一方，一定可以获得 m_b，但无法获得 m_{1-b}；同时，协议的另一方 Alice 无法得知 b 的具体值。

以上介绍的是"2 取 1"的不经意传输协议，即协议的某一方从另一方输入的两个信息中选择一个，但现实场景往往比较复杂，比如对于上文的百万富翁问题来说，需要从 9 个盒子中选择一个。因此，在密码学研究中，众多学者将目光转向"n 取 1"的不经意传输协议。另外，根据不同的场景，衍生出了更多的版本，比如"n 取 k"的不经意传输协议，以满足不同的功能需求。在此，我们主要介绍"n 取 1"的不经意传输协议的实现过程。

在介绍复杂的实现方案之前，我们先使用百万富翁问题的例子简单地介绍一下实现方案的主要思想。在百万富翁问题的解决方案中，我们希望富翁 B 仅从 9 个盒子选择一个，并强制让富翁 B 销毁其余几个。我们可以按照以下方式直观地理解利用不经意传输协议完成这个目标的主要思想：在富翁 A 发送 9 个盒子之前，富翁 B 先使用所需要的箱子编号 y 构造一把"复杂"的组合锁，并发送给富翁 A（其中编号 y 是构造锁的关键信息，而且富翁 A 无法根据锁的信息恢复出富翁 B 使用的编号）。富翁 A 在拿到锁之后，可以以一种黑盒的方式对组合锁进行改造，改造结果为 9 把不同的新锁，并分别对 9 个盒子进行上锁，再将 9 个盒子发送给富翁 B。新锁的特殊性如下：由于这些新锁均改造于编号 y 构造的组合锁，因此只有编号为 y 的盒子上的新锁可以用富翁 B 的钥匙打开，其余盒子均被锁死，无法打开。因此，富翁 B 只能打开编号为 y 的盒子，而富翁 A 并不能根据组合锁的信息分析编号 y 到底是多少。以上便是对不经意传输协议实现方案的一种不严谨的比喻，接下来我们使用严谨的数学语言来描述不经意传输协议的构造过程，读者可以将两种描述进行对比。

Tzeng 构造了一个两轮的"n 取 1"不经意传输协议[65]，过程如下：

（1）双方协商出两个公共参数 g、h，二者均为 q 阶循环群 G_q 中的元素。

（2）Alice 输入 n 个消息 $m_1, m_2, \cdots, m_n \in G_q$，同时 Bob 确定欲选择的消息编号 t。

（3）Bob 选择随机数 r，并计算 $y = g^r h^t$，将 y 发送给 Alice。

（4）Alice 选择一组随机数 k_i，使用 y 计算 n 组消息：$(a_1, b_1), (a_2, b_2), \cdots, (a_n, b_n)$，并发送给 Bob。其中，$a_i = g^{k_i}$，$b_i = m_i \cdot \left(\dfrac{y}{h^i}\right)^{k_i}$。

（5）Bob 计算 $m_t = b_t / a_t^r$。

不经意传输协议的过程看似比较复杂，但如果我们对比上文中百万富翁问题的解决方案的不经意传输协议构造，就会更容易理解。其中，y 对应的便是"组合锁"，而 (a_i, b_i) 则对应由组合锁改造的新锁保护的明文，Bob 在收到所有被保护的明文之后，只能对第 t 个明文进行解密，因为 y 是由 t 构造的。

2. 混淆电路

安全多方计算目前的主流构造方法主要有两种，第一种是使用混淆电路，第二种则是通过秘密分享的思想。下面会对混淆电路、秘密分享的原理和思想分别进行介绍。

混淆电路是姚期智院士针对百万富翁问题，于 1986 年提出的一种解决方案，该方案的提出也验证了安全多方计算的可行性。混淆电路的思想比较简单：将双方需要计算的函数（所需参数为双方各自的输入信息）转化为"加密电路"的形式，该"加密电路"可以保证双方在不泄露各自输入信息的情况下，正确地计算出函数的结果。因此，"加密电路"的设计是混淆电路方法的研究重点和难点。但是，由于任意函数在理论上均存在一个等价的电路表示，在计算机中可以使用加法器和乘法器等电路进行实现，而这些乘法器或加法器又可以通过"与门""异或门"等逻辑电路来表示。也就是说，如果能够实现基本的加密版本逻辑电路，那么可以实现加密版本的计算函数。

接下来，我们通过文献[66]对"与门"加密版本的实现来介绍"加密电路"的实现方法以及工作原理。

假设在安全两方计算中，交互两方 A 和 B 欲计算的门电路为"与门"，两个输入数据分别为 a 和 b，一个输出数据为 r，即 $r = a \operatorname{and} b$。我们可以用表 2-3 所示的真值表的方式来描述该电路门（也就是说，"与门"电路与以下真值表是等价的，真值表的加密版本也就对应了"与门"电路的加密版本）。

表 2-3 "与门"真值表

a	b	r = a and b
0	0	0
0	1	0
1	0	0
1	1	1

第一步：A 方进行密钥生成。

为了避免使用真实的输入数据和输出数据，对输入和输出的每一个值都生成相应的密钥，在交互过程中只使用该密钥代替真实值进行传递，从而避免了真实输入数据的泄露。输入及输出结果对应的密钥见表 2-4。

表 2-4 输入及输出结果对应的密钥

a	0	k_{a0}
a	1	k_{a1}
b	0	k_{b0}
b	1	k_{b1}
r	0	k_{r0}
r	1	k_{r1}

第二步：A 方进行电路的加密。

对原始的真值表中真实的输入和输出数据进行替换得到其加密版本，见表 2-5。

表 2-5 "与门"真值表加密版本

a	b	r = a and b
k_{a0}	k_{b0}	$E_{k_{a0},k_{b0}}(k_{r0})$
k_{a0}	k_{b1}	$E_{k_{a0},k_{b1}}(k_{r0})$
k_{a1}	k_{b0}	$E_{k_{a0},k_{b0}}(k_{r0})$
k_{a1}	k_{b1}	$E_{k_{a1},k_{b1}}(k_{r1})$

第三步：A 方将输出的密文发送给 B 方。

A 方将第二步得到的密文 $E_{k_{aj},k_{bi}}(k_{rt})$ 打乱顺序之后发送给 B 方，同时要告知 B 方 k_{aj} 和 k_{bi} 的信息，让 B 方进行解密。其中，k_{aj} 对应 A 方的输入数据 a，但 k_{bi} 对应 B 方的输入数据 b，由于 A 方并不知道 B 方的真实输入数据是多少，便无法确定应该向 B 方提供 k_{b0} 还是 k_{b1}。此时便可使用上文介绍的不经意传输协议满足该需求，既能保证 B 方根据自己的输入数据 b 的编号 i 选择对应的 k_{bi}，又能保证 B 方只能获得 k_{b0} 和 k_{b1} 中的一个。

第四步：B 方进行解密。

B 方使用 A 方提供的 k_{aj}（$j=0$ 或 1）以及使用不经意传输协议选出的 k_{bi}（$i=0$ 或 1）对四个密文进行解密，使用的加密算法可以保证只有在使用正确的密钥进行解密时才可以得到合法的明文，也就是说，如果 k_{aj} 和 k_{bi} 对应的密文为 $E_{k_{aj},k_{bi}}(k_{rt})$，那么只有在对 $E_{k_{aj},k_{bi}}(k_{rt})$ 使用密钥 k_{aj} 和 k_{bi} 进行解密时才能得到合法的明文，其他几个明文都会是乱码或者特殊的符号。

此时，B 方将解密得出的明文 k_{r0} 或 k_{r1} 发送给 A 方，A 方便可得出正确的结果 $r=0$ 或者 $r=1$，并同步给 B 方即可。在这个过程中，A 方并没有告诉 B 方 k_{aj} 对应的真实值 $j=0$ 或 $j=1$，因此 A 方的信息未泄露。另外，B 方通过不经意传输协议选择了输入对应的密钥，在计算出正确结果并发送给 A 方之前，也并未泄露自己的输入数据。所以，双方均在未泄露自己输入数据的前提下，完成了"与门"的计算。

以上便是混淆电路协议的简单构造。混淆电路作为安全多方计算领域最基础的协议之一，对密码学实际应用的意义非凡，从 1986 年发展至今，仍有大量的专家学者在进行探索。混淆电路源于安全两方计算方案，现在已经被推广到安全多方计算的方案设计。另外，也有众多技术（如"Free-XOR"）用于混淆电路的构造中[67]，以提高基于混淆电路的安全多方计算的效率。

3. 秘密分享

除了使用混淆电路，秘密分享是另外一个用于构造安全多方计算的主流技术。秘密分享是现代密码学的一个重要工具，是门限密码学的基础。提到门限密码学，我们可以使用一个有趣的例子进行简单的介绍。

门限密码学是指将基本的密码系统分布于多个参与方之间，只有所有的参与方或者足够多的参与方联合起来才能保证密码系统正常运行。门限密码学有很多应用场景，假设某国的特工局局长将本国的特工名单保存在一个保险箱中，而局长希望将保险箱的密钥切分为 4 个部分，由 4 位副局长分别持有。考虑到特工职业的特殊性，局长提出了两个要求：①因为特工属于高危职业，为了防止因某位副局长意外牺牲而导致其持有的部分密钥随之消失，局长希望无须 4 位副局长同时提供密钥，也能打开保险箱（容错性要求）；②为了防止因某几位副局长叛变而导致特工名单泄露，局长希望至少 3 位副局长同时提供密钥才能打开保险箱（安全性要求）。

考虑到以上两个要求，局长确定了保险箱最终的密钥管理方式：任意 3 位副局长同时提供密钥，便可打开保险箱；若提供密钥的副局长少于 3 位，则无论如何都无法打开保险箱。这样的系统便需要使用门限密码学来设计。

从图 2-7 中可以看到，如果将密钥分为 6 段，每段都有两份，那么每个副局长都持有其中 3 段，比如 a 副局长持有第 1 段、第 2 段和第 3 段，使用这样的分割方法可以保证任意 3 位副局长都可以恢复完整的密钥，但如果只有 1 位或者 2 位副局长，就无法完成密钥的恢复。以上便是门限密码学的应用。

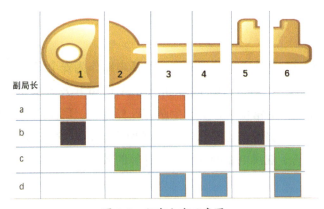

图 2-7 秘密分享示意图

在安全多方计算中，秘密分享的应用场景主要为使用秘密分享方案的同态特性进行约定函数的计算。也就是说，秘密分享的内容不再是密钥，而是参与方的输入数据，通过将输入数据切分成多个随机的碎片，分发给其他参与方。每个参与方根据自己掌握的碎片进行相关的计算，将中间结果进行聚合，从而得到最终结果。在本节中，我们会使用具体的例子简述这种思想的构造方法。使用秘密分享进行函数计算的协议主要由两部分构成：秘密分发和秘密重构。

随着秘密分享技术的发展，目前已经出现了多种协议的实现方案，在此我们使用著名的 Shamir 秘密分享协议来介绍一下秘密分发和秘密重构两个部分是如何完成的。Shamir 秘密分享协议使用多项式对秘密输入进行分发，并通过拉格朗日插值方法对秘密输入进行恢复。为了方便理解，我们仍以 4 位副局长对密钥保管为例，局长希望将密钥 S 分发给 4 位副局长，且只要其中 3 位副局长同时提供各自持有的信息就可恢复密钥。Shamir 秘密分享协议会为密钥 S 生成一个多项式 $f(x)=S+a_1 x+a_2 x^2$，并随机选取该多项式的点值，即 (x_i, y_i) 作为密钥的局部信息分发给各位副局长。这便完成了秘密分发。由于该多项式共有 3 个未知的系数 (S, a_1, a_2)，故至少需要 3 个点值才能对密钥 S 进行恢复，且任意 3 个不同的点值均可。这便完成了秘密重构。

接下来，以 3 个参与方之间的安全计算场景为例，简单地介绍使用秘密分享进行加法和乘法操作的基本步骤，帮助读者理解秘密分享的基本原理。

假设某公司的 3 个员工分别为 P_1, P_2, P_3，3 人希望在不泄露自己真实工资的情况下，计算 3 人的平均工资。从本质上来讲，这个问题可以抽象为多方之间的求和问题。我们在此介绍一下使用秘密分享进行求和的思想。假设员工 P_1, P_2, P_3 的工资分别为 x, y, z。为了计算 $r=(x+y+z)/3$，可以采取以下两个步骤。

（1）秘密分享阶段。每个员工将自己的输入信息（即工资）切分成 3 份，并分发给另外两个同事；在分发完成之后，员工 P_i 拥有 3 个值，分别为 x_i, y_i, z_i。

（2）秘密重构阶段。每个员工分别在本地计算 $r_i=(x_i+y_i+z_i)/3$，最终三个员工再将自己的结果 r_i 进行公开，3 人的平均工资则为 $r=r_1+r_2+r_3$。

在以上两个步骤中，每个员工都只得到了同事工资的部分信息，并不能恢复其真实工资。另外，根据最终公布的结果 r_i 也无法直接推断出 x_i, y_i, z_i 三个碎片信息。因此，该方法便使用秘密分享的思想，在保护了各个参与方输入信息的前提下，完成了均值的计算。

使用秘密分享的方法计算求和函数是非常简单、直观的，但如果要计算两个数的乘积，就需要引入一些"辅助信息"。仍以上述的场景为例，假设3个员工都有强烈的好奇心，希望在对自己工资保密的前提下，计算他们工资的乘积，即 $r=xyz$。此时，仅仅通过将工资的数值进行简单的切分和分享是很难做到的，因为乘法会涉及交叉项的计算。举个例子，$xy=(x_1+x_2)(y_1+y_2)=x_1y_1+x_1y_2+x_2y_1+x_2y_2$。按照秘密分享进行加法计算的思想，直接计算 x_1y_2 和 x_2y_1 是很困难的，但是如果加入"辅助信息"，就可以解决这个问题。为了方便理解，我们先计算 $r'=xy$，在完成 r' 的计算后，计算 r 便很自然。其中，计算 r' 的具体方法如下。

（1）在计算 r' 之前，先通过某种手段完成三元组（辅助信息）的秘密分发。3个值分别为

$$a = a_1 + a_2 + a_3$$
$$b = b_1 + b_2 + b_3$$
$$c = c_1 + c_2 + c_3$$

式中，$c=ab$。

（2）秘密分发。与秘密分享计算加法的秘密分发阶段类似，由于以 $r'=x \cdot y$ 的计算为例，在此仅进行 x 和 y 的分发。通过分发阶段，不同员工持有的碎片信息见表2-6。

表2-6 不同员工持有的碎片信息

员工	持有的碎片信息
P_1	x_1，y_1，a_1，b_1，c_1
P_2	x_2，y_2，a_2，b_2，c_2
P_3	x_3，y_3，a_3，b_3，c_3

（3）秘密重构。

① 借助辅助信息，计算两个中间变量（使用秘密分享进行加法计算的思想），即

$$ma = x - a$$

$$mb = y - b$$

② 为了恢复 $r' = xy$,根据公式

$$xy = (x-a+a)(y-b+b) = (ma+a)(mb+b) \quad (2\text{-}14)$$

展开可得

$$xy = ma \cdot mb + ma \cdot b + mb \cdot a + c \quad (2\text{-}15)$$

通过该公式,我们发现将 xy 的乘法问题转化为3个乘法子问题以及加法问题。已知两个中间值 ma 和 mb 已经通过秘密分享的加法计算被重构,因此只要每一方都能计算出式(2-15)中 $ma \cdot b + mb \cdot a + c$ 的碎片信息即可。通过将3者计算的碎片信息与 $ma \cdot mb$ 相加,便可得到最终的计算结果 $r' = xy = ma \cdot mb + ma \cdot b + mb \cdot a + c$。不同员工计算的碎片信息见表2-7。

表 2-7 不同员工计算的碎片信息

员工	计算的碎片信息
P_1	$ma \cdot b_1 + mb \cdot a_1 + c_1$
P_2	$ma \cdot b_2 + mb \cdot a_2 + c_2$
P_3	$ma \cdot b_3 + mb \cdot a_3 + c_3$

以上便是使用辅助信息(三元组 $[a,b,c]$)进行乘法运算的示例,通过秘密分享实现了乘法和加法运算。在此基础上,可以使用这两种基本运算设计或者拟合更多、更复杂的运算,从而构造完整的、通用的安全多方计算。

2.5.3 安全多方计算在联邦学习中的应用

在安全多方计算发展初期,绝大多数工作致力于安全多方计算存在性的验证,因此方案的效率都不容乐观。经过不断的发展,目前基于混淆电路的方案和基于秘密分享的方案都已经有了高效的实现。其中,基于混淆电路的方案更适合进行逻辑运算或者数字的比较等运算,而基于秘密分享的方案则更适合进行算术运算。因此,为了进一步提高安全多方计算的效率,目前设计了通用的安全多方计算框架,将基于混淆电路和秘密分享的方案进行融合,让它们分别负责不同类型的运算。在文献[68]中,作者列举了当前主流的11个安全多方计算框架,感兴趣的读者可以进行进一步的探索。

高效的安全多方计算作为兼顾数据隐私性和可用性的有效工具，在机器学习领域也受到了广泛关注。其中，文献[69,70]提出的 SecureML 方案便使用上述计算加法和乘法的思想，将用户的隐私数据分发给两个不会合谋的服务器，两个服务器使用各自的数据碎片进行线性回归和逻辑回归的模型训练。在具体实现中，使用基于秘密分享的安全多方计算进行矩阵和向量的乘法等算术操作，在需要进行数值的大小比较时，便使用 ABY 框架[69]，将基于秘密分享的安全多方计算转化为基于混淆电路的协议对数值进行比较，在完成比较之后再通过该框架转化为基于秘密分享的协议进行后续计算。此方案大大地提高了安全多方计算在实际应用中的效率。

联邦学习作为一种保护用户数据隐私的机器学习通用解决方案，固然离不开安全多方计算的辅助。在横向联邦学习的安全聚合阶段，大规模的客户端在向服务器上传模型参数时，为了保护各个客户端的隐私，便可以通过安全多方计算进行安全的聚合。Bonawitz 等人提出了一种在联邦学习中进行安全聚合的方法 mask-then-encrypt，并被后续多个工作进行了扩展[70]。该方法的主要思想是在各个客户端之间共享一些随机值，每个客户端在上传参数值之前，将真实的参数值与随机值相加或者相减，从而掩盖真实的参数值，但聚合过程又会将这些随机值抵消，从而得到正确的聚合结果。当然，安全多方计算在联邦学习中的应用研究并未止步于此，后续仍有很多工作致力于安全多方计算的优化，比如降低方案的时间开销和解决客户端掉线或者不诚实的问题。

第3章
传统机器学习

3.1 统计机器学习的简介

3.1.1 统计机器学习的概念

统计机器学习是从数据中鉴别模式的一系列方法的集合。从数据中分析各类模式并不是机器的专利，我们对这种分析非常熟悉，而且这种分析每天都发生在我们的生活中。

例如，一个病人因心脏不适入院，医生安排病人进行心电图检查，如图 3-1 所示，这项检查通过将电极连接在病人胸口的皮肤上，记录病人心脏的电活动，这些电活动通过显示器实时地显示在监视器上，并被打印在纸上。由于受伤的心肌通常不会传导电脉冲，因此心电图检查可以显示心脏病发作或心肌受损。其他对心脏的检查还包括胸部 X 光、冠状动脉血管造影、心脏 CT 或磁共振成像（MRI）等。在这一系列的检查中，有的记录了某一时间点的身体状况和心脏指标，有的记录了某一时间段内的心脏指标变化情况，有的则拍下了心脏及周边血管的影像，并测量了一些尺寸。医生需要根据这些各式各样的检测结果，分析和判断病人是因为偶然事件（比如，过量运动）导致的不适，还是心脏某些组织真的出现了问题。

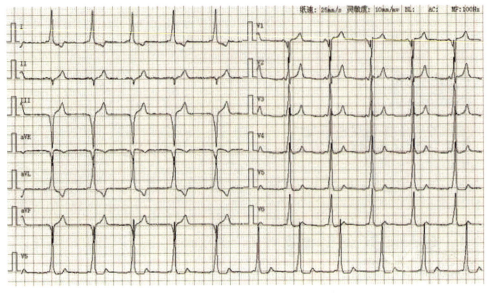

图 3-1　心电图

如图 3-2 所示，每当上市企业的会计年度结束，发放年度财务报告时，该企业的股票价格常常会迅速地反映该公司过去一年的经营状况，股票的价格变化是人们的交易所推动的，那么人们是如何根据财务报告做出当前的交易决策的呢？首先，财务报告主要是由会计报表和财务情况说明等资料组成的。其中，会计报表以一定的会计方法、程序记录与反映企业的财务状况、经营成果和现金流，具体来说包括反映资产负债的资产负债表、反映经营活动获利的利润表、反映企业内部现金流动性的现金流量表，以及反映股东利益的所有者权益变动表。通过仔细阅读财务报告，我们可以横向分析公司的经营情况在行业中所处的位置，纵向分析公司历年的情况变化。简单来说，我们可以根据财务报告中各种非结构化信息（数字、文本、图片等），对股票走势做出判断，从而进行投资。

如你所见，我们可以基于数据资料进行分析和判断并做出预判，这种类似于人类思考和解决问题的方式真的无处不在，在医学、金融、图像处理、消费、制造等各种行业中频繁出现，如果严格地用科学的标准来定义这个思考问题的方式，就是统计学习。

图 3-2　股票价格走势示意图

本章会简单地介绍如何从数据中学到模式。通常来说，我们对预测的结果要有一个量化的度量指标，比如在预测股价问题中的股票价格、在疾病诊断问题中的心脏病种类。此外，对于如何预测这个结果，我们需要准备一组特征。比如，在预测股价时，我们可以将财务报告中的公司年度营业收入作为一个特征，可以将财务报告的页数也作为一个特征；在疾病诊断问题中，心电图的频率和振幅可以作为两个特征。给定一系列形如（特征1，特征2，特征3，结果）的数组（即我们所说的数据），建立一个预测模型用于完成预测任务，这便是机器学习。模型在使用时预测得越准确，说明建模越成功。

上述例子描述了什么是有监督学习。这种机器学习类型之所以被称为有监督学习，是因为其预测模型在训练过程中有预测目标值作为引导。在无监督学习中，通常只有特征，而没有所谓的目标值。在无监督学习中，比起建立预测模型，我们通常更关注数据是如何组织在一起的，或者样本点的聚类情况是怎样的。本章主要讨论有监督学习问题。

3.1.2 数据结构与术语

机器学习所使用的数据类型通常有四种：截面数据、时间序列数据、混合数据、面板数据。

截面数据包含了一组不同的个体，这些个体可以是个人、家庭、公司、国家等，这一组个体是在某一个时间点一起取出的。有时候这些个体的取出时间不一定完全相同，比如在一次为期三个月的人口普查中，有的人先被普查到，有的人后被普查到。在分析截面数据时，我们通常会忽视这些细微的时间差异，而将这些个体和它们的特征看作在同一时间截面上取出的。截面数据有一个重要的特性就是，我们假设这些个体是从某一总体中随机采样而成的。然而，随机采样并不是随时都能够满足的，比如我们在对信用风险建模时通常会要求用户报告他的收入，然而用户可能出于保护隐私的目的低报收入，也可能出于获得贷款的目的高报收入，甚至因为要提供收入信息，导致很多对隐私敏感的用户不注册账户，那么这样得到的样本，无论是在收入的取值上，还是在样本涵盖的人群上，都不能认为是对所有人具有代表性的，也就不能是全量人的总体中的一个随机样本。

时间序列数据包含了同一个体在不同时间点上的特征取值。时间序列的例子包括某一公司的股票价格、货币供给量、消费物价指数等。因为过去的事件会影响未来的事件，而且在很多时间序列数据的场景中存在滞后性，所以时间成了时间序列数据分析的重要维度。不同于截面数据，在时间序列数据中，每个观测点的前后顺序本身就带有重要的信息。时间序列数据还有一个重要的特性，这使得它们比截面数据难以分析和使用，这个特性就是时间序列数据中的观测值在大多数时候在时间上并不独立，不仅如此，在大多数时候它们还会出现强烈的相关性，这一相关性通常随着观测点之间的时间间隔变大而变小。例如，本周的股价通常与上周的股价接近，而与一年前的股价差异较大。虽然适用于截面数据的机器学习模型不加处理也可以用于时间序列模型，但是考虑到时间序列数据自身可能存在的特性（平稳性等），我们也有针对时间序列数据的单独模型。

混合数据则是包含了截面数据和时间序列数据的数据。例如，中国连续两年进行全国消费者抽样调查，每次调查都随机采样，都记录了消费者的年度消费金额、消费次数等信息，但两次抽中的个体并不一致。在训练模型通过消费者收入预测消费者消费金额时，一年的数据往往不够，于是我们将第二年的数据也加入样本中，这样形成的数据就称为混合数据。除了补充训练样本，我们还可以分别使用两年的数据建模，进而分析两年间消费者行为的差异。

最后一类数据是面板数据，它包含了多个个体、多个时间点。每个个体在每个时间点均有一组特征，这样形成的数据就称为面板数据。例如，在股票市场上任选 100 支股票，它们过去一年的每日收盘价就形成了一个面板数据集（假设不考虑停牌等因素）。总之，面板数据就像一个面包，每横着切一刀就会得到一个截面数据，如果竖着切一刀，得到的就是时间序列数据。那要是把两种口味的面包各切一片放在一起呢？那就是混合数据。

除了数据类型，机器学习还涉及一系列的常用术语（个体、样本、总体、特征、标签、训练集、验证集、测试集等）。

3.1.3 机器学习算法示例

本节以简单线性回归模型和决策树模型为例简单地介绍机器学习的算法。

1. 简单线性回归模型

要使用一个变量预测另一个变量，最简单的办法是建立一个只包含两个变量的简单线性回归模型（一元线性回归）。虽然简单线性回归模型作为一个基础的算法存在很多问题和限制，但是学习和理解它有利于我们对更复杂的模型有更加深刻的认知，它不仅是多元线性回归模型的基础，更是广义线性模型、深度学习模型的基础，因此我们先以简单线性回归模型为例，讨论一些统计学习算法中的重要问题。

在很多时候，我们观察到两个变量 x 和 y 的一些取值，然后希望建立统计学习模型来通过 x 预测 y 的值。比如，x 是农田的施肥量，y 是产量；x 是受教育程度，y 是收入水平；x 是消费金额，y 是信用卡消费金额；x 是社区内的警察数量，y 是社区的犯罪率。要想建立 y 关于 x 的模型（用 x 预测 y），我们需要回答三个最根本的问题：①x 和 y 的函数关系是什么样的？②如果 y 还受到除了 x 之外的变量影响，那么如何在模型里表示？③在建立好模型后，x 发生了一个单位的变化，

y 会发生多少变化？

在简单线性回归模型中，我们通过假设 x 与 y 成线性函数关系来回答问题①，即

$$y = \beta_0 + \beta_1 \cdot x + u \tag{3-1}$$

式中，β_0 为截距；β_1 为斜率；u 为误差项。在简单线性回归模型中，针对问题①，我们假设 x 与 y 呈线性关系。针对问题②，我们设立了误差项，所有未观测到的、未知的对 y 有影响的变量都被归入 u 中。针对问题③，如果固定 u，那么 x 每变化一个单位，y 将变化 β_1 单位。

对于模型（3-1）来说，因为模型存在截距项，所以我们始终可以做出 u 的期望值为 0 的假设，即 $E(u)=0$。为了回答问题③，我们采用的方式是固定 u，事实上这在实际情况中并不现实，比如在对受教育程度和收入水平建模时，一个人本身的天赋水平是被归入 u 的，而显然，受教育程度与天赋水平也会有关系，所以我们很难固定 u。那么如何定义 x 和 u 的关系，以便更好地回答问题③呢？

对于两个随机变量的关系，最常见的度量方式是利用相关系数，即

$$r = \frac{\text{Cov}(x,u)}{\text{Sqrt}(\text{Var}(x) \cdot \text{Var}(u))} \tag{3-2}$$

如果 x 与 u 不相关，那么它们的相关系数为 0，即 x 与 u 不是线性相关的。但是，如果 x 和 u 不是线性相关的，而是非线性相关的呢？此时使用相关系数去假设 x 与 u 的关系则是不够的。因此，为了更好地回答问题③，我们假设 u 的均值不依赖于 x，即 u 的条件期望值等于 u 的期望值

$$E(u|x) = E(u) \tag{3-3}$$

这个假设是说，在任何 x 取值水平下，u 的均值都是不变的，且等于全局均值。这种 u 称为均值独立于 x 的 u，这个假设结合 $E(u)=0$，可以得到 $E(u|x)=0$。因此，我们又把这个假设称为零条件均值假设。为什么说这个假设可以帮助我们更好地回答问题③呢？那是因为如果我们对模型（3-1）的等式两边同时取关于 x 的条件期望值，就可以得到

$$E(u|x) = \beta_0 + \beta_1 \cdot x \tag{3-4}$$

也就是说，在假设 $E(u)=0$ 和假设 $E(u|x)=E(u)$ 下，我们可以得到式（3-4），

它表示：每个单位的 x 的变化，会导致 y 在当前 x 水平下的期望值发生 β_1 的变化。这样的解释剥离了 u 的影响，也不用再满足固定 u 这种不切实际的要求。

有了对简单线性回归模型的了解，接下来最重要的问题就是如何求解模型，即如何从数据中得到对 β_0 和 β_1 的估计。

假设样本为 $\{(x_i,y_i)|i=1,2,\cdots,n\}$，其中，$n$ 表示样本中一共有 n 个观测点。如果样本真的是从简单线性回归模型（3-1）中产生的，那么这些观测点必定满足

$$y_i = \beta_0 + \beta_1 \cdot x_i + u_i \tag{3-5}$$

根据假设 $E(u)=0$ 和 $E(u|x)=E(u)$，我们可以得到关于 u 的以下两个矩性质，即

$$E(u) = 0 \tag{3-6}$$
$$\mathrm{Cov}(x,u) = E(xu) = 0 \tag{3-7}$$

此时，我们可以采用矩估计方法来做进一步推导，即

$$n^{-1}\sum_{i=1}^{n}(y_i - \beta_0 - \beta_1 \cdot x_i) = 0 \tag{3-8}$$

$$n^{-1}\sum_{i=1}^{n}x_i \cdot (y_i - \beta_0 - \beta_1 \cdot x_i) = 0 \tag{3-9}$$

根据两个方程的两个未知数，简单推导可得 β_0 和 β_1 的估计式

$$\beta_0 = \bar{y} - \beta_1 \cdot \bar{x} \tag{3-10}$$

$$\beta_1 = \frac{\sum_{i=1}^{n}(x_i - \bar{x})(y_i - \bar{y})}{\sum_{i=1}^{n}(x_i - \bar{x})^2} \tag{3-11}$$

从式（3-11）中可知，$x_i \neq \bar{x}$，即 x 不可以只有一个取值，如果只有一个取值，那么式（3-11）将失去意义，β_0 和 β_1 将无法求解。这也是我们建立简单线性回归模型的一个隐含假设。

2. 决策树模型

决策树是一种以树结构为基础，通过序贯判断来实现分类或回归的机器学习算法。决策树由三个部分组成：一个根节点、若干中间节点、若干叶子节点。如

图 3-3 的例子所示，在使用身高、体重、睡眠时间预测学习成绩等级（A, B）的决策树中，我们首先会选择一个特征睡眠时间，将人分为两群。我们自然会期望这两群人的成绩等级具有明显差异，第一群人最好全是成绩为 A 的，第二群人全是成绩为 B 的，但这种情况非常罕见。在通常情况下，两群人中成绩等级为 A 的人数占比是有显著差异的，但只用睡眠时间并不能把人完全分开，我们还需要结合别的特征（身高、体重）。如图 3-3 所示，我们给出了一个决策树的决策过程作为示例。

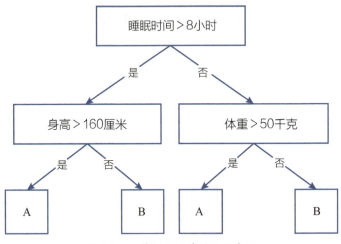

图 3-3 决策树的决策过程示意图

其中，第一层就是决策树的根节点，第二层是中间节点，第三层是叶子节点。可以看到，对于根节点和中间节点，存在两个需要解决的问题：①给定一个节点，该节点应该使用什么特征进行树的分裂？②给定一个节点和该节点使用的特征，分裂应该在什么值进行，即用什么值进行划分（cut off point）？对于叶子节点，我们需要解决的问题：③被分流到这个叶子节点的样本，是应该被预测为 A 还是应该被预测为 B？

在决策树分裂的过程中，我们很自然地希望分裂之后在样本中 A 或者 B 的占比越大越好，即纯度越高越好，那么如何选择分裂用的特征和分裂的特征值呢？为了回答问题①和②，我们需要量化的定义，给定某个分裂（特征选择、截断值选择），分裂后比分裂前节点上样本的纯度提升了多少，即这次分裂带来了多大收

益。那么，要定义分裂前后的收益，就需要定义分裂前的纯度和分裂后的纯度。我们通常使用基尼指数来度量某个数据集的纯度，即

$$\text{Gini}(D) = 1 - \sum_{k \in \{A,B\}} p_k^2 \qquad (3\text{-}12)$$

式中，k 为成绩等级的取值；p_k 表示在数据集 D 中任取一人成绩等级为 k 的概率；$\text{Gini}(D)$ 反映了从数据集 D 中随机抽取两个样本，其类别标记不一致的概率。因此，$\text{Gini}(D)$ 越小，数据集 D 的纯度越高。

有了基尼指数，我们就能判断分裂前后的数据集纯度。那么我们首先选择哪个属性（睡眠时间、身高、体重）来进行分裂呢？这个时候就需要对 $\text{Gini}(D)$ 进行拓展，式（3-13）为属性 x 的基尼指数，即

$$\text{GiniIndex}(D, x) = \sum_{v=1}^{V} \frac{|D^v|}{|D|} \text{Gini}(D^v) \qquad (3\text{-}13)$$

式中，v 为 x 的取值；V 代表在数据集 D 中 x 有 V 个不同的取值。属性 x 的基尼指数越小，代表分裂后数据集的纯度越高。因此，选择分裂节点即在找哪个属性使分裂后基尼指数小。

有了对基尼指数的讨论，我们可以类似地解决问题②，感兴趣的读者可以自行补充，在此不做赘述。要想解决问题③，一个很简单的办法就是，我们可以将叶子节点中占比大的等级作为该叶子节点的分类结果。

3.2 分布式机器学习的简介

3.2.1 分布式机器学习的背景

机器学习技术在实际场景中的应用受到越来越多的关注，尤其在金融和医学等领域，其决策的准确性和效率都有不错的表现。有些学者将机器学习定义为"机器学习=算法+算力+数据"。机器学习作为一种计算密集型的工作，本身就需要大量的计算资源，同时为了进一步提高机器学习的性能，其算法的设计变得越来越复杂，所需的计算资源日益膨胀。另外，机器学习的效果过于依赖训练所使用的

数据集，如果数据的质量较差或者规模过小，就很难保证机器学习模型的实际效果。当今社会已全面进入大数据时代，甚至每个手机终端都已经成为一个收集数据的节点，用于训练的数据量呈现爆炸式增长。

因为当前的机器学习算法对高质量数据的需求越来越大，所以不仅需要更多收集数据的渠道，还需要对分布在不同设备、不同机构的数据进行聚合。另外，随着数据量大幅增加，对计算资源的需求不断增加。基于机器学习领域的发展趋势，分布式机器学习提供了一种新的思路。由于数据量和模型复杂度不断增加，终究会出现单个节点难以支撑模型训练的情况，因此不得不使用分布式的训练环境来完成训练过程。分布式机器学习不仅可以协调大量的计算资源，使得学习过程达到较高的性能，还可以对多方的数据和模型进行聚合，最大化模型的准确性。

3.2.2 分布式机器学习的并行模式

如今，对于机器学习来说，计算量太大、训练数据太多、模型规模太大，我们必须利用分布式方式来解决由此带来的问题。因此，针对如何划分训练数据、分配训练任务、调配计算资源、整合分布式的训练结果，以期达到训练速度和训练精度完美平衡的问题，分布式机器学习通过不同的并行模式，提供了不同的解决方案，其并行模式可以分为以下三种类型。

（1）并行计算。针对计算量过大的问题，可以采用基于共享内存（或虚拟内存）的多线程或多机并行运算来提高计算的效率。

（2）数据并行。针对数据量过大的问题，可以对数据进行划分，并将划分好的数据分配到不同的节点进行训练。

（3）模型并行。针对模型规模过大的问题，可以将模型的不同部分分配到不同的节点进行训练，比如神经网络的不同网络层。

在并行计算模式中，多个处理器被用于协同求解同一问题。所需求解的问题尽可能被分解成若干个独立的部分，各个部分在不同的处理器上同时被执行，最终求解出原问题，并将结果返回给用户。根据计算资源的差异，并行计算可以被分为多机并行计算和多线程并行计算。根据研究的角度不同，并行算法被分为数值计算或非数值计算的并行算法，同步的、异步的或分布式的并行算法，共享存储或分布式存储的并行算法,确定或随机的并行算法等。并行计算的出现有效地解决了复杂的大型计算问题,它利用非本地资源,节约了计算成本,克服了单个计算机上存在的存储器限制。但与此同时,并行计算也带来了线程安全、内存管理等诸多问题。

在数据并行模式中,每个被分配了数据的工作节点都会根据局部数据训练出一个子模型,按照一定的规律和其他工作节点进行通信(通信的内容主要是子模型参数或者参数更新),以保证最终可以有效地整合来自各个工作节点的训练结果并得到全局的机器学习模型。数据划分的方式主要从以下两个角度进行考虑:一是对训练数据进行划分,二是对每个特征维度进行划分。其中,对训练数据进行划分主要有基于随机采样法和基于置乱切分的方法。随机采样法在不同的计算节点上进行放回的随机采样,这样可以做到子训练集是独立且同分布的。置乱切分的方法将数据进行乱序排列,然后按照工作节点进行切割,在训练的过程中会定期对所有数据进行打乱。

在模型并行模式中,主要考虑模型的结构特点。对于线性模型,可以直接对不同的特征维度进行划分,与基于维度的数据划分相互配合。在对深层神经网络进行划分的时候,则要考虑模型的层次结构以及模型之间的依赖关系,并且还要考虑模型之间的数据通信。模型的层次划分分为逐层的横向划分和跨层的纵向划分。这两种划分方式各有利弊。逐层的横向划分使得各个子模型之间的接口清晰、实现简单,但是受到层数限制,并行度可能并不高,而且还有可能一层的计算量就已经很多,单机已经无法承担。跨层的纵向划分把一层划分在多机上,但这样通信的要求就会很高。除了上述的横向和纵向划分,也有学者研究了模型的随机划分方式,在每个工作节点上都会运行一个小的骨干网络,在各个工作节点上进行相互通信的时候,会随机传输一些非骨干网络的神经元参数,这样可以起到探索原网络的全局拓扑结构的作用。

与并行计算和数据并行两种模式相比,模型并行的模式更加复杂,各个节点之间的依赖关系更强。因为某些节点的输出数据可能是其他节点的输入数据,所以对通信的要求比较高。目前,最常见的并行模式仍为数据并行,在联邦学习中也以数据并行的模式为主,因此我们主要对数据并行的模型进行介绍。数据并行模式的分布式机器学习架构如图3-4所示。

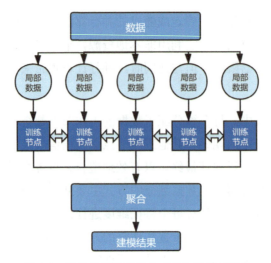

图 3-4　数据并行模式的分布式机器学习架构

接下来，我们用简单的线性回归算法来介绍分布式机器学习的原理。在线性回归中，我们将用来训练的样本集合记作 $X=\{x_i\}$，其中 $x_i \in \mathbf{R}^d$（d 表示特征的维度），并通过训练获得了模型 $f(x)=x^T w$。在训练过程中，使用梯度下降法对参数进行更新，其中损失函数及一阶梯度定义为

$$L(w) = \frac{1}{2}\sum_{i=1}^{n}\left(x_i^T w - y_i\right)^2 \tag{3-14}$$

$$g = \frac{\partial L(w)}{\partial w} = \sum_{i=1}^{n}\left(x_i^T w - y_i\right) \cdot x_i = \sum_{i=1}^{n} g_i \tag{3-15}$$

式中，$g_i = \left(x_i^T w - y_i\right) \cdot x_i$。

当数据量（即 n）和参数的数量（即 w 的维度）较大时，迭代过程的计算量就会很大，其中大部分的计算开销集中在梯度的计算，如果能够将梯度的计算并行化，就可以有效地提高训练过程的效率。通过观察可知，$g = \sum_{i=1}^{n} g_i$，因此可将 g 的计算切分为 n 个部分，由 n 个节点分别计算 $g_i = \left(x_i^T w - y_i\right) \cdot x_i$，在计算完成后再进行聚合 $g = \sum_{i=1}^{n} g_i$，便可得到最终的梯度。当然，在实际应用中分配给每个节点的数据量会有多条，因此节点的个数与数据量的大小并不相同，在此仅使用该

示例对数据并行的思想进行介绍。

另外，分布式机器学习的并行化除了带来了计算量的分摊效果，也带来了一些新的开销，包括通信开销和同步开销。另外，结果同步的方式包括同步算法和异步算法两种，本章只对分布式机器学习进行简单的介绍，在此不再对这些概念进行展开介绍。

3.2.3 分布式机器学习对比联邦学习

首先，联邦学习在本质上也是一种分布式机器学习方法，将存储在多个设备或者多个公司中的数据进行聚合，以提升模型效果。但是在传统的分布式机器学习中，各个节点的数据是由一个中心节点进行分配的，因此各个节点的数据呈现以下特点：

（1）各个节点之间的数据是独立同分布的。

（2）各个节点的数据量是相近的。

（3）中心节点对各个节点的数据拥有访问的权限，且在训练时未考虑各个节点之间的隐私窥探问题。

在联邦学习中则要考虑更多、更复杂的情况，比如：

（1）各个节点（联邦参与方）的数据所有者均为自己，训练数据来源更广，因此数据量可能更大，同时这些数据不一定是独立同分布的。

（2）各个节点之间的数据量以及数据质量可能都存在较大差异。

（3）各个节点对自己的数据拥有绝对的自治权，因此需要考虑各个节点的隐私问题和掉线问题。

也就是说，联邦学习为传统的分布式机器学习提出了更多的挑战和愿景，对应的业务场景更加复杂，除了提高训练效率和模型准确性的目标，更加关注参与方的隐私问题。因此，需要结合隐私保护技术，设计更巧妙的方案，在不泄露参与方数据隐私的前提下，激励更多数据拥有者贡献自己的数据，完成模型的训练。

3.3 特征工程

3.3.1 错误及缺失处理

在进行机器学习建模之前，需要进行特征加工。特征加工的第一步就是对缺失和错误的数据进行处理。具体来说，对于数据有误的，如果整列特征大部分有误，就应该删除该特征，以避免噪声对模型训练的影响；如果个别样本在某一/某些重要特征上有误，就应该考虑删除该样本。需要特别注意的是，在面板数据中，在删除样本时不应该只删除一个观测点，而应该删除该样本在所有时间截面上的观测点。另外，有的错误数据是可以矫正的，比如格式不统一的数据。对于缺失的数据来说也一样，如果重要的特征缺失，我们就应该考虑删除这些样本（即删除所在行）；对于不重要的且大规模缺失的特征，我们就应该考虑删除这样的特征（即删除所在列）；对于不重要的但不是大规模缺失的特征，我们就可以考虑填充缺失值，例如使用特征的中位数/众数/平均数/滞后一期数/提前一期数/插值等进行填充，具体的填充方案应该视该特征的含义和经验而定。最后需要强调的一点是，我们应当明确缺失样本和缺失值为 0 的样本的区别，在实际处理中，我们常常会用 0 对缺失值进行填充，这导致了该特征本来就取 0 的样本和缺失样本被混为一谈，有时候通过独热来表明哪些是缺失样本，哪些是缺失值为 0 的样本是非常重要的。

3.3.2 数据类型

从统计学的角度来看，变量可以根据连续或离散、有序或无序、是否是数值分为两大类四小类。首先根据是否是数值，我们可以将变量分为数值型变量和分类型变量。数值型变量的值可以取一系列的数，这些值对于加法、减法、求平均值等操作是有意义的。分类型变量对于上述的操作是没有意义的。数值型变量又可以分为下面两类：①离散型变量，即值只能用自然数或整数单位计算，其数值是间断的，相邻两个数值之间不再有其他数值，这种变量的取值一般使用计数方法取得。②连续型变量，这种变量在一定区间内可以任意取值，其数值是连续不断的,相邻的两个数值可做无限分割,即可取无限个数值,如身高、绳子的长度等。分类型变量又可以根据有序或无序分为下面两类:有序分类变量和无序分类变量。其中,有序分类变量可以描述事物等级或顺序,变量值可以是数值型的或字符型的,可以比较优劣,如喜欢的程度分为很喜欢、一般、不喜欢。无序分类变量的取值之间没有顺序差别,仅做分类。例如,常见的二分类变量,将全部数据分成两个类别,如男、女等。常见的多分类变量有两个以上类别,如血型分为A型、B型、AB型、O型。有序分类变量和无序分类变量的区别:前者对于"比较"操作是有意义的,而后者对于"比较"操作是没有意义的。

从机器学习的角度来看,常见的特征有数值特征、分类特征、时间特征、空间特征、图像特征、声波特征、文本特征等。在进行机器学习建模之前,我们需要将这些特征进行编码,主要的思路就是,将它们用统计变量表示为上述四小类,再进行进一步处理。

①数值特征包括整型、浮点型等,由于其有顺序意义和大小关系,我们通常可以直接使用。②分类特征(如ID、性别等)需要根据是否有序分别编码,对于有序的分类特征,我们通常可以使用有序整数进行编码,例如将好、一般、差分别编码为1、0、-1,但对于无序的分类特征,我们可以采用独热或者嵌入方式进行编码(详见3.3.3节),对于无序但取值实在过于繁多的或者如ID这样的唯一分类特征,我们可以丢弃。③对于时间特征(如月份、年份、季度、日期、时间等)来说,我们通常可以将时间做差,将时间特征转换为时长,再进行使用。④对于空间特征(如经纬度、邮编、城市等)来说,经纬度可以被看作数值特征使用,邮编和城市可以被看作分类特征进行独热处理。⑤其他特征(如图像/声波/文本特征)属于机器学习细分领域的特征,有各自特殊的处理方法,其基本原则仍然是将数据编码成数值,不过由于方法复杂、繁多且不够普适,在此暂不介绍。

3.3.3 特征工程方法

分箱法:数据分箱(Binning)是一种对数值特征进行预处理的技术,可以减少轻微观察错误的影响。我们通常可以对年龄/时刻进行分箱操作,例如将年龄分为15岁及以下、16~25岁、26~35岁、36~45岁、46~55岁、56岁及以上有序的六类,以代表不同的年龄阶段;又比如,一天24小时可以分成早晨[5,8)、上午[8,11)、中午[11,14)、下午[14,19)、夜晚[19,22)、深夜[22,24)和凌晨[24,5)，将中午 11 点和 12 点放入同一分箱是因为我们认为这两个时间点没有很大区别。使用分箱技巧可以减少数据记录误差的影响，也可以让模型更加健壮。在分箱之后，落入给定分箱的原始数据值可以采用该分箱的中心值代替。

独热法：独热编码（One-Hot Encoding）是一种对无序分类特征进行预处理的技巧，它将分类特征变成长度相同的向量。例如，性别通常有男、女、未知三类，对每一个样本的记录只有男或女或未知，这样的无序分类变量是无法直接进入模型的（也有例外，比如树模型就可以接受无序分类变量作为输入数据），我们可以创建一个维度为 2 的特征，如果是男，就用(1,0)表示，如果是女，就用(0,1)表示，(0,0)则表示性别未知。这种创建一个维度为类别总数减 1 的向量，把某个记录的值对应的维度记为 1，把其他维度记为 0，这样的特征编码方式即独热编码。如果类别取值不多，那么我们通常可以采用独热编码。如果类别取值过多，就会导致编码结果非常稀疏，对训练造成一定困难，这时我们就需要下述编码方式了。

特征哈希：又称哈希技巧（Hashing Trick）。对于取值很多的分类特征，可以采用特征哈希进行处理。特征哈希的流程很简单，将分类特征的取值使用哈希函数转换成指定范围内的哈希值。通过取余操作，我们可以将原类别数量减少到可用的数量，之后使用独热编码即可。与直接进行独热处理相比，特征哈希具有很多优点，如维度会减少很多。具体可以参考 *Feature Hashing for Large Scale Multitask Learning*。

嵌入法：又称为 Embedding 算法，是使用神经网络将原始分裂数据转换成新特征的方法。其本质是为分类型变量的每一个类别取值生成一个高维向量，通过高维向量的距离来度量类别之间的距离。由于这些向量是通过训练获得的，这允许分类器更好地、更全面地学习类别的表示（representation）。这个方法最经典的、也是其起源的案例就是对文本中的单词进行编码，即 word embedding，就是将单个单词映射成维度是几百维甚至几千维的向量，再进行文档分类等应用。原本具有语义相似性的单词在映射之后的向量之间的距离也比较小，进而可以帮助我们进行机器学习，具体可以参看 *Efficient Estimation of Word Representations in Vector Space*。

取对数法：取对数就是指对数值特征做对数转换处理。这样的处理可以改善特征的取值分布，将极端值转换到较小范围内。具体来说，对数转换将减少右偏，使得最后的分布更加对称。不过，由于对数函数的定义域在$(0,+\infty)$，因此这一转换不适用于取值中有零值或负值的特征。

特征标准化（Normalization）：特征标准化是一种通过缩放来标准化特征的取值范围、取值波动性、取值均值等特性的特征工程方法。在数据处理中，它也被称为数据标准化，并且通常在数据预处理期间执行。特征缩放可以将很大范围的数据限定在指定范围内。由于原始数据的值范围变化很大，在一些机器学习算法中，如果没有标准化，那么目标函数将无法正常工作。例如，大多数分类器按欧式距离计算两点之间的距离。在这样的情况下，如果不同的特征所处的取值范围不同，或者同类特征使用的单位不同，那么都将大大地影响损失函数值的计算。因此，我们需要对所有特征的范围进行归一化，也就是标准化处理，以使每个特征大致与最终距离成比例。此外，在使用梯度下降法进行模型训练时，也需要进行标准化。常见的标准化有最小最大缩放（Min-max Scaling）和标准化缩放（Standard Scaling）。具体来说，最小最大缩放使用特征取值减去特征的最小值，得到的差除以特征的最大值与最小值之差，标准化缩放则使用特征取值减去特征均值，得到的差除以特征的标准差。

特征交互（Feature Interaction）：特征交互也是特征增广的重要方法之一。我们会根据特征的含义，采用特征的加和/之差/乘积/除商来产生新特征，例如加总不同类型的优惠金额得到订单总优惠金额、将订单总金额与实际付款金额相减得到订单各类优惠总金额、将商品单价和商品数量相乘得到订单总价、用优惠金额除以订单总金额得到折扣率。除了这些基础的、基于业务理解形成的交互特征，还有一类特征是通过两个看似无关的特征相乘产生的，这种交互项具有更深刻的含义。例如，用收入特征乘以教育水平特征，这样形成的新特征能够抓住不同收入水平下教育对目标标签（例如，贷款是否违约）的边际影响（条件偏导），因此能更好地帮助模型发掘信息。在回归模型中加入交互项通常是一种常见的处理方式，可以极大地拓展回归模型对变量之间的依赖的解释。

最后，我们讲一下时间特征的处理。第一，基于分箱法处理时间特征，实现特征离散化。第二，我们可以根据时间构建切片特征，例如要统计消费情况，我们可以统计过去3天、7天、30天的消费情况，这样的切片特征会自带趋势性，能在一定程度上抓住用户的消费趋势。第三，我们可以将时刻所在的星期几、月份、年份作为特征，这样的特征可以在一定程度上抓住周期性、季节性因素对标签的影响。第四，事件时点标记，我们可以计算当前被处理时刻与重要时刻（比如，生日、节假日等）的距离，这样的特征可以在一定程度上表示样本的重要性。最后，我们也常用时间差（Time Difference）作为特征，例如用户两次访问的时间间隔，这种时间差可以表征行为频繁与否，也有一定的意义。

3.4 最优化算法

3.4.1 最优化问题

最优化算法是机器学习中一个非常重要的话题。在高等数学中，最常见的方法就是通过对目标函数的导数和高阶导数限定条件，从而求解或者通过多次迭代来求解无约束最优化问题。在已知公式的情况下，这样的方法实现简单、编程方便，是训练模型的利器。对于大多数机器学习算法来说，无论是有监督学习还是无监督学习，最后都可以归结为求解最优化问题。因此，对最优化问题有基本认识是我们着手了解机器学习中的最优化算法的第一步。

那么什么是最优化问题呢？最优化问题是求解某一目标函数的最优目标值的问题，这个最优目标值可能是在函数定义域任何一点时函数的取值，这种未对定义域加以限制的最优化问题称为无约束的最优化问题。但是有的时候，我们会对定义域（或者通过限制值域限制定义域）进行限制，这种最优化问题则被称为有约束的最优化问题。相应地，求解最优化问题的方法便是最优化算法。

在机器学习任务中，常见的最优化问题（目标函数）有以下几类：

（1）在最常见的有监督学习问题中，对于回归算法，我们的目标通常是找到一个映射函数 $f(x)$，使得该函数在训练样本上的输出值与目标值之间的误差最小，即

$$\min_{w} \frac{1}{n} \sum_{i=1}^{n} \left(y_i - f_w(x_i) \right)^2 \tag{3-16}$$

式中，n 为训练样本数量；(x_i, y_i) 为样本 i 的特征和标签；$f(x)$ 为需要学习的函

数，即被训练的模型；w 为该函数的参数，是最优化问题求解的对象。这个目标函数即回归问题中常用的平均误差平方和函数。事实上，在 3.1.3 节的线性回归例子中，我们采用了矩估计对 w 进行求解，在这里我们将会看到，通过求解这个平均误差平方和可以得到相同的估计式。

（2）在最常见的有监督学习问题中，对于分类算法，我们的目标不再是找到一个映射函数 $f(x)$，而是找到一个最优的概率密度函数 $p(x)$，使得该概率密度函数在训练集上的似然函数最大化，即我们常说的极大似然估计方法

$$\max_{\theta} \prod_{i=1}^{n} p_{\theta}(y_i | x_i) \qquad (3\text{-}17)$$

式中，n 为训练样本数量；(x_i, y_i) 为样本 i 的特征和标签；$p(x)$ 为需要学习的函数，即被训练的模型；θ 为该函数的参数，是最优化问题求解的对象。

（3）对于无监督学习来说，比如聚类算法，我们的目标是使每个样本的各自所属类别中心的距离之和最小，例如

$$\min_{\mu_i} \sum_{i=1}^{k} \sum_{x \in S_i} (x - \mu_i)^2 \qquad (3\text{-}18)$$

式中，k 为聚类算法中的类别数量；x 为样本的表示；μ_i 为类别中心的表示，也就是要学习的目标；S_i 为第 i 个类的样本集合。

综上所述，机器学习的核心目标是给出一个模型（一般是映射函数），然后定义这个模型的评价函数（目标函数或损失函数），通过求解目标函数的极大值或极小值来训练（得到）模型的参数，从而学习到想要的模型。在这三个步骤中，建立映射函数和量化映射函数的优劣程度是机器学习要研究和解决的问题，而最后一步，即求解目标函数的极值，是一个数学问题，要解决这个问题，我们需要用到一些最优化算法。下面两节会对常见的最优化算法进行简单介绍。

3.4.2 解析方法

从对微积分的学习中可知，对于一个可导函数，其极值是使得导数为 0 的点，用公式表示为

$$f'(x) = 0 \text{ 或者 } \nabla_{\vec{x}} f(\vec{x}) = 0 \qquad (3\text{-}19)$$

前者是一元函数的导数，后者是多元函数的梯度。导数为 0 的点称为驻点。需要注意的是，导数为 0 并不是函数取得极值的充分必要条件，导数为 0 只是疑似函数在该点取得极值，但到底该点的函数值是不是极值？如果是极值，那么是极大值还是极小值？我们一方面需要结合定义域的边界进行检验，另一方面还需要结合高阶导数进行判断。对于一元函数来说，假设函数在 x 处导数为 0，如果该处的二阶导数大于零，那么该点的函数值为极小值，如果该处的二阶导数小于零，那么该点的函数值为极大值，如果该处的二阶导数等于零，那么需要通过更高阶的导数判断该点的函数值是否为极值。

上述方法适用于无约束的最优化问题，但在一些实际问题中，我们常常要求 x 的取值在一定范围内，或者对 x 的取值有一些等式或不等式的要求，即带有等式或者不等式约束条件。对于带有等式约束的最优化问题，最经典的办法是拉格朗日乘子法。例如

$$\min f(x) \qquad (3\text{-}20)$$
$$\text{s.t. } h(x) = 0 \qquad (3\text{-}21)$$

上述问题即带有等式约束的最优化问题，根据拉格朗日乘子法，可以将其转化为以下最优化问题

$$\min L(x, \lambda) = f(x) + \lambda h(x) \qquad (3\text{-}22)$$

将 λ 看作一个未知数，按照上述导数求极值的方式，对 L 函数的极值进行求解，即可对带有等式约束的最优化问题进行求解。更进一步，对于带有不等式约束的最优化问题，我们可以采用 KKT 条件进行求解，KKT 条件是对拉格朗日乘子法的推广，在这里不继续展开介绍，感兴趣的读者可以通过相关书籍进行学习。

3.4.3　一阶优化算法

上面介绍的方法可以通过理论推导（例如，对方程求根等）获得最优解的解析表达式，但在大多数时候，方程或者方程组的根没有解析解，比如在方程中有高次函数、指数函数、对数函数、三角函数等超越函数时，我们很难推导求解。对于这些没有解析解或者推导解析解很困难的情形，我们可以采用数值优化算法对解进行近似计算。根据这些数值优化算法所用到的信息不同，数值优化算法可以分为一阶优化算法和二阶优化算法。本节简单介绍几个常见的一阶优化算法。

在机器学习中最常见的莫过于梯度下降法，梯度下降法是利用一阶导数信息，根据函数的一阶泰勒展开式，沿着负梯度方向，寻找函数的局部最优解的算法。其原理是，在负梯度方向，函数值是下降的，因此只要学习率设置得足够小，在没有到达梯度为 0 的点之前，在每次迭代时函数值一定会下降，从而可以实现目标函数的最小化。

$$x_{k+1} = x_k - \gamma \nabla f(x_k) \tag{3-23}$$

式中，γ 为学习率；x_k 为当前所在点；x_{k+1} 为下一步所在点。这里的学习率需要设置成一个较小的正值，其原因是梯度下降公式来源于泰勒展开式，取值小是为了保证迭代之后 x_{k+1} 位于迭代之前的点的邻域内，从而可以放心地忽略泰勒展开式中的高次项。

可以看到，梯度下降在迭代时开销不大，但在计算损失函数时，由于要把所有样本的单个损失都计算一遍，其开销是比较大的。为了解决这个问题，衍生出了随机梯度下降法。随机梯度下降法在每次更新 x 时仅用 1 个样本来近似所有的样本，虽然不是每次迭代得到的损失函数都向着全局最优方向，但是大的整体的方向是向全局最优解的，最终的结果往往是在全局最优解附近。虽然随机梯度下降法比梯度下降法的求解要快得多，但是也存在问题，比如单个样本的训练可能会带来很多噪声，因此在此基础上，又衍生出了小批量梯度下降法，它的做法是两者的折中：每次从样本中随机抽取一小批样本来更新模型参数，进行训练。我们在深度学习训练中最常见的 mini-batch SGD 即这种算法。

在梯度下降法的基础上，还衍生和改进出了一系列方法，例如 Momentum 算法，又称为动量 SGD，这种算法让每一次的参数更新方向不仅取决于当前位置的梯度，还受到上一次参数更新方向的影响，即

$$d_i = \beta d_{i-1} - \lambda g(\theta_{i-1}) \tag{3-24}$$
$$\theta_i = \theta_{i-1} + d_i \tag{3-25}$$

式中，$g(\theta_{i-1})$ 为损失函数在 θ_{i-1} 处的梯度；d_i 为本次迭代的动量；β, λ 为权重。事实上，我们还可以进一步改进 Momentum 算法。例如，虽然损失函数在 θ_i 处的梯度是未知的，但是我们可以用损失函数在 $\theta_{i-1} + \beta d_{i-1}$ 处的梯度替代 $g(\theta_{i-1})$，这便是 Nestrov Momentum 算法，即

$$d_i = \beta d_{i-1} - \lambda g(\theta_{i-1} + \beta d_{i-1}) \tag{3-26}$$

$$\theta_i = \theta_{i-1} + d_i \tag{3-27}$$

除了上述几个算法，还有一些对梯度下降法更进一步改进的算法，最著名的是 AdaGrad、RMSProp、AdaDelta、Adam 这几个具有学习率自适应的优化算法，这里不再赘述。

3.4.4 二阶优化算法

二阶优化算法，即利用二阶信息求最优解的数值优化算法，其中最著名的是牛顿法。在梯度下降法中可以看到，该算法主要利用的是目标函数的局部性质，有一定的"盲目性"。牛顿法则利用局部的一阶和二阶偏导信息，推测整个目标函数的形状，进而求得近似函数的全局最小值。具体来说，牛顿法首先需要有一个对最优点（根）的初始预测值，这一预测值应该尽量靠近真实的最优点，然后我们采用该点上目标函数的切线去近似目标函数，进而计算切线的横轴截距。比起初始预测值，这个横轴截距通常是对最优点更好的近似。最后，我们将这个截距作为新的最优点预测值，重复上述过程，直至收敛。

从数学上来说，给定一个定义域为 (a,b) 的函数 $f(x)$，其值域为全体实数域，$f(x)$ 为一个在定义域上可微分的函数。对于 $f(x)=0$，我们对方程根的初始预测值为 x_n，我们的目标是推导公式 $x_{n+1}=g(x_n)$，其中 x_{n+1} 是对方程根的更好的预测值。第一步，我们求出在 x_n 处函数 $f(x)$ 的切线，即

$$y = f'(x_n)(x - x_n) + f(x_n) \tag{3-28}$$

式中，$f'(x)$ 为导函数。这个切线方程的横轴截距即下一个预测值，即求解

$$0 = f'(x_n)(x_{n+1} - x_n) + f(x_n) \tag{3-29}$$

可得

$$x_{n+1} = x_n - \frac{f(x_n)}{f'(x_n)} \tag{3-30}$$

上面是以一元函数为例的牛顿法，对于多元函数，有如下公式

$$\boldsymbol{x}_{n+1} = \boldsymbol{x}_n - \lambda \boldsymbol{H}_n^{-1} g(\boldsymbol{x}_n) \tag{3-31}$$

式中，λ 为牛顿法的学习率，$\boldsymbol{H}_n^{-1}$ 是目标函数在 $\boldsymbol{x}_n$ 的 Hessian 矩阵的逆矩阵。从

这个公式便可想而知，牛顿法其实有一些不足，比如在 Hessian 矩阵不可逆时无法计算，以及矩阵的逆计算非常复杂，计算量大。确实，牛顿法在每次迭代时需要计算出 Hessian 矩阵，并且求解一个以该矩阵为系数矩阵的线性方程组，Hessian 矩阵可能不可逆。为此，一个直观的改进方法如下：不是计算目标函数的 Hessian 矩阵然后求逆矩阵，而是通过其他手段得到一个近似 Hessian 矩阵的逆矩阵，具体做法是构造一个近似 Hessian 矩阵或其逆矩阵的正定对称矩阵，用该矩阵进行牛顿法的迭代，即拟牛顿法。

3.5 模型效果评估

在完成数据准备，完成数据建模工作之后，还有一项重要的工作，即模型效果评估。通过模型效果评估，我们可以对模型的性能和模型在线上的表现有大致的预期，也可以发现模型存在的问题，以寻求改善和解决的方法。模型效果评估是机器学习的必要环节，那么如何对机器学习模型进行效果评估呢？这涉及一个问题：什么是一个好的模型？不难想象，由于我们的优化目标是最小化损失函数，那么在训练集上拟合出来的模型自然能在训练集上得到很小的损失，但是在实际场景中，模型并非运行在训练集上，而是运行在新的样本上。能够在这些模型训练中未使用过的样本上取得较小的损失的模型才是一个好的模型。用机器学习的说法是说模型具有良好的泛化能力，用通俗易懂的话说，即模型学到了特征和标签之间稳定的映射关系，而新的样本的特征和标签之间的映射关系不变或者变化不大，因此在新的样本上模型也能较好地通过特征预测标签，具有较小的损失。

有了什么是好模型的基本认识，我们就可以考虑下一个问题了，即如何训练出一个好模型。众所周知，模型的训练过程使用的是数值优化算法，我们可以观察到损失不断下降，但是没有一个标准告诉我们什么时候该停止，如果不断训练，那么模型是有可能出现记住所有训练数据的情况的，即出现过拟合，如果训练停止得过早，那么也可能出现训练不充分、欠拟合的问题。那么决定何时停止训练，就是获得一个好模型的关键了。再次回想一下好模型的标准，好模型是在非训练数据上表现好（损失小）的模型，那么一个自然的想法便是，在每轮训练结束时，我们将当前的模型在非训练数据上测试一下，看看模型的损失，多看几轮，如果在非训练数据上模型的损失仍然在下降，就说明目前训练还在进行，模型还没有过拟合。但是如果发现模型损失在非训练数据上没有下降，而在训练数据上还在下降，就需要警惕了，这个时候很可能出现了过拟合。可以看到，这个方法相当于在不停地验证当前模型的泛化能力，而这里的非训练数据就是我们常说的验证集。如何设计实验、如何划分验证集和测试集呢？这便是 3.5.1 节要讨论的内容。

我们有了正确的测试集、验证集划分，有了正确的实验设计，就需要开始考虑如何评估模型在测试集和验证集上的效果了，这便涉及 3.5.2 节的效果评估指标。简单来说，对于分类问题，效果评估最关注分类的准确度或者不同类别的输出值分布的差异程度；对于回归问题，效果评估会更加关注预测值与真实值之间的误差大小。具体的指标和计算方法留在后面进行介绍。

3.5.1　效果评估方法

最简单的效果评估方法就是将全体数据集打乱，然后随机取 50% 的数据作为训练集，取 25% 的数据作为验证集，取剩下的数据作为测试集。在训练集上进行模型训练，每一轮（或者每 k 轮）训练结束后在验证集上进行验证，观察模型泛化效果，如果欠拟合就继续训练，如果过拟合就停止训练。将训练好的模型在测试集上测试，作为最终效果。验证集除了用于判断何时停止训练，还可以用于超参数选择，总之可以测试不同参数，只要保证验证集数据不参与训练，然后选择一个在验证集上效果最好的模型，即可作为最终模型。这里的数据集比例（5∶2.5∶2.5）可以根据实际需要进行调整。

事实上，这种数据集划分方式是有缺点的，由于总体数据集只进行了一次随机划分，如果刚好将训练难度大的数据分在了训练集，而将拟合难度小的分在了测试集，那么模型的表现效果会非常好，反之，如果训练集数据恰好比较简单，而测试集数据比较复杂，那么模型的表现效果会非常差，这就会导致训练得到的模型效果具有很大的不确定性。为了使训练出来的模型能够具有稳定的泛化能力，我们可以想办法改进这种训练方法。一个直观的方法便是，为了保证模型的稳定性，多进行几次数据集的随机划分，得到不同的训练、验证、测试子集，进行多次训练和测试，最终取多次测试的平均值作为测试结果。可以看到，这种方法避免了上述问题，被称为交叉验证。

在实际使用中，我们通常会采取 k-fold 交叉验证，即 k-fold Cross-Validation，步骤如下：我们将原始数据平均分成 k 组，将第 1 组数据作为测试集，将剩下的 $k-1$ 组数据作为训练集和验证集（可以按 8：1 划分训练集和验证集），这样可以训练出一个模型，并得到一个测试结果，以此类推，可以得到 k 个模型和它们在对应测试集上的表现。将这 k 个测试结果进行平均，即可作为模型效果的最终判断指标，对这 k 个测试结果计算标准差，则可以对模型在不同数据集上的稳定性有基本的感知。从直观上来看，k 值越大，评估结果应该越准确，但是在实际使用中，k 值过大会产生一个很实际的问题，即每个折（fold）的数据量会变得很少，从而使得各组的模型训练不够充分，因此 k 值也需要结合实际情况进行设置，一般来说，常用的 k 取值为 5 或 10。

还有一种被称为留一交叉验证的比较极端的交叉验证方法，例如如果原始数据有 n 个样本，那么每个样本将会单独作为测试集，其余的 $n-1$ 个样本作为训练集和验证集，这样将得到 n 个模型和 n 个测试结果，这样的模型效果评估结果将会更加健壮。事实上，留一交叉验证本质上就是 $k=n$ 的 k-fold 交叉验证。但与 k-fold 交叉验证相比，这样做的优点是在每一个回合中都用到了几乎所有的样本训练模型，因此训练集最接近原始样本的分布，得到的评估结果也会更加可靠。这样做在实验中是没有随机因素的，整个过程完全可重复。当然，缺点就是计算开销非常大，因此在大数据集上几乎不会使用这种方法。

3.5.2 效果评估指标

在模型开发完成之后，一个必不可少的步骤是对建立的模型进行评估，要评估模型效果，就需要构建模型评估的一系列评估指标。常用的机器学习模型有分类模型、回归模型等，不同的模型有不同的评估指标，因此接下来按照不同的模型类型进行介绍。

1. 分类模型

在分类模型中最常见的评估指标大多源于混淆矩阵（Confusion Matrix），表 3-1 为混淆矩阵表。

表 3-1 混淆矩阵表

预测值	真实值为 1	真实值为 0
1	a	b
0	c	d

a、b、c、d 分别为落在表 3-1 各个格子中的样本数量，其中 a 为预测值是 1 且预测正确的样本数量，b 为预测值是 1 但真实值是 0 的样本数量，c 为预测值是 0 但真实值是 1 的样本数量，d 为预测值是 0 且预测正确的样本数量。因此，$a+c$ 是测试集中预测正确的样本数量，$b+d$ 是测试集中预测错误的样本数量，且 b 被称为第一类错误，c 被称为第二类错误。基于混淆矩阵，衍生出了一系列模型评估指标，它们从不同的角度对模型效果进行描述。

（1）准确率（Accuracy）。准确率是最常用的分类性能指标。它衡量的是分类正确的样本数量占总样本数量的比例。在一定的情况下，准确率可以很好地评估模型的效果。但是，在某些情况下，其评估效果可能会有差异。比如，在样本比例相差过大时（样本标签为 1 的样本数占总样本数的 99%），将所有的样本均判定为 1 的分类器将取得 99% 的准确率，将远远好于其他分类器大量训练所得到的结果。准确率的计算公式为 Accuracy = $(a+d)/(a+b+c+d)$。

（2）精确率（Precision）。在实际使用中，由于翻译的问题，精确率很容易和准确率混为一谈。事实上，精确率是用于评估模型预测值为 1 的样本中有多少是真的是 1 的，即预测出是正样本的里面有多少真的是正的：Precision = $a/(a+b)$。这一指标可以度量模型对正样本预测的准确性。

（3）召回率（Recall）。召回率度量的是在所有的正样本中，有多少正样本能够被模型预测出来，即 Recall = $a/(a+c)$，即正确预测的正例数除以实际正例总数。

（4）F 值，又称为 F1 Score，是精确率和召回率的调和平均数。因为精确率和召回率只能从某一个方面度量模型的效果，所以我们需要一个更加综合的指标来对模型整体的效果进行评估，即 F1 = 1/Precision + 1/Recall。

以上指标均依赖于混淆矩阵，然而实际的模型输出值往往不是直接的分类结果，而是每个样本属于各个类别的概率值，对于二分类问题，从概率值到类别还需要确定一个阈值，例如模型输出值为 0.7，阈值为 0.5，那么这个样本的输出值高于阈值就被划为预测值是 1，反之则被划为预测值是 0。可以看到，这个阈值的确定直接决定了混淆矩阵的结果，进而也会对效果评估指标的计算造成影响。也就是说，如果我们选取不同的阈值，那么可能会得到完全不同的评估结果。是否有什么指标是不受阈值选择影响的呢？这就需要用到 AUC 了。AUC 的全称为 Area Under Curve，即曲线下的面积，这里的曲线指的是 ROC 曲线，我们常用的机器学习包（如 Sklearn）中都有现成的绘制 ROC 曲线的函数和计算 AUC 的函数。AUC 取值在 0.5～1，通常 AUC 越大，模型效果越好。

2. 回归模型

对于回归问题，模型评估主要关注模型的预测值与真实值之间的差异，因此从意义上非常直观。假设 y_i 为真实值，f_i 为预测值，最常见的指标就是线性回归的损失函数——平均平方误差 MSE（Mean Squared Error），即

$$\text{MSE} = \frac{1}{n}\sum_{i=1}^{n}(y_i - f_i)^2 \tag{3-32}$$

式中，n 为测试集的样本个数。由公式可知，这个指标越小代表模型效果越好，并且这个指标的取值始终大于等于零。此外，还有一个很类似的指标——平均绝对误差 MAE（Mean Absolute Error），即

$$\text{MAE} = \frac{1}{n}\sum_{i=1}^{n}|y_i - f_i| \tag{3-33}$$

另一个指标均方根误差（RMSE）也使用得比较广泛，它的公式为

$$\text{RMSE} = \sqrt{\frac{1}{n}\sum_{i=1}^{n}(y_i - f_i)^2} \tag{3-34}$$

上述指标都有一些缺点，比如容易受到异常值的影响，以及受到预测标签本身的量级影响大，不利于效果比较等。因此，一个更好的回归模型评估指标是可决系数（Coefficient of Determination），又被称为 R^2，即

$$R^2 = 1 - \frac{\sum(y_i - f_i)^2}{\sum(y_i - \bar{y})^2} \qquad (3\text{-}35)$$

值得注意的是，R^2 虽然称为 R 方，但它的取值范围实际上是（$-\infty$, 1]，由公式可知，其取值越大，模型拟合效果越好。

第4章
联邦交集计算

随着通信技术、网络技术、计算能力的快速发展，互联网大数据渗透到人们衣食住行的方方面面，为提供个性化服务打下了坚实的数据基础。但对数据的挖掘会导致人们的隐私受到严重的威胁，因此隐私保护问题受到了工业界和学术界的极大关注。安全多方计算是其中一个重要的研究方向，指的是在不泄露各方隐私的前提下进行数据的计算，如相似性计算。隐私保护交集（Private Set Intersection，PSI）计算则是在隐私保护计算中具有广泛的应用场景的一类协议，有重要的理论意义和应用价值，是安全地打通互联网"数据孤岛"的重要基石。它的定义如下。

定义 4-1 隐私保护交集计算是实现下列功能的协议：在不泄露各个参与方输入信息的前提下，协同计算输入集合的交集，即参与方只能获得交集部分的 ID，而不会获得或泄露非交集的 ID。

典型的应用场景有隐私保护相似文档检测、私有联系人发现、安全的人类基因检测[71]、隐私保护的近邻检测[72]、隐私保护的社交网络关系发现[73]等。隐私保护交集计算研究由 Freedman 等人在 2004 年提出[74]，借助不经意多项式求值和同态加密实现，该方法受限于基础密码协议的计算代价，导致在实际应用中仍然采用先对集合元素求哈希值再求交的方法，而这个方法容易受到碰撞攻击。随着人们对个人隐私保护的重视和数据监管系统的完善，隐私保护交集计算替换现有协议将会变得越来越重要。因为隐私保护交集计算属于密码学范畴，所以本节先介绍相关的密码学原语，为隐私保护交集计算的具体介绍奠定基础。

协议是一系列的步骤，要求每个步骤明确而不会被误解，要求参与方了解协议并统一遵守，要求对每种可能出现的情况都有规定的动作。密码协议是以密码学为基础的信息交换协议，包含着某种密码算法。隐私保护交集构造中使用的基础协议主要有以下几种。

1．不经意传输（OT）协议

不经意传输协议是基于公钥密码体制的密码学基本协议，是安全多方计算的基石。最基本的 2 选 1 不经意传输协议是发送方 A 发送一个信息，接收方 B 有 50%的概率接收到这个信息，在执行完毕后 B 知道自己是否接收到了信息，而 A 不知道 B 是否接收到了信息。实际场景如下：A 出售一些机密，B 想获得其中某个机密而又不想让 A 知道他获得了哪个机密。

2．同态加密（HE）

同态加密是满足同态性质的公钥加密技术，属于语义安全的公钥加密体制范畴，即对密文直接进行处理，与对明文进行处理后再对处理结果加密得到的结果相同，从抽象代数的角度来看，保持了同态性。同态加密保证了信息计算方无法获得信息提供方的真实数据。

3．混乱电路（GC）

混乱电路模型最早是由图灵奖获得者姚期智在 1986 年提出的半诚实模型下的姚氏电路[75]，用来解决著名的百万富翁问题。即在没有可信第三方的情况下，两个百万富翁都想比较到底谁更富有，但是又都不想让别人知道自己有多少钱。抽象为数学问题即假设 A 有数字 x，B 有数字 y，他们在不向对方披露自己数字的情况下，共同计算一个二元函数 $f(x,y)$。姚氏电路主要将任意功能函数转化为布尔电路，由 A 生成混乱电路表，由 B 计算混乱电路，针对每一个电路门进行两重对称加/解密运算，调用 4 选 1 不经意传输协议进行混乱电路表中秘钥信息交换。

4．秘密共享（SS）

秘密共享（SS）将秘密以适当的方式分为 n 份，每一份由不同的管理者持有，每个参与方都无法单独恢复秘密，只有达到指定数目的参与方才能恢复秘密，且当其中任何相应范围内的参与方出问题时，秘密仍可以完整恢复。第 1 个秘密共享方案是(t,n)门限秘密共享方案，由 Shamir[76]和 Blakley[77]分别在 1979 年各自独立提出，他们的方案分别是基于拉格朗日插值法和线性几何投影性质设计的。秘密共享在电子投票、电子支付协议等领域都有很多应用，可以起到分散风险和容忍入侵的作用。

4.1 联邦交集计算介绍

联邦交集计算，即隐私保护交集计算，主要分为三类：基于公钥加密体制的方法、基于混乱电路的方法和基于不经意传输协议的方法。本章介绍它们的主要发展历史和典型方法。

4.1.1 基于公钥加密体制的方法

在这类方法中，公钥加密方法被用于对集合中的元素进行加密，然后通过对密文的处理实现交集的计算。

如图 4-1 所示，一种简单的思想是，利用$\left(X^Y\right)^Z = \left(X^Z\right)^Y$这一性质，对于分别由双方所持有的元素 X_1 和 X_2，双方分别产生 Y 和 Z，并共同验证$\left(X_1^Y\right)^Z$和$\left(X_2^Z\right)^Y$是否相等[78]。具体来讲，持有 X_1 的一方计算 X_1^Y 并且把结果发送给另一方，而另一方计算 X_2^Z 并且把结果发送给对方。双方得以计算$\left(X_1^Y\right)^Z$和$\left(X_2^Z\right)^Y$并且把结果发送给对方，从而验证两个元素是否相等。为了防止另一方通过对数运算推算出明文，这里的所有指数运算的结果都对 P 进行取模运算，其中 P 为双方共同选取的质数。双方将各自集合的元素两两组合，计算并验证是否相等，获得交集。

Freedman 等人正式提出了基于公钥加密体制的隐私保护交集计算方法[74]。它的具体过程如下。客户端对于其集合 $X = \{x_1, x_2, \cdots, x_v\}$ 构造多项式

$$P(z) = (x_1 - z)(x_2 - z)\cdots(x_v - z) = \sum_{u=0}^{v} a_u z^u \qquad (4\text{-}1)$$

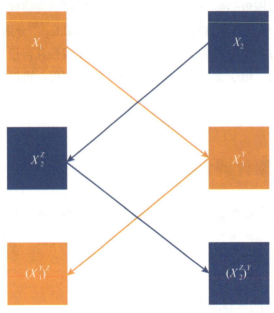

图 4-1 一种基于公钥加密体制进行元素相等性匹配的思想

并且用同态加密算法加密多项式系数 $\{a_0, a_1, \cdots, a_v\}$，然后发送给服务端。服务端对于其集合 $Y = \{y_1, y_2, \cdots, y_w\}$ 中的每个元素 $y \in Y$ 计算

$$\text{Enc}(r \cdot P(y) + y) \tag{4-2}$$

并且发送给客户端。式中，$\text{Enc}(\cdot)$ 表示密文；r 为服务端产生的随机数。显然，如果 $y \in X$，则 $P(y) = 0$，从而 $r \cdot P(y) + y = y$。因此，当客户端收到 $\text{Enc}(r \cdot P(y) + y)$ 并解密后，如果发现该结果在集合 X 中，那么它为交集元素。

这种方法对于长度为 k 的序列占用了 $O(k)$ 的传输负荷和 $O(k\ln k)$ 的计算量。它在半诚实环境中的标准模型下是安全的，在恶意环境中的随机预言机模型（Random Oracle Model，ROM）下也是安全的。

其中，随机预言机模型是一个"黑箱"。它类似于哈希函数。对于某个输入数据，它可以在多项式时间内计算输出数据；对于相同的输入数据可产生相同的输出数据，且输出数据在输入数据的取值空间内均匀分布，没有碰撞。随机预言机模型是构造高效密码学方案的有效工具[79]。然而，它只是一个理想化的原语，在实际应用中可能被哈希函数（例如，SHA）[80]所取代。尽管很多基于理想化的随机预言机模型的密码学方案被证明是安全的，但是它们的实际实现仍然是不安全的[81]。

此后，一种结合不经意伪随机函数（Oblivious Evaluation of Pseudo-Random Function，OPRF）与同态加密进行隐私保护下的关键字匹配的方法被 Freedman 等人提出[82]。其中，关键字匹配问题可以与交集计算问题等价地互相转化。不经意伪随机函数 $F:\left(\{0,1\}^k,\{0,1\}^\sigma\right) \mapsto \left(\bot,\{0,1\}^\ell\right)$ 是具有下列功能的传输协议：首先，一方 P_1 输入关键字 k，另一方 P_2 输入元素 e。然后，P_1 计算出 $F_k(e)$ 且发送给 P_2。P_1 无法收到输出信息，并且无法得知与 e 有关的信息。同时，P_2 无法得知与 k 有关的信息。这一方法的主要思想：服务端选择关键字 r，并且计算 $\{F_r(y)\}_{y \in Y}$，其中，Y 为服务端持有的集合；对于客户端的集合 X，双方协同计算 $\{F_r(x)\}_{x \in X}$。各方通过比较两个结果集合的交集，可以得知原集合的交集元素。

De Cristofaro 等人基于 RSA 公钥体系，提出了一种效率更高的方法[83]。设客户端持有集合 $\{c_1,c_2,\cdots,c_v\}$，服务端持有集合 $\{s_1,s_2,\cdots,s_w\}$，并且双方知道两个哈希函数 H 和 H'，则步骤如下。

（1）在离线阶段，服务端对各个元素计算 $K_{s,j} = (H(s_j))^d \bmod n$ 和 $t_j = H'(K_{s,j})$。

（2）客户端对各个元素选取 $R_{c,i}$，并计算 $y_i = H(c_i) \cdot (R_{c,i})^e \bmod n$。

（3）进入在线阶段，客户端向服务端发送各个 y_i。

（4）服务端对各个 i 计算 $y_i' = (y_i)^d \bmod n$，并将各个 y_i' 与 t_j 发送给客户端。

（5）客户端计算 $K_{c,i} = \dfrac{y_i'}{R_{c,i}}$ 和 $t_i' = H'(K_c,i)$，并得出 $\{t_1',t_2',\cdots,t_v'\} \cap \{t_1,t_2,\cdots,t_w\}$。

此后，Chen 等人实现了效率的进一步提升[84]。该方法基于全同态加密，先给出了基础协议，而后进行了种种优化。其中，基础协议如下。

（1）接收者输入集合 Y，其大小为 N_Y；发送者输入集合 X，其大小为 N_X。

（2）双方商定一个全同态加密方案。接收者产生一个公钥-私钥对，其中私钥保密。

（3）接收者加密其集合 Y 中的所有元素 y_i，并发送 N_Y 个密文 $(c_1, c_2, \cdots, c_{N_Y})$ 给发送者。

（4）对于每个 c_i，发送者随机产生一个非零明文 r_i，并且同态地计算 $d_i = r_i \prod_{x \in X}(c_i - x)$。发送者返回密文 $(d_1, d_2, \cdots, d_{N_Y})$ 给接收者。

（5）接收者解密密文 $(d_1, d_2, \cdots, d_{N_Y})$，并输出 $X \cap Y = \{y_i : d_i 解密后等于 0\}$。

它结合全同态加密中的批量化（Batching）技术、哈希函数和窗口化（Windowing）技术等，实现了对该基础协议的优化。不失一般性，假设 $N_Y < N_X$，则优化后的协议的通信复杂度为 $O(N_Y \ln N_X)$。

基于公钥加密体制的方法每一步仅处理一个元素，因此内存占用量小，且容易实现并行运算；如果双方集合的大小相差甚远，那么计算量很大的公钥加密操作可以集中在一方进行。

4.1.2　基于混乱电路的方法

混乱电路亦可用于进行隐私保护交集计算。

假设在双方集合中的元素都是 σ 位的元素，即取自 $\{0,1\}^\sigma$。当 σ 很小时，可以利用两个长度为 2^σ 的位向量分别表示双方集合中的元素，然后利用逐位与运算（bitwise-and，BWA）进行比较。

当 σ 较大时，这个 2^σ 时间复杂度的方案不再适用，此时可采用逐位比较（pairwise-comparisons，PWC）方案。逐位比较方案即对来自双方集合的两两元素判断是否相等，而判断相等的电路通过对它们进行异或运算之后再进行非运算来实现。这一方案的复杂度为双方集合大小的乘积，并且与 σ 呈线性关系。

假设双方的集合大小都是 n，则这个复杂度就是 n^2。而排序-比较-洗牌（sort-compare-shuffle）方案将这一复杂度降至 $O(n \ln n)$。如图 4-2 所示，在这个方案中，双方首先对其集合进行排序。然后，通过不经意合并网络（Oblivious Merging Network），双方合并排序后的集合，并排序。双方再通过混乱电路比较相邻元素，从而得出交集。最后，双方不经意地打乱交集的顺序，以避免一些信息泄露。

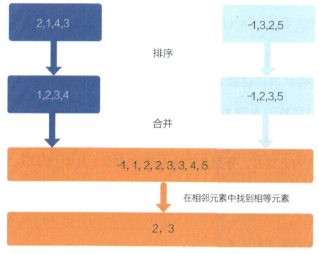

图 4-2 一种基于混乱电路的隐私保护交集计算过程

计算交集的电路连接到其他电路,就能够进行一些其他计算,如计算集合大小、元素求和等。这种易扩展性是基于公钥加密体制的方法和基于不经意传输协议的方法所不具备的。但是,在基于混乱电路的方法中,电路方案占据了大量的内存。其计算复杂度与电路中的与门的数量成正比,而并行化能否实现取决于电路的结构。

4.1.3 基于不经意传输协议的方法

得益于不经意传输协议的发展和不经意传输扩展协议(Oblivious Transfer Extensions)的提出[85],一种隐私保护交集计算技术能够在 300 秒内计算百万量级集合的交集[86]。经过效率和安全方面的不断改进[87~89],基于不经意传输协议的隐私保护交集计算方法已经将这一时间缩减到 60 秒[90]。

如何具体描述不经意传输协议的定义呢?它可以分为 2 选 1 不经意传输协议和 N 选 1 不经意传输协议。在 2 选 1 不经意传输协议的 m 次调用中,发送者持有 m 个元素对 (x_0^i, x_1^i)。式中,$i \in \{1, 2, \cdots, m\}$,$x_0^i, x_1^i \in \{0, 1\}^\ell$,接收者持有 m 位向量 $\boldsymbol{b}$。在协议完成后,接收者获得各个被选择的元素 $x_{b[i]}^i$,但是不会知道另外的元素 $x_{1-b[i]}^i$,而发送者则不会知道 $\boldsymbol{b}$。这里把这个不经意传输协议记作 $\binom{2}{1}\text{-OT}_\ell^m$。相应地，$\binom{N}{1}\text{-OT}_\ell^m$ 表示对于 ℓ 位元素的、m 次调用的 N 选 1 不经意传输协议。结合不经意传输协议和随机预言机，Ishai 等人和 Kolesnikov 等人分别给出了高效的 2 选 1 不经意传输扩展协议和 N 选 1 不经意传输扩展协议[85,91]。

这里介绍一种基于 N 选 1 不经意传输扩展协议的隐私保护交集计算方法[90]。它引入了不经意伪随机函数的概念[82]。

设双方分别为 P_1 和 P_2，分别具有输入集 X 和 Y，其中 $|X|=n_1$，$|Y|=n_2$。记 X 中的元素为 x，Y 中的元素为 y。所有元素的位长（bit-length）为 σ。这个协议的过程如下。

第一步，对元素进行哈希计算。

（1）P_1 使用简单哈希计算和 k 个哈希函数 $\{h_1,h_2,\cdots,h_k\}$ 把集合 X 中的元素映射到哈希表 $T_1[\,][\,]$。

（2）各个哈希函数的值域为 $[1,2,\cdots,b]$；$T_1[\,][\,]$ 是二维数组，第一维长度为 b，对应表中的桶，第二维对应每个桶中的元素数量。在映射后，哈希表中元素的位长为 $\mu = \sigma - \log_2 b + \log_2 k$。

（3）P_2 采用布谷鸟哈希（Cuckoo Hashing）函数[92]和 k 个哈希函数 $\{h_1,h_2,\cdots,h_k\}$ 把集合 Y 中的元素映射到哈希表 $T_2[\,]$ 和储藏位 $S[\,]$，并且利用哑元素 d_2 来填充剩余空位。

第二步，利用 N 选 1 不经意传输协议进行不经意伪随机函数计算。

（4）对于哈希表 $T_1[\,][\,]$ 的各个元素 $T_1[i][j]$，P_1 计算 $v_j = T_1[i][j]$。同样，P_2 计算 $w = T_2[i]$。

（5）双方调用不经意伪随机函数。其中，这个不经意伪随机函数通过 $\binom{N}{1}\text{-OT}_\ell^1$ 实现。P_1 输入随机关键字 t_i，P_2 输入其元素 w 并得出 $M_2[i] = F_{t_i}(w)$。另外，P_1 输入 v_j，并从本地得出 $M_1[i][j] = F_{t_i}(v_j)$。

（6）对于储藏位 $S[\,]$ 中的各个储藏位 $S[i]$，P_1 对于它的输入的集合 X 计算不经意伪随机函数，并得出 n_1 个掩码（Mask）$M_{S_1}[i]$；P_2 输入 $S[i]$ 计算不经意伪随机函数结果，并获取一个掩码 $M_{S_2}[i]$。

第三步，计算明文的交集。

（7）令 $V = \cup_{1 \leq i \leq b, 1 \leq j \leq |T_1[i]|} M_1[i][j]$。$P_1$ 将 V 随机打乱，并发送给 P_2。随后，P_2 计算交集 $Z = \{T_2[i] \mid M_2[i] \in V\}$。

（8）对于储藏位中的各个元素 $S[i]$，各方验证其是否在交集中：P_1 排列并发送 $M_{S_1}[i]$ 给 P_2，若 $M_{S_2}[i] \in M_{S_1}[i]$，则将 $S[i]$ 加入交集 Z。

（9）P_2 得出交集 $Z = X \cap Y$。

基于不经意传输扩展协议方法的内存需求主要在于哈希表，尤其是布谷鸟哈希函数。它们有望通过处理实现并行化。其计算的复杂度与安全参数 κ 成正比或呈线性关系。

4.1.4 其他方法

此外，还有一种不完全安全的协议可以用于计算交集。在该协议中，双方共同确定一个密码学哈希函数，然后一方将自己的各个元素的哈希值发送给另一方，另一方计算交集。这种方法在输入域很小的情况下是不安全的，但在输入域很大的情况下是安全的。不安全的方法和基于公钥加密体制的方法每一步仅处理一个元素，因此内存占用量小，且容易实现并行运算。

另外，基于全同态加密的方法也可用于交集计算。全同态加密允许电路直接对密文进行计算。一方将数据加密后发送给另一方，另一方计算后将结果发回，该方再进行解密。随着两个集合的元素数量之和和电路深度增加，基于全同态加密的方法的计算是一种比较低效的方案。

4.2 联邦交集计算在联邦学习中的应用

4.2.1 实体解析与纵向联邦学习

纵向联邦学习（Vertical Federated Learning，VFL）[30]将在第 6 章展开讲述。如图 4-3 所示，它在样本空间和标签空间相同，但特征空间不同的两个数据集上进行。例如，银行和企业共同建模预测用户"是否信用违约"。银行拥有标签，且拥有用户的支付-余额类特征，企业拥有用户的一些画像特征，且双方具有大量的重合用户。

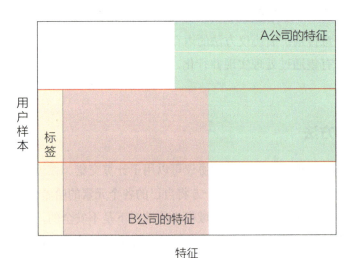

图 4-3 纵向联邦学习

这里通常需要引入 ID 对齐（ID-alignment）来计算双方样本的交集，并建立双方样本之间的映射，而隐私保护交集计算便可用于实现 ID 对齐。

实体解析（Entity Resolution）用于在现实世界中找到同一实体的不同表现形式。例如，两个社交网站各自有许多用户账号，且同一个用户可能在同一个网站上拥有多个账号。用户之间有着种种关系，例如好友关系和联系的频繁程度。如何根据这些关系判断两个网站中的哪些账号是同一个用户的？

在对称的纵向联邦学习中，Hardy 等人[93]采用了实体解析[94]的方法使双方获得交集，并且在模型训练中匹配到对方的样本。

为了实现隐私保护实体解析，采取加密长期密钥（Cryptographic Longterm Key，CLK）的方法。CLK 方法把 ID 的 n-gram 子串哈希值映射到布隆过滤器中的多个位置，即位数组中的各个元素位置。两个 CLK 的相似度通过它们的位数组的 Dice 系数来衡量。

双方将所有 ID 映射成 CLK 后，第三方计算两两 CLK 的 Dice 系数，再选择最相似的一些 CLK 对，作为匹配结果。Vatsalan 等人通过分块查找实现了这一步骤的快速计算[95]。

实体解析的结果是两个置换 σ,τ 和一个蒙版 m。双方分别通过置换 σ,τ 将各自的样本重新排序，使得相同 ID 的样本处于同一位置。m 指定了各个位置的样本是否属于双方交集。Hardy 等人实现了对 m 的加密，并用于训练阶段[93]。

具体来讲，对于 A 方数据集 D_A 和 B 方数据集 D_B，记它们的 CLK 集合分别为 D_A^{CLK} 和 D_B^{CLK}，则

$$m_i = \begin{cases} 1, if\, \sigma\left(D_A^{CLK}\right)_i \sim \tau\left(D_B^{CLK}\right)_i \\ 0, otherwise \end{cases} \tag{4-3}$$

式中，符号"~"表示二者属于最相似的两两匹配结果。

基于实体解析的结果，Hardy 等人实现了 Logistic 回归的纵向联邦学习[93]。如同惯例，它采用泰勒近似，将对数 Sigmoid 函数近似成多项式，从而使计算过程仅涉及密文之间的加法。

具体来说，这一泰勒近似将损失函数

$$l(\boldsymbol{\theta}) = \frac{1}{n}\sum_{i \in S}\lg\left(1 + e^{-y_i \boldsymbol{\theta}^T \boldsymbol{x}_i}\right) \tag{4-4}$$

近似为

$$l(\boldsymbol{\theta}) \approx \frac{1}{n}\sum_{i \in S}\left(\lg 2 - \frac{1}{2}y_i\boldsymbol{\theta}^T\boldsymbol{x}_i + \frac{1}{8}\left(\boldsymbol{\theta}^T\boldsymbol{x}_i\right)^2\right) \tag{4-5}$$

从而梯度近似为

$$\nabla_{\boldsymbol{\theta}} l(\boldsymbol{\theta}) \approx \frac{1}{n} \sum_{i \in S} \left(\frac{1}{4} \boldsymbol{\theta}^{\mathrm{T}} \boldsymbol{x}_i - \frac{1}{2} y_i \right) \boldsymbol{x}_i \qquad (4\text{-}6)$$

式中，x_i 为第 i 个样本的特征；y_i 为它的标签；$\boldsymbol{\theta}$ 为模型权重；S 为一批样本的下标集合；$n = |S|$。应用到纵向联邦学习场景，对于小批量样本 S'，设蒙版 m 的第 i 个元素为 m_i，则梯度的加密值为

$$[\![\nabla_{\boldsymbol{\theta}} l(\boldsymbol{\theta})]\!] \approx \frac{1}{n'} \sum_{i \in S'} [\![m_i]\!] \left(\frac{1}{4} \boldsymbol{\theta}^{\mathrm{T}} \boldsymbol{x}_i - \frac{1}{2} y_i \right) \boldsymbol{x}_i \qquad (4\text{-}7)$$

式中，$n' = |S'|$。

注意：第 i 个样本的特征 $\boldsymbol{x}_i$ 分别为 A 和 B 双方持有，设它们分别为 $\boldsymbol{x}_i^{\mathrm{A}}$ 和 $\boldsymbol{x}_i^{\mathrm{B}}$，于是 $\boldsymbol{x}_i$ 可写为 $\boldsymbol{x}_i = (\boldsymbol{x}_i^{\mathrm{A}} | \boldsymbol{x}_i^{\mathrm{B}})$。同时，将 $\boldsymbol{\theta}$ 相应地分解为 $\boldsymbol{\theta} = (\boldsymbol{\theta}^{\mathrm{A}} | \boldsymbol{\theta}^{\mathrm{B}})$，从而式（4-7）中的 $\boldsymbol{\theta}^{\mathrm{T}} \boldsymbol{x}_i = \boldsymbol{\theta}^{\mathrm{A}^{\mathrm{T}}} \boldsymbol{x}_i^{\mathrm{A}} + \boldsymbol{\theta}^{\mathrm{B}^{\mathrm{T}}} \boldsymbol{x}_i^{\mathrm{B}}$。如果将 $[\![m_i]\!] \left(\frac{1}{4} \boldsymbol{\theta}^{\mathrm{T}} \boldsymbol{x}_i - \frac{1}{2} y_i \right)$ 写成 w_i，那么 $w_i \cdot \boldsymbol{x}_i$ 也可以分解为 $(w_i \cdot \boldsymbol{x}_i^{\mathrm{A}} | w_i \cdot \boldsymbol{x}_i^{\mathrm{B}})$。

具体来讲，A 和 B 双方指定一个第三方 C。第三方 C 确定一个加密系统，并发送密钥和蒙版密文 $[\![m]\!]$ 给 A 方和 B 方。对于所有 $i \in S$，A 方计算 $[\![m_i]\!] \left(\frac{1}{4} \boldsymbol{\theta}^{\mathrm{A}^{\mathrm{T}}} \boldsymbol{x}_i^{\mathrm{A}} - \frac{1}{2} y_i \right)$ 并发送给 B 方，B 方计算 $[\![m_i]\!] \cdot \frac{1}{4} \boldsymbol{\theta}^{\mathrm{B}^{\mathrm{T}}} \boldsymbol{x}_i^{\mathrm{B}}$ 并与之相加得出 w_i，发送给 A 方。A 方计算 $w_i \cdot \boldsymbol{x}_i^{\mathrm{A}}$，B 方计算 $w_i \cdot \boldsymbol{x}_i^{\mathrm{B}}$，$i \in S$。双方将计算结果发送给 C 方，C 方拼接成 $(w_i \cdot \boldsymbol{x}_i^{\mathrm{A}} | w_i \cdot \boldsymbol{x}_i^{\mathrm{B}})$ 并解密，由式（4-6）得出梯度更新模型。

4.2.2 非对称纵向联邦学习

在通常情况下，在纵向联邦学习中，各方需要在联邦学习中得知自己的样本是否在样本交集之中，并且能够知道在交集中自己的某个样本对应着对方的哪个样本，以便共享数据来训练模型。

然而，在 Liu 等人提出的非对称纵向联邦学习（Asymmetrically Vertical Federated Learning，AVFL）中，对隐私保护的要求更为严格[96]。

考虑以下场景：在一个城市中，A 公司拥有的客户极多，几乎是这座城市的所有人，而 B 公司仅拥有少量客户，二者具有竞争关系。如果在纵向联邦学习中，

A公司得知了交集中的所有样本 ID，就得知了 B 公司的几乎所有客户 ID。这对 B 公司构成了较大威胁。而如果 B 公司得知交集中的所有样本 ID，那么对 A 公司没有重要影响。因此，在这一情形下（如图 4-4 所示），理想的结果是仅 B 公司获得交集。

在非对称纵向联邦学习中，拥有数据量较多的一方称为强势方，另一方称为弱势方。

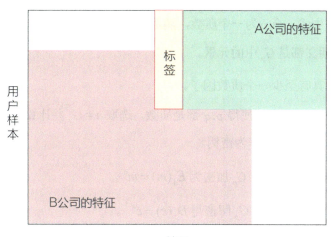

图 4-4 非对称纵向联邦学习

在非对称纵向联邦学习中，Liu 等人采用了非对称 ID 对齐的方法，使得仅弱势方获得交集[96]。本节将介绍这一结果。在该问题中，将数据集记为 $D=(I,X,Y)$，I,X,Y 分别表示 ID 空间、样本空间和特征空间。在纵向联邦学习中，P_1,P_2 双方的样本空间和特征空间相同，ID 空间分别记为 I_1^0, I_2^0。

设 $I^w = I_1^0 \cup I_2^0$。如果 $|I_2^0|$ 相对 $|I_1^0|$ 特别大，使得 $\lg \frac{|I_1^0|}{|I^w|} \leqslant -\frac{1}{2}$，则称 P_1 为弱势方，P_2 为强势方，这个纵向联邦学习为非对称纵向联邦学习。我们应该采用隐私保护交集计算，满足如下要求：

（1）强势方 P_2 不知道交集 $I_1^0 \cap I_2^0$。

（2）在联邦学习的训练阶段，双方的 ID 能够对齐。

非对称隐私保护求交技术使得弱势方 P_1 获得交集 $I_1^0 \cap I_2^0$ 而强势方 P_2 获得一个混淆集合（Obfuscated Set）I^{obf}，使得 $I_1^0 \cap I_2^0 \subset I^{obf} \subset I_2$。

一种基于 Pohlig-Hellman 加密的隐私保护交集计算可以做到这一点。定义 $\mathbf{Z}_n = \{0,1,\cdots,n-1\}$，$\mathbf{Z}_n^* \subset \mathbf{Z}_n$ 是与 n 互质的整数集合。令 $G_n = (\mathbf{Z}_n^*, \cdot)$ 表示一个乘法群，则这个 Pohlig-Hellman 加密过程如下。

（1）密钥生成。令 p 为一个质数，满足：

① 所有明文都是 G_p 中的元素。

② $p-1$ 具有至少一个质数因子。

例如，令 $p = 2q+1$，使得 p,q 都是质数。选取 $a \in G_p$ 并计算 $a^{-1} \in G_{p-1}$。一方公布 G_p，并持有 (a, a^{-1}) 作为密钥。

（2）加密。把明文 $m \in G_p$ 加密为 $E_a(m) = m^a$。

（3）解密。把密文 $c \in G_p$ 解密得 $D_a(c) = c^{a^{-1}}$。

容易发现，它对任意 $a,b \in G_p$ 具有结合律 $E_a \circ E_b = E_b \circ E_a$。利用结合律，可以实现非对称隐私保护交集计算协议。在这个协议中，强势方和弱势方共同确定一个群 G_p，并产生各自的密钥。双方各自用自己的密钥加密自己持有集合中的元素，并将加密后的集合发送给对方，双方再对收到的集合的元素进一步加密。此时，强势方 P_2 将手中的经过双重加密的集合 U_1^{**}（各个元素的明文为 P_1 持有，U_2^{**} 类似）发送给弱势方 P_1。P_1 选择集合 U^{obf**}，使得 $U_1^{**} \cap U_2^{**} \subset U^{obf**} \subset U_2^{**}$，并发送给 P_2。P_2 解密 U^{obf**} 得到 U^{obf}，再发送给 P_1。P_1 解密得到 I^{obf} 并与 P_2 共享，同时得出 $I_1^0 \cap I_2^0 = I_1^0 \cap I^{obf}$。

通过非对称 ID 对齐，弱势方得到了双方样本 ID 的交集，而强势方得到了一个混淆集，使得交集是混淆集的子集，且混淆集是强势方原有集合的子集。那么后续问题是如何训练联邦模型。

Liu 等人给出的答案是亦真亦假（Genuine with Dummy，GWD）方法[96]。在

这个方法中，它们共同选择一个可信的第三方 P_3。之后的步骤如下。

（1）P_3 生成并发送一个公共密钥给 P_1 和 P_2。

（2）P_1 和 P_2 合作计算损失和梯度，其中需要交换一些变量。弱势方在"真品（Genuine）" $I_1^0 \cap I_2^0$ 上进行正常的计算，并在"假货（Dummy）" $I^{\text{obf}} \setminus (I_1^0 \cap I_2^0)$ 上给出"用来计算恒等变换的量"。"用来计算恒等变换的量"是指，这个量如果用于计算加法，那么为 0，如果用于计算乘法，那么为 1。其中，Paillier 加法同态加密算法被用于防止强势方辨认出"用来计算恒等变换的量"[53]。

（3）P_1 和 P_2 依靠 P_3 对梯度和损失的密文进行解密，并更新各自的模型。

作为一个例子，Liu 等人给出了非对称纵向 Logistic 回归（Asymmetrically Vertical Logistic Regression）[96]模型。这里对于明文 M，将加密值记作 $[\![M]\!]$。

记强势方 P_2 拥有的第 i 个样本为 x_i^2，弱势方 P_1 拥有的第 i 个样本为 x_i^1。模型权重 w 分为两部分，$w = \left(w^{1^\text{T}}, w^{2^\text{T}}\right)^\text{T}$。其中，$P_1$ 需要学习 w^1，P_2 需要学习 w^2。

这一训练过程如下。考虑第 k 轮迭代。

强势方 P_2 发送 $\left\{\left(e_i, w_k^{2^\text{T}} x_i^2\right) | e_i \in I^{\text{obf}}\right\}$ 给 P_1，从而 P_1 对 $e_i \in I_1^0 \cap I_2^0$ 计算 $l_{ik} = w_k^{1^\text{T}} x_i^1 + w_k^{2^\text{T}} x_i^2$。式中，下标 i 表示第 i 个样本，下标 k 表示第 k 轮迭代。

对于交集中的样本 $e_i \in I_1^0 \cap I_2^0$，P_1 正常计算中间变量 $\phi_{ik} = y_i - (1 + \exp(-l_{ik}))^{-1}$；对于 $I^{\text{obf}} \setminus (I_1 \cap I_2)$ 中的样本，令 $\phi_{ik} = 0$。P_1 将这些 ϕ_{ik} 加密成 $[\![\phi_{ik}]\!]$ 发送给 P_2，以便 P_2 计算损失函数关于 w^2 的梯度。受加密技术的影响，P_2 无法分辨出 0，从而无法辨别"仿制品"。由于 P_2 在计算梯度的时候只需要对 ϕ_{ik} 做加法，这个处理不会影响结果的正确性。

具体来讲，P_1 计算损失函数 $L(w_k^1) = \dfrac{1}{|I_1^0 \cap I_2^0|} \sum_{e_i \in I_1^0 \cap I_2^0} y_i l_{ik}$，梯度为

$$\nabla_{w_k^1} L(w_k^1) = \frac{1}{|I_1^0 \cap I_2^0|} \sum_{e_i \in I_1^0 \cap I_2^0} \phi_{ik} x_i^1 \tag{4-8}$$

P_2 计算梯度密文，即

$$\left[\left|I_1^0 \cap I_2^0\right| \cdot \nabla_{w_k^2} L\left(w_k^2\right)\right] = \sum_{e_i \in I^{\mathrm{obf}}} \phi_{ik} x_i^2 \qquad (4\text{-}9)$$

之后，P_2 对其梯度进行进一步掩盖，并发送给 P_1。其掩盖方法为

$$G^s = r_k \Theta \left[\left|I_1^0 \cap I_2^0\right| \cdot \nabla_{w_k^2} L\left(w_k^2\right)\right] \qquad (4\text{-}10)$$

式中，$r \in \mathbf{R}^m$ 为随机向量；Θ 为 Hadamard 乘积。P_1 解密 G^s 并除以 $\left|I_1^0 \cap I_2^0\right|$，然后发送 $r_k \Theta \nabla_{w_k^2} L(w_k^2)$ 给 P_2，随后 P_2 通过 Hadamard 除法得到 $\nabla_{w_k^2} L(w_k^2)$。

如此，P_1 和 P_2 得以更新其权重

$$w_{k+1}^1 = w_k^1 + \eta \nabla_{w_k^1} L(w_k^1) \qquad (4\text{-}11)$$

$$w_{k+1}^2 = w_k^2 + \eta \nabla_{w_k^2} L(w_k^2) \qquad (4\text{-}12)$$

4.2.3 联邦特征匹配

在横向联邦学习（Horizontal Federated Learning，HFL）中，双方数据集的标签空间和特征空间相同，但样本空间不同[30]。例如，两个银行共同建模来预测用户是否存在洗钱行为。它们具有不同的用户群体，但是都拥有各自用户的标签，并且有共同的特征。第 7 章将展开介绍横向联邦学习。前面已经介绍了一些隐私保护交集计算技术被用于在纵向联邦学习中进行 ID 对齐。然而，隐私保护交集计算技术目前尚未被应用于横向联邦学习。有好奇心的读者可以对这个方向进行探索。

第 5 章
联邦特征工程

5.1 联邦特征工程概述

特征工程是机器学习建模中最重要的一环。在机器学习业界流传着这么一句话:"数据和特征决定了机器学习的上限,模型和算法只能逼近这个上限。"也就是说,如果没有优良的数据集和合理的特征工程,模型和算法就无法达到预期的效果。特征工程的重要性和数据本身一样,可以极大地影响机器学习建模的最终效果。

本节将从联邦特征工程的概述出发,从宏观角度给出特征工程的大致流程及联邦学习对这些流程的处理思路,引出联邦学习特征工程中常用的加密方法、数据交互策略及评估监控手段,呈现出一个完整的联邦特征工程框架。

5.1.1 联邦特征工程的特点

联邦特征工程与传统特征工程最大的不同在于其中的特征处理(以及可能的监控环节)依赖于加密后的数据,同时可能需要在云端进行数据的整合和计算,如图 5-1 所示。由于参与方无法让自己拥有的数据暴露于对方的环境中,因此需要在数据交互前将自己的数据进行加密,再与对方的数据交互和计算。这就改变了大部分传统特征工程中的特征处理模式。

同时,在数据交互过程中,联邦特征工程还要解决的一个问题是只有部分参与方拥有标签。举例来说,A 方只有业务特征 X,B 方同时拥有业务特征 X 和标

签 Y，此时对于 A 方来说计算风控中依赖 Y 的指标是很难的。同时，在密文里如何进行上述的特征评估、处理和监控将成为实际场景中的难点。

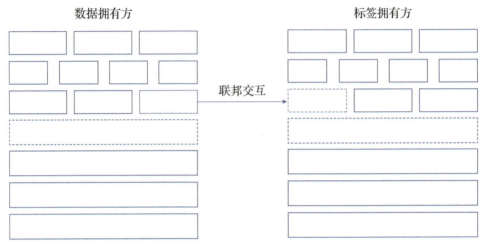

图 5-1　联邦变量交互

目前的联邦特征工程一般指的是在同态加密条件下进行的特征工程。斯坦福大学的 Craig Gentry 提出的全同态加密算法（Gentry 算法）是目前从理论上真正同时实现加法和乘法同态加密的算法，然而该算法具有极高的时间复杂度，无法用于有大量数据的现实场景，因此开源的联邦学习特征工程仍然基于单独的加法或者乘法同态加密算法实现。

在常用的同态加密算法中，Paillier 算法和 Benaloh 算法满足加法同态要求，RSA 算法和 ElGamal 算法满足乘法同态的要求。以 Paillier 算法为例，加密后的数据满足加法 $[\![u]\!]+[\![v]\!]=[\![u+v]\!]$ 和标量乘法 $n\cdot[\![u]\!]=[\![nu]\!]$，此时单纯涉及加法的特征计算就可以在这种框架中进行。同理，RSA 算法加密后的数据满足 $[\![u]\!]\cdot[\![v]\!]=[\![uv]\!]$，可以用于单纯涉及乘法的特征工程。

除了单纯涉及加法和乘法的特征工程，前述涉及标签问题的联邦特征工程需要更为复杂的交互过程。以互联网金融领域的证据权重和信息增益值的计算为例，这两项指标与标签 Y 有关，而在双边联邦学习中只有一方有标签。如何在不暴露标签 Y 信息的基础上完成对没有相关标签的特征 X 的变量分析？

除了数据交互,在具体的指标计算上也存在难点。在大部分场景中,联邦建模的参与方都无法在较低的通信成本下同时实现单特征计算中的加法和乘法同态,因此特征工程中的梯度计算等指标同样需要通过对方程进行多项式展开来满足单一算数计算的要求。在无法通过单独一种运算形式完成的特征工程中,如何权衡通信量和计算效率同样需要考虑。

因此,联邦特征工程的场景复杂,技术应用充满挑战。这些是各大科技公司在当前的大数据背景下进行特征工程时亟待解决和攻坚的焦点问题。

5.1.2　传统特征工程和联邦特征工程的对比

传统特征工程和联邦特征工程的对比可以用表 5-1 概括。

表 5-1　传统特征工程和联邦特征工程的对比

特征工程类别	特征评估	特征处理	特征监控
传统特征工程	直接评估	直接处理	直接监控
联邦特征工程	多方评估及整合	加密后交互处理	加密后交互调整

传统特征工程的分析流程清晰,计算过程明确。在符合项目方案需求的基础上,涉及特征工程的工作量大多集中在数据收集的过程。用户级项目所包含的特征经常来自企业内部的多条业务线。研发人员如何对数据进行合理的整合及选择,是保障模型后期效果的重要环节。对于已经完成数据收集的模型来说,研发人员可以直接进行相应的特征处理、存储、应用及后期的监控。

联邦特征工程的流程与传统特征工程相同。前期多个业务方根据自身及模型整体的需求,对全部已有的特征进行评估。在特征处理环节,由于数据在多方交互的过程中已经通过加法或乘法同态进行了加密,因此无法直接应用传统特征工程中的数据处理和监控方法,需要按照不同的特征处理目的对应性地完成。联邦特征处理需要针对横向联邦学习和纵向联邦学习场景重新进行设计,同时也要考虑数据交互过程中的计算复杂度和隐私安全性。

在联邦特征优化中,对于神经网络,算法工程师需要选择合理的网络类型、网络结构和超参数调优方法,传统机器学习模型需要考虑训练过程和数据集的适配性、正则化方法及模型参数等。手动调整这些参数依赖于专家经验及对应业务，而人的经验总是有局限性的，同时在计算复杂度的约束下无法实现全部参数的穷举调优，因此存在模型效果的不足。

在这种场景中，基于算法的特征选择就成了手动特征工程的一种替代和优化方法。不论是采用传统的滤波法降低特征维度，应用主成分分析（Principal Component Analysis，PCA）/线性判别分析（Linear Discriminant Analysis，LDA）方法进行降维抽象得到数量较少的特征主轴，结合搜索、评价的方式对特征进行评价和优选，还是利用正则化、决策树和自编码器等结构对特征进行模型训练中的空间变换，都是解决特征选择的思路之一。

最后，在特征监控部分，由于业务方拥有建立完成的模型，因此可以承担较大部分的监控责任，同时与各个数据方配合制定合理的监控周期及监控信息同步预警机制，保证联邦模型正常运行。

可以看出，联邦特征工程的难点主要集中在各种处理方法的差异性上。同时，当联邦学习应用到风控建模等场景时，除了上述特征工程框架，还需要探索特征监控环节单变量分析时的交互过程，以及联邦建模场景中参数调优时采用算法进行参数选择和自动机器学习等过程。因此，本章同样涵盖了联邦单变量分析、联邦参数选择和自动机器学习的内容。

5.2 联邦特征优化

传统机器学习的特征工程存在多种形式的优化，而这些优化涉及多种数学计算。如何实现这部分加密后数据的变换和分析等过程，构成了联邦特征优化的主要内容。从技术上来说，特征优化不但包含对单个特征进行简单的算术处理，同时也涉及基于业务信息的特征衍生。

本节将从特征工程的流程出发，按照联邦特征评估、联邦特征处理、联邦特征降维、联邦特征组合和联邦特征嵌入的顺序介绍，完整地描述联邦学习在处理特征优化问题时的思路及具体方法。

5.2.1 联邦特征评估

联邦学习中的特征评估过程与传统特征评估相同。由于在建模前，多个参与方对目前已有的全量数据和特征有大致的了解，因此可以更好地结合建模时的实际场景来完成特征评估。以双边联邦学习为例，参与建模的 A 方和 B 方拥有相同的建模目的，根据双方手上拥有的数据，分别基于各自的业务理解优势进行评估，可以得到汇总后的特征列表。同时，基于双方业务的不同而决定的联邦学习类型也会影响特征评估的侧重点，如图 5-2 所示。

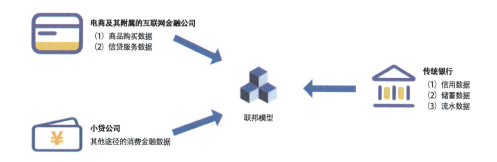

图 5-2　一种联邦模型的特征优势互补

对于纵向联邦学习来说，A 和 B 双方的业务差异较大，但拥有较多重合的用户，此时应当着重挖掘 A 方和 B 方自身对业务的理解，整合双方认为有价值的特征进行建模。比如，对于互联网金融业和银行业的联邦建模来说，因为用户往往同时拥有银行卡和在线支付账号，所以双方将会存在较多的重合用户，但用户在这两个场景中的特征完全不同，银行将侧重于传统评分卡特征，而互联网金融公司会融合更多用户的商品购买及其他新兴特性，因此双方需要考虑的是如何取长补短，彼此拿出最有效的特征集合，提升联邦模型的效果。

对于横向联邦学习来说，A 和 B 双方的业务相似，但拥有的用户重合度较低，此时应当在特征层考虑的是双方都认可、拥有业务共识的特征。比如，对于两家不同银行之间的联邦学习来说，A 方和 B 方可能位于不同的地理区域，有着不同的建模技术风格，因此银行需要考虑的是不受地域和风格影响，可以泛用的信用、画像、收入等特征，可以最大化模型的预期效果。

对于联邦迁移学习来说，需要明确下游任务的建模目的，综合双方的特征、样本和领域来决定。迁移学习和传统机器学习的区别如图 5-3 所示，由于迁移学习侧重的是将已有数据中的知识迁移到新的相关或不相关的应用领域，在联邦学习的场景中就需要考虑在多方交互时的设计。如果多方的特征和样本都不一样，存在较少的交集，那么此时横向和纵向联邦学习中的特征处理手法都不再适用，应当着重选择对全部参与方都有利的特征建模。

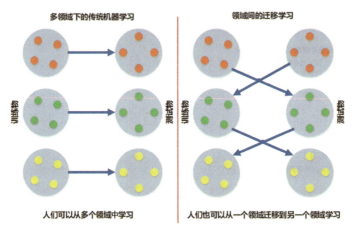

图 5-3　迁移学习和传统机器学习的区别

举例来说，智慧金融领域作为一个新兴领域，电商及其附属的互联网金融公司拥有用户的商品购买和信贷服务数据，银行拥有用户的信用、储蓄和流水数据，小贷公司拥有用户其他途径的消费金融数据。在传统情况下，多种类型的数据无法通过简单的方法进行融合，而利用联邦迁移建模的优势，选择三方认可的模型，融合三方可用的特征，即可实现共同建模、分别应用的效果，同时也很好地保护了用户的隐私。

总之，联邦特征评估比拥有全部数据、建模目的单一的传统特征评估更为复杂，需要考虑的特点更多。与此同时，在保护了隐私的前提下，联邦学习使得企业能够更好地发挥自己可用特征中的优势，挖掘自身数据的价值，同时合理地利用了其他参与方的数据，实现了比自身单独建模更好的模型效果。

5.2.2 联邦特征处理

特征工程中的特征处理是整个联邦特征工程的重点。特征处理一般由三个部分组成，分别是特征清洗、特征预处理和特征衍生。特征清洗即利用直观的数学或工程手法对已有数据进行变换，使得变换后的数据特征更适用于建模任务；特征预处理建立在特征清洗的基础上，进行单个、多个特征的变换和选择；特征衍生对原始数据进行加工，生成可以用于特定场景的变量。

1. 特征清洗

首先，我们需要对双方的数据进行清洗，特征清洗主要包括异常样本清洗和采样。我们假定在联邦建模前，双方的数据已经经过了单独的评估、清洗和筛选，此处重点讨论如何对融合后的数据进行清洗。

在经过 RSA 算法和 Hash 算法处理后，建模的 A 和 B 双方成功地在不泄露差集隐私的情况下找到了数据的交集，此时可以应用半同态加密对双方的交集数据进行清洗。异常样本的定义较为宽泛，在特征清洗的阶段可以定义为不利于建模的样本，如图 5-4 所示，其中的 A 点、B 点和 C 点即异常的离群点。

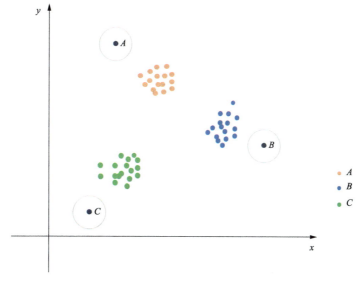

图 5-4　离群点示意图

以离群值为例，常规的处理包含以节点为中心的节点分析和以数据为中心的统计分析两种。节点分析即对每个节点进行分析，找到有问题的节点并把它剔除出样本；统计分析即利用统计等方法筛选出数据中可能存在的异常点，再进行消除。

节点分析（Nodal Analysis）一般是对单节点的各个值进行阈值的规定，过高或过低的值将会被认为是异常的，常见的就是零值和无穷值。由于不涉及各个特征之间的交互，只需要对单个变量中的数据是否异常进行分析，因此这部分工作可以不通过联邦学习的方式完成，A 和 B 双方在数据准备阶段即可去除。

统计分析（Statistical Analysis）由于考虑了全量数据的特性，因此需要融合 A 和 B 双方的数据特点进行计算。最常见的统计分析方法为极值计算。对全量数据进行统计，设定 Q 为分位点，则位于 $Q/4$ 和 $3Q/4$ 之间的为正常数据，小于 $Q/4$ 或者大于 $3Q/4$ 的则可以定义为离群值。

除了节点分析和统计分析，还有一类方法通过空间变换消除离群点，这种方法也被称为"核（kernel）方法"。它依赖的核心思想是在某一个空间的数据中存在异常点，经过空间映射后就会变为正常可用的点。

举例来说，在《应用预测模型》（*Applied Predictive Modeling*）这本书中给出了一种空间标识法，利用每个样本除以对应的平方规范将离群点映射成非离群点，再用于建模，计算公式为

$$x_{ij}^{\text{sign}} = \frac{x_{ij}}{\sum_{j=1}^{P} x_{ij}^2} \tag{5-1}$$

式中，P 为特征总数；i 和 j 分别为当前点序号和特征序号；x_{ij} 为第 i 个点的第 j 个特征。

该方法由于涉及多方共有数据的特征融合问题，需要采用对式子变形去除一种运算，或者利用同态加法配合放缩数乘的方式才可以完成，这也是在后续处理大部分无法通过简单同态加密交互完成的式子时可以遵循的两条思路主线。

第一种方式是尝试对同时存在加法和乘法的式子进行预处理，使其变成单一加法或者单一乘法的式子，再采用单次同态加密交互的方法完成计算。举例来说，

对于形如 $\dfrac{1}{1+x+x^2+\cdots+x^n}$ 的式子，可以采用通分加待定系数法变成多项乘法，去除其中的加法运算。对于不存在直观转换成单一乘法的函数，如上面提到的空间标识函数，我们需要按照第二种方式进行处理。

第二种方式如图 5-5 所示，A_1 方，A_2 方，$\cdots$，A_n 方分别在本地计算全部数据点对应的特征平方值 $\sum_{j=1}^{M_1} x_{ij}^2$，$\sum_{j=1}^{M_2} x_{ij}^2$，$\cdots$，$\sum_{j=1}^{M_n} x_{ij}^2$，其中 $M_1+M_2+\cdots+M_n=P$。在计算完成后，A_1 方先采用 Paillier 算法，用自己的公钥进行加法同态加密，得到加密后的分母平方和 $\left[\!\left[\sum_{j=1}^{M_1} x_{ij}^2\right]\!\right]_{A_1}$，然后 A_1 方将自己加密后的数据发送给 A_2 方，A_2 方同样采用 A_1 方的公钥加密自己的分母平方和 $\left[\!\left[\sum_{j=1}^{M_2} x_{ij}^2\right]\!\right]_{A_2}$，再与 A_1 方传来的数据进行加法同态加密，得到 $\left[\!\left[\sum_{j=1}^{M_1} x_{ij}^2\right]\!\right]_{A_1} \oplus \left[\!\left[\sum_{j=1}^{M_2} x_{ij}^2\right]\!\right]_{A_2} = \left[\!\left[\sum_{j=1}^{M_1+M_2} x_{ij}^2\right]\!\right]_{A_1}$。以此类推，$A_3$ 方同样利用 A_1 的公钥加密自己的数据，再与 A_1 方和 A_2 方整合后的数据相加，直到 A_n 方的数据也完成相加，得到计算式中的分母平方和 $\left[\!\left[\sum_{j=1}^{P} x_{ij}^2\right]\!\right]_{A_1}$。

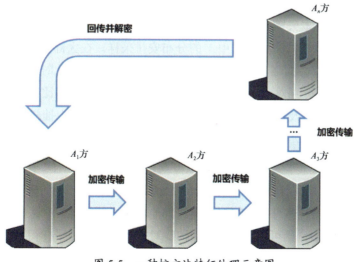

图 5-5　一种核方法特征处理示意图

在分母平方和计算完成后，将空间标识公式变形为

$$\frac{1}{x_{ij}} \cdot \sum_{j=1}^{P} x_{ij}^2 = \frac{1}{x_{ij}^{\text{sign}}} \tag{5-2}$$

此时，各方都拥有自己的 x_{ij}，如果将 $\frac{1}{x_{ij}}$ 近似为一个整数并采用 A_1 方的公钥加密，即可按照数乘的形式完成 $\frac{1}{x_{ij}}\left[\!\left[\sum_{j=1}^{P} x_{ij}^2\right]\!\right]_{A_1} = \left[\!\left[\frac{1}{x_{ij}}\sum_{j=1}^{P} x_{ij}^2\right]\!\right]_{A_1}$。在近似为整数的过程中，为了避免过大的浮点数损失，可以预先将 $\frac{1}{x_{ij}}$ 放大至原来的 N 倍 $(N>1)$，在完成计算后由于数乘对结果的不变性，可以再将放大倍数还原，得到准确的结果值。计算出来的 $\left[\!\left[\frac{1}{x_{ij}^{\text{sign}}}\right]\!\right]_{A_1}$ 通过 A_1 方的私钥解密，即可成为空间标识特征，用于后续的建模工作。

需要注意的是，如果只有 A 和 B 两方运算，那么无法采用这种形式，因为双方拿到加和数据后可以轻易地反推出对方的数据，不能完全达到隐私保护的目的；而对于拥有三个及以上参与方的场景，同样也要考虑某方前后的参与方联合窃取中间方数据的情况，本处不再拓展。

对于采样部分，特征处理中的采样一般用于解决数据分布不平衡的问题，即 Y 标签中的正/负样本失衡，如图 5-6 所示。基于 A 和 B 双方找到的交集数据，拥有标签的 B 方可以根据交集数据中 Y 的分布安排采样。在大部分的产业数据中，正/负样本的分布都会面临负样本较多、正样本较少的问题。此时，常用的方法为过采样或降采样，分别对应按照 $N:1$（$N \geqslant 1$ 且 N 为整数）的比例从少数样本和多数样本中抽样，以及按照相反比例从多数样本和少数样本中抽样的方法。

我们可以假设交集数据中 B 方的 Y 存在这种不平衡，举例来说，交集样本中 Y 的正/负样本比例原本为 $4:1$，建模双方期望建立的模型在 $1:1$ 的数据比例下效果更好，此时应用采样处理交集数据，对正/负样本采用 $1:1$ 的采样比例采样 N 次，即可得到正/负样本 $1:1$ 的数据集，其他比例以此类推。在采样过程中，由于双方已知交集 ID，则可以由 B 方根据 ID 对应的标签进行采样得到改变分布后的数据集，融合 A 方的特征后即可用于后续的建模等工作。

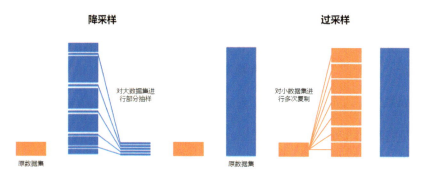

图 5-6 降采样和过采样

2．特征预处理

在完成特征清洗后，可以对双方的数据进行特征预处理。此处的预处理包括单个特征的数学变换、归一化/离散化/缺失值填充，以及多个特征的筛选。此处重点阐述在预处理阶段双方交互的流程。

大部分单个特征的数学变换可以直接在本地完成。对于 A 和 B 双方来说，常见的特征数学变换（如平方变换、对数变换和指数变换）等都不涉及双方交互。平方变换一般用于对数据进行放缩，使得原本需要二次函数分隔的数据点变成线性可分的模式，其他次数多项式的变换（如三次及高次多项式变换）同理。对数变换和指数变换一般用于改变原有特征的数据分布，使得变换后的数据能够更加符合我们的假设，并根据已有的理论对其进行分析。

举例来说，美国每月的电力生产数如图 5-7 所示。

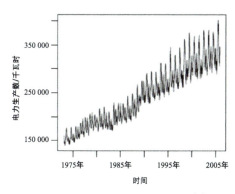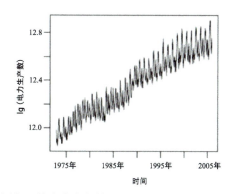

图 5-7 美国每月的电力生产数

可以看到，随着时间推移，电力生产的期望值逐渐升高，但方差也随之变得不稳定。分析师需要通过某种变换让方差稳定，使得曲线仍然满足分析假设，便于得出结论。其中一种让方差保持稳定的方法就是对数变换。

假设数据分布的标准差和均值是线性相关的，可以得到 $\sqrt{\mathrm{Var}(Z_t)} = \mu_t \sigma$。式中，$Z_t$ 是随时间变化的数据，$E(Z_t) = \mu_t$，可以简单变换得到 $Z_t = \mu_t \left(1 + \dfrac{Z_t - \mu_t}{\mu_t}\right)$。根据对数函数的性质，当 x 无穷小时，$\ln(1+x) \approx x$，可以得到 $\ln(Z_t) \approx \ln(\mu_t) + \dfrac{Z_t - \mu_t}{\mu_t}$，同样可以得到 $E(\ln(Z_t)) \approx \ln(\mu_t)$ 和 $\mathrm{Var}(\ln(Z_t)) \approx \sigma^2$。可以看到，通过对数变换可以将原数据的方差稳定在 σ^2，此时就可以用我们了解的模型进行处理，简化了问题的复杂程度。完成本地计算后的数值可以作为 A 方或者 B 方自身的一个新特征，也可以替代原有特征参与后续的加密、交互和建模工作。

对于单个特征的归一化和缺失值填充来说，因为可能涉及双方或者多方的全量数据，所以需要预先进行数据交互。常用的归一化方法主要有 Min-Max 归一化和 Z-Score 标准化，分别对应 $x_{\mathrm{new}} = \dfrac{x - x_{\min}}{x_{\max} - x_{\min}}$ 以及 $x_{\mathrm{new}} = \dfrac{x - \mu}{\sigma}$。式中，$x_{\max}$ 和 $x_{\min}$ 分别是 x 的最大值和最小值；μ 是均值；σ 是标准差。可以看到，在多方交互的情况下，单个特征的均值由于不受特定用户隐私保护的影响，可以通过多方在本地计算出自己用户对应的特征均值，再明文传输整合计算得到；单个特征的标准差也可以在已知交集样本总数的情况下由各方明文计算得到。各方可以预先在本地计算出己方数据的最大值和最小值，再进行各方之间的明文对比，从而找出交集数据中的最大值和最小值，之后在本地计算即可得到归一化的结果，采用均值填充、0 值填充等方法完成的缺失值填充同样无须复杂的密文交互过程。

多个特征之间的筛选依靠自变量和因变量之间的关联进行判断，常见的分析指标有相关系数、卡方检验以及信息增益等。以卡方检验为例，如图 5-8 所示，当自由度等于 1~5 时，随着 χ^2 的增长，对应的 p 值逐渐下降。相关系数和卡方检验的目的相同，主要用于判断自变量和因变量之间的关联程度。信息增益的效果与前两者相似，标准定义如下。

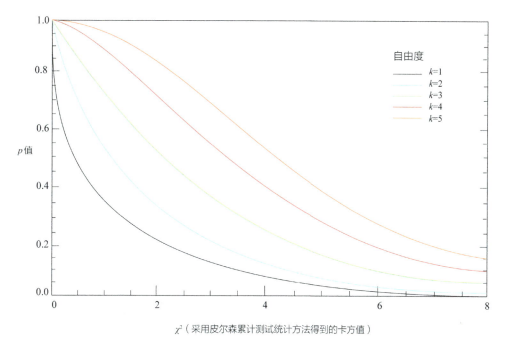

图 5-8 不同自由度下的卡方检验

定义 5-1 信息增益的物理意义是在当前特征的条件下信息不确定性减少的程度，从定义来看可以较好地量化某个自变量对因变量预测的贡献。信息增益的公式为 $g(D,x) = H(D) - H(D|x)$。式中，D 为训练数据集；$H(D)$ 为数据集 D 的熵；$g(D,x)$ 代表特征 x 对数据集 D 的信息增益。

设 x 为单个数据点的某个特征值，y 为对应的标签，相关系数和卡方检验对应的公式分别为 $r = \dfrac{\sum(x-\bar{x})(y-\bar{y})}{\sqrt{\sum(x-\bar{x})^2 \sum(y-\bar{y})^2}}$ 和 $\chi^2 = \sum \dfrac{(\text{observed} - \text{expected})^2}{\text{expected}}$。式中，相关系数公式中的 $\bar{x}$ 和 $\bar{y}$ 分别为 x 和 y 的均值，计算出来的 r 的绝对值介于 0~1，越接近 1 则证明该特征与因变量的相关性越强。卡方检验公式中的 expected 为特征理论上应该出现的值，observed 为实际观察到的值。计算出来的卡方值可以用于判断两个变量是否相关，当应用到自变量和因变量时，可以通过在已有的自变量下因变量是否与预期相同来决定该自变量是否显著、在某个置信度下使用或者不使用该自变量。

在传统特征工程中，计算出每个特征对数据集 D 的增益，就可以选择其中增益最大或者较大的几个特征继续计算。采用信息增益作为划分标准的典型模型就是决策树，其中 ID3、C4.5 和 CART 类型的树分别对应不同的信息增益准则和剪枝方法。

传统特征工程中的相关系数、卡方检验和信息增益计算都可以直接通过全量数据进行，而在联邦学习中则会部分涉及标签 Y 的传递问题。以联邦学习中的信息增益为例，如果在参与建模的 A 和 B 双方中 A 方只有特征 X，B 方同时拥有特征 X 和标签 Y，那么此时的计算流程如图 5-9 所示。

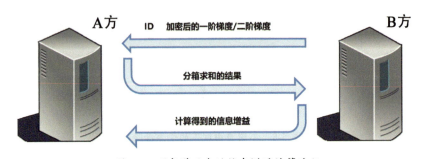

图 5-9　联邦学习中的信息增益计算流程

具体来说，由于 B 方同时拥有 X 和 Y 参数，因此可以在本地先计算出一阶和二阶梯度，通过 Paillier 算法加密后连同这些数据的 ID 一起传输给 A 方，A 方得到了 ID 和对应的梯度后，在密文下计算每个分箱中的一阶和二阶梯度之和再回传给 B 方，B 方此时可以解密求和值用于计算信息增益，再传递给 A 方。此时，A 和 B 双方都拥有了信息增益，在这个过程中，B 方在本地计算信息增益，没有向 A 方泄露数据；B 方在解密梯度直方图时也无从得知 A 方的具体 ID，因此也同样保证了 A 方的隐私安全。

除了上述提到的相关系数和信息增益等方法，还可以应用各种算法和自动机器学习进行更为广泛和深入的特征组合。这部分涉及多种降维和嵌入方法的应用，以及自动机器学习中的参数优选，在联邦学习条件下的实现过程将会在 5.2.4 节中单独进行介绍。

3. 特征衍生

在完成特征的大部分预处理工作后，可以将特征衍生作为特征预处理的补充阶段。对于模型应用的场景来说，特征衍生更多地来自相关领域从业者多年积累的预判和实践经验，从对应的业务中抽象出模型更深层次的潜在形式和数据构型，用于更好地完成建模过程。

以信贷模型为例，在信贷场景中有一个重要的指标是逾期天数，代表某个用户没有按时还钱的时间长度。在大量的评分卡、授信和用户画像等互联网金融场景中，逾期天数常常直接作为特征甚至标签使用。

在这种背景下，利用逾期天数所做的特征衍生即按照逾期天数分段打上不同的标签，同时采用独热编码写成展开的类别，用于后续的建模工作。具体的展开方法如表 5-2 所示，其中的 M1～M6 与逾期天数相对应，分别代表不同逾期天数下的逾期标识。

表 5-2　在信贷场景中逾期天数衍生变量

逾期天数	阶段	M1	M2	M3	M4	M5	M6	M6+
1～30	M1	1	0	0	0	0	0	0
30～60	M2	0	1	0	0	0	0	0
61～90	M3	0	0	1	0	0	0	0
91～120	M4	0	0	0	1	0	0	0
121～150	M5	0	0	0	0	1	0	0
151～190	M6	0	0	0	0	0	1	0
191+	M6+	0	0	0	0	0	0	1

这样做的好处是将原本为线形整数的逾期天数转化成了类别变量，减少了可能存在的函数过拟合。同时，对连续特征的离散化和标签化能够更好地用于特征选择或自动机器学习阶段的特征交叉组合，最大限度地增加了模型提升的潜力。

由于在互联网金融场景中逾期天数与各个参与方自身的业务直接相关，不存在单方业务的逾期天数受其他业务影响的情况，因此对于逾期天数的衍生变量同样不需要加密交互。拥有逾期天数这个特征的参与方在本地完成离散化和独热编码后，与其他特征一同加入联邦学习建模过程即可。在其他场景中的特征衍生可以类比上述示例，结合实际的应用场景进行构建。

在完成联邦特征处理后，还需要进行联邦特征监控。联邦特征监控主要包括特征有效性分析和重要特征监控。特征有效性分析的主要目的是观察变量在建模前能否有效地划分正/负样本，重要特征监控的主要目的是观察在模型存续过程中特征是否存在时间不同效果不同的情况，即监控特征是否稳定。

具体的联邦特征监控指标计算同样是单变量分析的一部分，联邦单变量分析过程将会在 5.3 节中进行完整阐述。

5.2.3 联邦特征降维

在传统高阶特征工程中，降维方法可以对特征进行优选和压缩，增加模型的训练效率及解释性。此处的降维是广义降维，即同时包含减少特征数量及创造新的特征。在互联网金融的建模场景中，用户往往拥有较多的特征表现，全量特征可能多达上千甚至数万个，而遵从数据量越大、结果越可信的信条，对其进行逐一处理，又会带来极大的工作量，同时不确定能否得到预期的模型增益。此时，对数据应用降维，提取出用户核心的表现信息，就成了建模过程的重要手段之一。

特征的降维方法有很多种，最基本的是采用缺失值比率（Missing Value Ratio）作为阈值，预先卡掉一部分有用信息较少的特征。在传统建模和联邦建模过程中，都可以在本地直接完成这部分处理工作。对缺失值比率大于某个阈值的特征进行处理后，不论是直接应用建模方法，还是继续采用其他降维方法，都可以更有效地得到优化后的特征值。这个缺失值比率按照经验可以设定为 20%。

在完成缺失值比率筛选之后，我们可以对特征的内部特性进行观察，比较典型的两种手法就是低方差滤波（Low Variance Filter）处理和高相关滤波（High Correlation Filter）处理。顾名思义，低方差滤波处理指的是去除数据内部变化不大的数据。对于方差较小的数据，我们有理由认为它的内部含有的信息较少，因此没有必要加入后续的建模流程中。高相关滤波处理则针对数据中特征的两两关系进行分析处理，如果它们本身高度相关，就可以认为它们的信息是类似的，而重复的信息会使得模型的表现下降，因此可以通过计算两两特征之间的相关性（比如，采用 Pearson 相关系数），进行筛选。

Pearson 相关系数的对比如图 5-10 所示，可以看到随着 R 值增大，两个变量之间的关联性逐渐变强，产生了一定程度互相替代的效果；而 R 值较小甚至等于 0 的两个变量之间则几乎不存在这种相关性。在实际应用中，方差和相关性的阈值可以被分别设定为 10 和 0.5，即可以考虑删除方差小于 10 或者相关性大于 0.5 的特征。

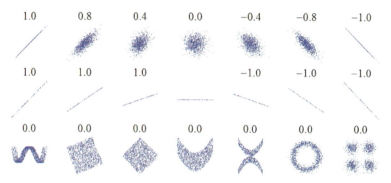

图 5-10　Pearson 相关系数的对比

在联邦学习中，缺失值比率筛选可以直接通过本地计算完成，而横向和纵向联邦学习对低方差滤波及高相关滤波的处理思路会有些差异。对于横向联邦学习来说，不同来源的数据拥有相同的特征，却会因为地域或者用户习惯等差异而产生不同的相关性。以银行场景中的建模为例，北京银行和上海银行在业务层面上大体相同，但由于用户群不同，如果在本地计算滤波，就会出现低方差和高相关的特征不一致的情况。

可以参考的一种方法是对不同的数据方采用不同的权重，比如建模侧重于北京的用户群，则对北京用户的本地滤波结果赋予较高权重，而其他地区的权重则相对降低。在满足 $\sum_{i=1}^{n} w_i = 1$（其中，w_i 为联邦第 i 方的权重）的条件下，对每个数据方及业务方本地得到的降维后特征做带权加和，如果大于 0.5 就保留，否则直接去除。对于后续的降维方法，也可以采用类似的直观处理方式，作为可选联邦特征降维方法的一种。

在完成缺失值比率筛选、低方差滤波和高相关滤波处理之后，可以采用因子分析（Factor Analysis，FA）、PCA 和独立成分分析（Independent Component Analysis，

ICA）等方法进一步减少特征的维数。这三种方法的相同之处是利用某种理论提取已有特征中的线性相关的共性来达到减少总特征数、保留特征信息的效果。

FA 是一种统计方法，用于对变量按照相关性分组，得到组内变量相关性较高、组间变量相关性较低的效果。比如，房价和地理位置往往高度相关，随着地理位置从郊区变动到周边城区，再到中心城区及学区，房价的飙升是显而易见的。因此，这两个因子之间可能存在某种组合共性来描述房子的价值，只需要保留这种共性即可减少原始数据的维数。在应用中，我们会先求解各个特征之间的相关关系，得到图 5-11 所示的相关系数。

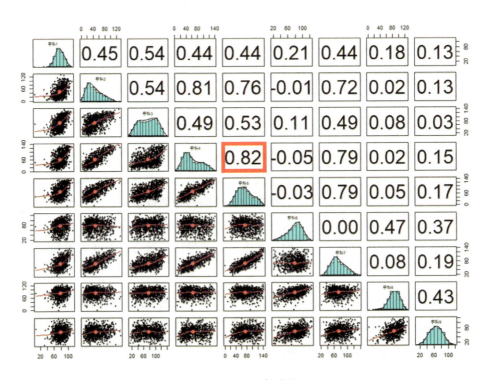

图 5-11　FA 的相关系数

我们可以看到，第四行和第五列的特征之间具有很强的相关性，$R=0.82$，此时可以认为数据中存在关联性较强的特征组合，满足进行 FA 降维的条件。如果特征之间的相关性较小，那么在理论上无法继续抽象和降维得到因子。下一步则需要确定有多少个因子可以提取。常用的数据分析软件和语言（如 SPSS、R 和

Python）都提供了简便的计算包和流程，此处不再赘述。与 FA 相比，PCA 是更为常用的方法，定义如下。

定义 5-2 PCA 从原始变量出发，通过原始变量的线性组合构建出一组互不相关的新变量。这些变量尽可能多地解释原始数据之间的差异性，称为原始数据的主成分。

PCA 通过建立相互正交的主成分来代替全量特征，图 5-12 直观地展示了 PCA 的可视化过程。原始数据中的三个维度被正交的 PC_1 和 PC_2 这两个主成分代替，形成了右图中的二维可视化结果。可以看到，通过主成分变换，在维数减少的同时，数据中的信息被尽可能多地保留了下来。

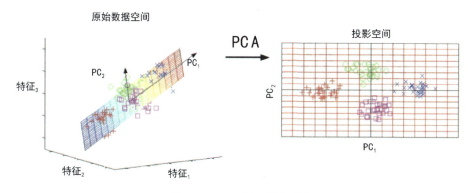

图 5-12 PCA 的可视化过程

PCA 的公式如下

$$\max \text{Var}(PC_i) = \text{Var}\left(\boldsymbol{u}_i^T \boldsymbol{X}\right) = \boldsymbol{u}_i^T \text{Var}(\boldsymbol{X}) \boldsymbol{u}_i \tag{5-3}$$

式中，PC_i 代表第 i 个主成分；$\boldsymbol{u}_i$ 代表特征向量，满足 $\boldsymbol{u}^T\boldsymbol{u}=1$。同时，$PC_i$ 和 PC_j 之间满足当 $i \neq j$ 时线性无关。等号右边的式子也可以记为 $\boldsymbol{u}_i^T \sum \boldsymbol{u}_i$。因此，我们容易总结出，PCA 只需要对协方差矩阵求特征值 λ 及特征向量 $\boldsymbol{u}_i$，即可得到 PCA 的解。

更直观的理解是，PCA 通过将全部随机变量的方差分解为多个线性不相关随机变量的方差和，同时保证保留的主成分（协方差矩阵中排序后的若干较大值）方差贡献率达到 80% 以上/特征值大于 1，即可完成变量的降维。

ICA 与 PCA 的思路类似，都是通过寻找数据中的某种共性来达到降维的目的，而在实现方法上具有较大的不同。ICA 又被称作盲源分离（Blind Source Separation）。以音乐会上不同乐器共同的演奏为例，如果 PCA 可以从交响乐团的多个音源中整合并提取其中几种混合后的音色，那么 ICA 则可以直接对音色的来源进行区分，得到各个乐器单独演奏的音色。

在实现过程中，ICA 是利用 PCA 的结果加上白化处理得到的。根据各个音源信号之间相互独立最大的假设，可以将降维后的混合音色中存在的独立成分分解出来，这可以被认为是一种解混的过程。PCA 和 ICA 的直观对比如图 5-13 所示。可以看到，PCA 中的 x_1 和 x_2（x_1、x_2 代表两个维度的特征）是正交的，保证了方差最大化，而 ICA 则在此基础上进一步挖掘出了两个独立的信号源，获得了对数据更好的描述。

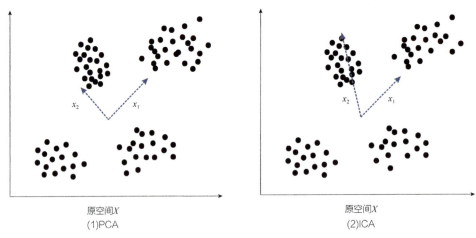

图 5-13　PCA 和 ICA 的对比

不论是 FA、PCA，还是 ICA，目的都是通过找到一个方向 $w = (w_1, w_2, \cdots, w_n)^T$ 来最大化线性组合 $\sum_{i=1}^{n} w_i x_i = w^T x$ 中的某种特征。因为这三种方法同属于线性降维方法，所以在联邦学习中拥有相似的处理思路。下面以 PCA 为例，介绍联邦学习中的线性降维方法的流程。

首先需要明确的是，无论是纵向联邦学习还是横向联邦学习，在隐私保护下的全量数据降维都有应用的必要，原因如下：尽管纵向联邦学习中的业务方和数据方拥有的特征不同，原则上可以通过本地计算分别得到线性降维后的主成分，却无法得知在数据融合后是否会出现存在较大关联性的特征；横向联邦学习中的业务方和数据方虽然有着相同的特征，但是会受到本地计算中数据量不足的影响，可能会产生潜在的错误结论，因此同样需要在数据融合后进行密文运算，得到全量数据下的降维结果。

联邦 PCA 的实现流程如下：因为其中用到的联邦线性回归仅在全同态加密下存在完整的解决方案，而全同态加密存在资源消耗大等问题，所以该流程仅供参考。以横向联邦学习中 X 维数据降至 2 维为例，详细步骤如下。

（1）全量加密数据的线性回归。对于 X 维数据来说，其中的每两维数据之间都可以做出一条垂线，即可以得到 X-1 条垂线，这个过程可以采用联邦线性回归实现，此时可以得到 X-1 个线性回归的参数，参数可以回传到各方本地，用于后续计算。

（2）计算主成分 PC_x 的特征值（Eigenvalue）和差异值（Variation）。根据得到的 X-1 个线性回归方程，各方本地计算每个数据点与回归方程的投影，并进行平方计算后加密传输给业务方，业务方对这部分数据应用加法同态加密得到 PC_x 的特征值，同时利用前述的同态加密下的倍数乘法对加和后的数据取平均值，即可得到每个 PC_x 的差异值。

（3）计算差异值最大的两个因子。对得到的全部 X-1 个差异值进行排序，选择差异值最大的两个因子作为 PC_1 和 PC_2，即可用于后续建模过程。

如果数据内部不符合线性相关的假设，而存在较为复杂的非线性关系，就无法采用上述三种方法进行降维，需要采用非线性降维方法。常用的非线性降维方法包括潜在狄利克雷分布（Latent Dirichlet Allocation，LDA）、Iosmap 和 t-SNE 等，在应用到非线性相关的数据上能够有更好的效果。如图 5-14 所示，t-SNE 和 PCA 在非线性数据降维上的区别非常直观，对于 PCA 来说集中到一起的数据能够被 t-SNE 很好地划分开，因此 t-SNE 具有很高的潜在应用价值。

对于联邦建模来说，非线性变换仅在训练阶段应用得较多，而在特征工程中，由于这一类变换涉及较多的数据交互才能完成非线性降维模型的调优，可能会占用联邦模型的训练资源，因此尚未进行完整的相关应用和优化研究。

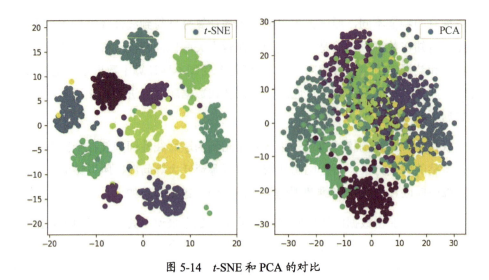

图 5-14　t-SNE 和 PCA 的对比

除了上述的多种降维方法，还可以采用反向消除的方法。顾名思义，反向消除是先用全量特征进行训练，再通过减少其中某个特征来完成。在联邦特征工程中，如果采用反向消除方法，将会带来较高的通信成本。业务方和数据方将必须完成多轮信息的交互来实现对特征的优选。因此，从实战角度来看，如果没有特殊的需求，那么这种方法只存在理论上应用的空间，但出于成本和时效的原因难以真正结合进联邦模型的训练过程。

5.2.4　联邦特征组合

在机器学习建模过程中，特征降维只是特征选择的手段之一。无论是基于滤波方法减少特征数量，还是基于线性方法或非线性方法的特征变换，都需要涉及改变原始特征的问题。在某些场景中，如果我们想要在不改变原始特征空间的情况下，直接选择出效果最好的特征集合，就需要采用不同的特征组合方法来进行判断和优选。常见的特征组合方法有过滤式（Filter）方法和包裹式（Wrapper）方法。同时，我们可以利用多种不同的搜索方法来扩充特征子集中的特征数量。

特征组合通常涉及搜索和评价两个步骤。

第一步是通过搜索的方法扩充子集中的特征数量。首先，选取一个单特征作为第一轮的特征集合。然后，采用某种搜索方法在这个集合中添加一个新的特征，对所有选择出来的双特征集合进行优选,得到新的特征子集。以此类推,当无法找出最优的新特征子集时,搜索终止。

第二步是在每一步搜索中对生成的特征子集进行评价。评价的标准由具体研究的问题来确定,根据制定的评价标准来确定全部生成的特征子集中的最优子集。下面分别讨论第一步搜索和第二步评价的实现细节。

首先是搜索,这个过程涉及不同搜索方法在获得特征子集中的应用,目前比较常用的搜索范式包括完全搜索(Completely Search)和启发式搜索(Heuristically Search)这两种,下面将会分别介绍这两种搜索方法。

定义 5-3 完全搜索也可以称为无信息搜索(Uninformed Search)或者盲目搜索,即不利用数据中的辅助信息,采用最基本的搜索方法完成数据集中的信息查找。

常见的完全搜索方法可以分为广度优先搜索(Breadth First Search,BFS)和深度优先搜索(Depth First Search,DFS),这两种方法的对比如图 5-15 所示。

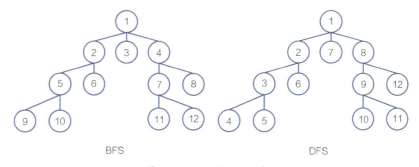

图 5-15 BFS 和 DFS 对比

从图 5-15 中可以看出,BFS 在面临选择时会先把所有的岔路都走一遍,直到没有岔路可以选择时再继续下探;而无论当前有多少种选择,DFS 都会选择其中一种并继续下探,直到完全走到底部再返回上一个节点选择新的岔路。在实际应用中,BFS 搜索出来的信息会偏向于近邻,而 DFS 则倾向于获得相隔更远的信息之间的关系。当然,在完全搜索结束后,所有的点都会获得一次遍历。

定义 5-4 启发式搜索又称为有信息搜索(Informed Search),意思是利用辅助信息来引导搜索过程,缩小搜索范围并降低搜索的复杂程度。

常见的启发式搜索包括贪婪最佳优先搜索（Greedy Best First Search, GBFS）。根据定义，GBFS 是一种贪婪搜索的方法，也就是不考虑总的损失，只聚焦于当前要搜索的下一个特征是否满足损失最小。这可能会导致每一次选择的特征损失较小，但子集中的特征总损失较大的问题。在本问题中的损失即第二步定义的评价函数。

每一步搜索的结果都需要与第二步评价相结合，采用的评价标准以信息增益为例。在给定数据集 D 的情况下，设 D 中第 i 类样本的占比为 $p_i(i=1,2,\cdots,n)$，信息熵的定义为：

定义 5-5 熵是信息论中的概念，用于表示信息的不确定程度。熵值越大，信息的不确定程度越大。

信息熵的公式为

$$\text{Entropy}(D) = -\sum_{i=1}^{n} p_i \log_2(p_i) \quad (5\text{-}4)$$

对于数据中的某个特征，如果按照该特征的取值将数据集 D 划分成 K 个子集，那么可以计算特征子集 A 的信息增益，即

$$\text{Gain}(A) = \text{Entropy}(D) - \sum_{k=1}^{K} \frac{|D^k|}{|D|} \text{Entropy}(D^k) \quad (5\text{-}5)$$

由于信息熵的意义是描述数据中信息的混乱程度，信息增益越大，说明按照某个特征划分后的特征子集 A 减少的信息熵越大，也就更有利于分类。这部分和决策树的训练过程有相似之处，ID3 和 C4.5 决策树中的子节点划分同样基于信息增益来确定，不同的是决策树在完成一次子节点划分后继续在子节点的空间增长模型，而特征组合过程中的每一步都需要在全部的特征空间搜索和评价。除了信息增益，其他形如 AUC（Area Under Curve）和均方损失（Mean Square Error, MSE）等指标同样可以用于评价特征子集。

将搜索机制和评价机制融合，即可得到特征组合的范式。具体来说，过滤式和包裹式两种特征组合方法拥有不同的流程。过滤式方法的流程如图 5-16 所示，输入的数据先经过特征选择环节得到最优特征子集，再进行模型训练，也就是说特征选择与模型训练是独立的过程，评价函数也与模型的训练过程无关，而采用

了一种相关统计量（Relevance Criterion）来评价特征重要程度。这种评价指标也可以替换为其他可解释的指标。

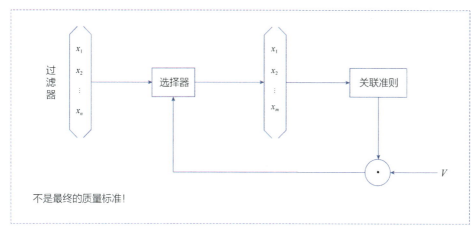

图 5-16　过滤式方法

与过滤式方法有所不同，包裹式方法整合了模型的训练过程，对每一步选出来的子集采用模型性能作为评价标准，用于发现对建模最有利的特征子集，如图 5-17 所示。在选择出当前的特征子集后，输入线性或非线性训练模型，得到预测结果 $\hat{y}$，再和数据的真实标签对比，利用某种可解释的误差计算方式（如均方损失等）对特征子集的选择进行评价，迭代得到最优特征子集。

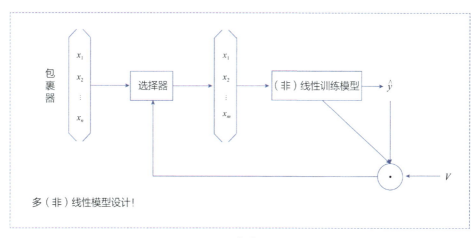

图 5-17　包裹式方法

过滤式和包裹式方法的对比如图 5-18 所示，可以直观地看到二者的特性和优缺点。

过滤式方法	包裹式方法
+高速：只需要建立一个模型 +直观：显示了统计关联性	+相关性度量容易评价 +模型可感知：最优特征子集对应最优子模型
-相关性度量难以评价 -模型盲目性：大部分相关的子集可能对子模型而言不是最优的	-低速：必须建立大量模型 -抽象：最优子模型的特征可能不是最有解释性的特征子集

图 5-18 过滤式和包裹式方法的对比

过滤式方法由于先对特征进行组合和选择，得到最优特征子集后再训练模型，所以自始至终只会训练一次模型。同时，过滤式方法在进行特征选择的过程中，对相关统计量的考虑也可以天然得到统计意义上内部独立的特征子集。但是在特征选择过程中，相关性指标本身是一个很模糊的定义，如何判断子集中的特征是否相关可能存在较多可以解释侧面的角度，比如线性或者非线性相关等，这就导致了对应的评价标准不太固定，存在一定的评价困难，而且通过这种方法优选出来的特征子集不一定适用于后续的建模流程，可能会产生不理想的结果。

与过滤式方法相比，包裹式方法拥有非常清晰的评价标准（模型结果），可以直接对应建模的目的优选出最佳的用于建模的特征子集。但与此同时，包裹式方法需要在每一轮探索后都建立一个独立的模型来输出评价指标，势必会导致较高的计算复杂性，由于特征的组合和选择过程与模型结果直接相关，优选出来的子集可能比过滤式模型的子集解释性要差，甚至存在一部分无法解释但表现良好的特征。因此，这两种特征组合方法各有所长，在实际应用时需要进行取舍和权衡。

在联邦学习中，实现特征组合涉及建模双方的数据交互，其中过滤式方法需要在密文条件下采用相关性度量实现对特征子集的筛选，而包裹式方法需要结合进联邦建模的过程中进行特征优选。在此，以 SecureBoost 模型为例对这两种方法的流程进行介绍。联邦过滤式和包裹式特征组合流程如下：

（1）加密数据整合。数据方 A 和业务方 B 将自己拥有的数据加密后进行整合，按照传统流程，数据方 A 将会把自己拥有的特征数据加密后传输给业务方 B。

（2）过滤式特征筛选/包裹式模型训练。如果采用过滤式特征筛选的方法，那么将会在密文中完成特征子集的选取，此时需要注意的是选取的评价方法需要满足加法同态或者乘法同态的计算要求，不然会面临无法评价的问题；如果采用包裹式模型训练，那么直接开始子集搜索并结合 SecureBoost 模型训练的过程，此时业务方 B 可以根据选择的搜索方法和模型训练的结果，决定最优特征子集的选取。

（3）过滤式模型训练。如果采用过滤式方法，那么在特征筛选完成后仍需进行 SecureBoost 模型训练，得到结果。

因为联邦特征组合中的可变因素较多，所以在实际使用时应当根据落地场景的不同进行调整。比如，以模型结果表现为主要指标的场景应当更多地考虑包裹式方法，而对于探索性的子集选取或者注重解释性的场景则可以应用过滤式方法。

5.2.5 联邦特征嵌入

在传统特征工程中，特征嵌入、特征降维及特征组合有一些细微的差别。对于特征降维来说，重点是在减少特征数量的同时尽可能多地保留数据中的信息。对于特征组合来说，重点是在不改变数据本身的情况下优选出最适用于建模的特征子集。特征嵌入这个概念是指在模型训练中完成了特征选择，将特征选择过程深度结合进模型训练过程中，使得原本的特征嵌入另一个更适合建模的空间。常规的特征嵌入方法可以分为正则化、决策树和神经网络等。

正则化是最常用的特征嵌入方法，定义如下：

定义 5-6 正则化是模型训练中的一种惩罚机制，即在原来存在的损失函数的基础上，增加对模型复杂度的限制，尽量选择简单模型提高泛化度，间接达到对特征的重要性进行选择的效果。

基于正则化项的嵌入特征选择可以采用 L1 和 L2 两种标准，L1 范数的正则化称为 LASSO（Least Absolute Shrinkage and Selection Operator）回归，L2 范数的正则化称为岭回归（Ridge Regression）。

以线性回归为例，在均方损失的基础上分别加入 L1 和 L2 正则化，对应的公

式如下所示，其中 L1 和 L2 范数的计算分别为 $\|\boldsymbol{w}\|_1 = |w_1| + |w_2| + \cdots + |w_n|$ 和 $\|\boldsymbol{w}\|_2 = \left(|w_1|^2 + |w_2|^2 + \cdots + |w_n|^2\right)^{1/2}$。

$$L1: \min \frac{1}{N} \sum_{i=1}^{N} \left(y_i - \boldsymbol{w}^T \boldsymbol{x}_i\right)^2 + C\|\boldsymbol{w}\|_1 \qquad (5\text{-}6)$$

$$L2: \min \frac{1}{N} \sum_{i=1}^{N} \left(y_i - \boldsymbol{w}^T \boldsymbol{x}_i\right)^2 + C\|\boldsymbol{w}\|_2 \qquad (5\text{-}7)$$

从上面的式子中可以看出，L1 和 L2 正则化分别用两种形式对参数进行了限制，这两种形式对应的直观区别如图 5-19 所示（右图为 L1 正则化，左图为 L2 正则化）。图 5-19 中的蓝色圆圈是模型的误差等高线，如果目标函数满足凸优化的要求，比如上述线性回归中的均方损失，那么越靠近中心点，误差越小。在不加 L1 和 L2 正则化约束的条件下，模型会直接优化至蓝色圆圈的中心，即误差最小的位置。如果加入 L1 正则化，那么对应图 5-19 中右侧的部分，红色菱形线上的点算出来的 L1 范数相等，此时的优化问题变成了同时满足蓝色曲线越来越接近中心点、红色菱形越小越好这两个要求。可以直观地看到，如果给定最外侧的蓝色圆圈，那么菱形与蓝色圆圈刚好相交时最小，而此时 $w_1 = 0$，可见 L1 范数有着对特征进行筛选的隐含效果。L2 范数同理，在图 5-19 中左图的情况下，L2 范数会尽量同时保留 w_1 和 w_2 的一部分权重。

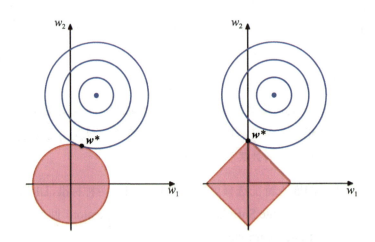

图 5-19　两种正则化嵌入方式的直观对比

联邦学习中的正则化与传统集成模型训练中的正则化相同，主要体现在模型内部的参数正则化项上。以 SecureBoost 模型为例，损失函数定义为

$$\mathcal{L}^{(t)} \stackrel{\text{def}}{=\!=} \sum_{i=1}^{n}\left[l\left(y_i, \hat{y}_i^{(t-1)}\right) + g_i f_t(x_i) + \frac{1}{2} h_i f_t^2(x_i)\right] + \Omega(f_t) \quad (5\text{-}8)$$

式中，l 为基本的损失函数，可以采用对模型提升最佳的形式，比如均方损失（MSE）；两个展开项分别为 $g_i = \partial_{\hat{y}^{(t-1)}} l(y_i, \hat{y}^{(t-1)})$ 和 $h_i = \partial^2_{\hat{y}^{(t-1)}} l(y_i, \hat{y}^{(t-1)})$，分别代表泰勒一阶和二阶展开式的误差项；$\Omega(f_t) = \gamma T + \frac{1}{2} \lambda \|w\|^2$ 为损失函数的正则化项，其中使用了上面介绍的 L2 范数对参数进行限制，同时还增加了对树的棵数限制 γT，形成了多个维度的特征嵌入。

应用决策树的特征嵌入主要指的是在建树过程中完成的特征选择，典型的代表是随机森林（Random Forest）模型中的决策树特征重要性[97]。在随机森林的训练过程中包含两部分随机，即数据随机和特征随机。集成模型的每个子模型都会从全量数据中有放回地抽样选择一个数据子集，同时随机选择这部分子集全量特征中的一部分特征建模。

在这个过程中，对每一棵决策树，都可以利用没被选中的数据计算袋外误差（Out of Bag, OOB）来评价当前基模型的预测错误，这种直接计算出来的结果称为 errOBB$_1$。之后，随机对没被选中的所有样本的特征 X 加入噪声干扰，再次计算袋外误差，计算出来的结果称为 errOBB$_2$。对随机森林生成的 N 棵树，特征 X 的重要性的计算公式为

$$\text{Importance}_X = \sum \frac{\text{errOBB}_2 - \text{errOBB}_1}{N} \quad (5\text{-}9)$$

这个指标的含义是，如果 X 是重要的特征，那么加入的噪声会使得模型受到很大影响，导致 errOBB$_2$ 大幅上升，因此如果计算出来的 Importance$_X$ 较大，那么说明平均来看特征 X 在 N 棵树的建模过程中都很重要。在联邦学习中，利用随机森林进行特征嵌入的流程如下。

（1）特征重要性计算。业务方 B 和数据方 A 采用联邦随机森林方法进行训练，在完成后业务方 B 计算每个特征的重要性，并按照降序排序。

（2）设定剔除比例并生成新特征集。由业务方 B 和数据方 A 共同确定特征重

要性剔除的比例,得到一个新的特征集。

(3)重复训练及特征筛选。利用新的特征集重新进行联邦随机森林训练,重复剔除和生成特征集的过程,直到留下 m 个特征,m 为预设的最终特征数量,利用各个特征集对应的 errOBB$_1$,可以选择袋外误差率最低的特征集作为最终选择的特征集。

深度学习的特征嵌入是近期研究的热点。与传统机器学习相比,深度学习由于具有自动提取数据的特征,可以避免传统特征工程所需要的密集人力和时间的投入,同时在特定的问题上拥有更高的准确度。

下面将会以自编码器(AutoEncoder)为例介绍特征选择中的深度学习嵌入方法,以及该方法的联邦学习实现流程。自编码器如图 5-20 所示,其中,Encoder 为编码器,Decoder 为解码器。思路如下:利用神经网络对数据中的特征进行抽象,通过训练输入和输出相同的网络,提取隐层信息代表原始数据,在每一轮训练中调整隐层权重,最终实现特征嵌入。

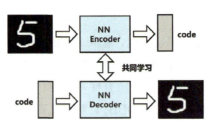

图 5-20 自编码器

自编码器的特征嵌入思想是,对于相同的输入和输出数据,如果优化隐层权重最小化信息损失,那么隐层的数值就可以代表输入数据,也就是在模型的训练过程中将原始特征嵌入了一个低维的空间,完成了对特征的选择。自编码器特征嵌入与降维在结果上存在相似性,同样达到了对原始数据中特征维度的降低,但自编码器的降维更符合在模型训练中将特征进行嵌入的本质。

在联邦建模中,自编码器的训练过程与联邦深度学习的过程相同,都涉及每一轮的梯度交互及模型优化,如果想要了解完整的联邦自编码器训练过程,可以参考其他资料的联邦深度学习部分。

5.3 联邦单变量分析

在模型建立初期，往往需要应用单变量分析方法对经过人工或算法筛选后的特征集合进行特征有效性和模型稳定性的分析。在传统银行业及金融科技公司采用的评分卡建模流程中，单变量分析主要包括基础分析、证据权重（Weight of Evidence，WOE）、信息价值（Information Value，IV）、群体稳定性指标（Polulation Stability Index，PSI）、特征稳定性指标（Characteristic Stability Index，CSI）等用于变量特征分析的参数，以及 KS（Kolmogorov-Smirnov）和提升度（LIFT）等用于评价模型效果的指标。

单变量基础分析主要包括变量分组方法、数据统计相关指标和客户性质等方面。由于这些参数可以较好地描述变量整体的特点，因此构成了单变量分析的基石。WOE/IV、PSI/CSI 和 KS/LIFT 是三组单变量分析中常用的参数，标准定义如下：

定义 5-7 WOE 用于对特征进行变换；IV 是与 WOE 密切相关的指标，用于对特征的预测能力进行打分。我们可以认为 WOE 描述了某个变量和标签之间的关系，IV 则量化了这种关系的强弱。

定义 5-8 PSI 用于筛选特征变量，评估模型的稳定性。这部分参数可以用于较好地描述特征变量自身的价值。CSI 在 PSI 的基础上能够反映变量不稳定的左右偏移方向，更好地探查不稳定的原因，提高模型效果。

定义 5-9 KS 和 LIFT 是模型中用于区分正/负样本分隔程度的评价指标。KS 可以用于描述变量对模型分类的贡献，LIFT 可以用于评估变量对模型预测是否有效。

下面将分别从 WOE/IV、PSI/CSI 和 KS/LIFT 这三部分入手，详细地介绍联邦学习是如何解决单变量分析问题的。

5.3.1 联邦单变量基础分析

在单变量分析流程中,基础分析是最先进行的一个环节。用来描述和评价变量的指标主要由变量自身的数据分布及统计值组成。在互联网金融领域,由于相关业务与传统互联网有差异,基于神经网络的黑箱模型或逻辑回归(Logistic Regression)、树模型 XGB/LGM 之外的机器学习模型,都由于互联网金融业务的特殊性而应用得较少。在互联网金融的建模过程中,模型的稳定性和鲁棒性是非常重要的,这保证了实时授信和交易等过程的可靠性,同时模型使用的参数,甚至整个建模过程也都需要较强的解释性。因此,对每个变量的统计值有全面的了解,是单变量分析的基础。

单变量基础分析主要通过对变量进行分组,得到缺失率、平均值和标准差等基本参数,计算四分位值、中位值、四分之三分位值和最大值等统计参数,同时记录客户数量、好/坏客户数量、客户数量占比和坏客户率等业务参数。基础分析的过程主要是对建模双方或多方提供的数据进行直观上的统计描述,使得后续的分析和筛选能够得到部分数据上的依据。

举例来说,在单变量分析中的分位值如图 5-21 所示。对于绝大部分数据分布来说,如果设定 IQR = $Q_3 - Q_1$ [式中,IQR 为分位点间距离(Inter-Quantile Range),Q_1 和 Q_3 分别为第一分位点和第三分位点],那么大部分正常的数据应当位于 $Q_1 - 1.5 \times $ IQR 和 $Q_3 + 1.5 \times $ IQR 之间,映射到正态分布上则可以直观对应到 -2.698σ 和 2.698σ,与正态分布的 3σ 定义的数据范围接近,同时提高了对异常数据定义的敏感性。

在联邦单变量分析流程中,基础分析由于涉及的计算大多可以通过对数据点线下求和并分发给各方统一计算的形式完成,因此形式上类似于联邦特征清洗的过程。在联邦单变量基础分析流程中,无须繁杂的加/解密操作,比如双方在线下通过排序求分位点、利用双方数据和计算统计参数,以及拥有标签的 B 方在线下得到的好/坏用户参数,这些都可以直接取得并进行同步。

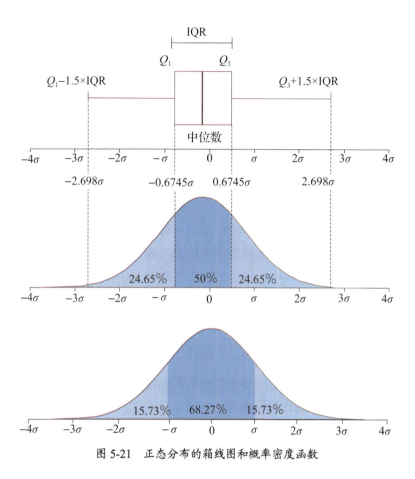

图 5-21 正态分布的箱线图和概率密度函数

5.3.2 联邦 WOE 和 IV 计算

在单变量基础分析完成后,需要对每个变量预测标签的能力进行提前判断,同时进一步量化这种预测能力是否呈线性关系、变量整体对预测能力的提升大小,此时 WOE 和 IV 就成了计算风险评估、评分卡模型构建及业务授信等环节的重点。

WOE 是在单变量分析中用于初步判定变量和标签之间关系的参数,计算公式为

$$\text{WOE}_i = \ln\left(\dfrac{\dfrac{\text{Bad}_i}{\text{Bad}_T}}{\dfrac{\text{Good}_i}{\text{Good}_T}}\right) = \ln\left(\dfrac{\text{Bad}_i}{\text{Bad}_T}\right) - \ln\left(\dfrac{\text{Good}_i}{\text{Good}_T}\right) \quad (5\text{-}10)$$

式中，Bad_i 和 Good_i 分别为第 i 个分组中负样本和正样本的数量；Bad_T 和 Good_T 分别为全部分组中负样本和正样本的总数。

根据公式的定义可以看出，计算 WOE 中的分箱设计有以下三个优势：

（1）处理数据中缺失值较多的问题。通过将缺失值单独分成一个分箱，可以将原本因为覆盖率较低（小于 20%）而效果较差的数据利用起来。

（2）处理异常值问题。应用 WOE 可以对离群点进行合理分箱。在不经过处理的情况下，离群点可能会导致模型发生较大的偏移，而通过分箱可以把这部分数据分入最大或最小的分箱中，比如把逾期时间为 300 天直接分入大于 120 天的区间，可以减少异常值对模型带来的影响。

（3）处理非线性关联变量。应用 WOE 对变量的分箱处理，使得原本和标签是非线性关系的变量转化为线性关系，提高了变量的解释性。

IV 是在 WOE 的基础上进一步量化变量和标签之间预测强度的值，可以认为是 WOE 的加权和。IV 的计算公式为

$$\text{IV}_i = \left(\dfrac{\text{Bad}_i}{\text{Bad}_T} - \dfrac{\text{Good}_i}{\text{Good}_T}\right)\text{WOE}_i = \left(\dfrac{\text{Bad}_i}{\text{Bad}_T} - \dfrac{\text{Good}_i}{\text{Good}_T}\right)\ln\left(\dfrac{\text{Bad}_i}{\text{Bad}_T} \bigg/ \dfrac{\text{Good}_i}{\text{Good}_T}\right) \quad (5\text{-}11)$$

$$\text{IV} = \sum_{i=1}^{n}\text{IV}_i \quad (5\text{-}12)$$

IV 与 WOE 的差别是，在计算 WOE 结果的基础上，增加了一个 $\left(\dfrac{\text{Bad}_i}{\text{Bad}_T} - \dfrac{\text{Good}_i}{\text{Good}_T}\right)$ 用于量化预测效果。若 $\left(\dfrac{\text{Bad}_i}{\text{Bad}_T} - \dfrac{\text{Good}_i}{\text{Good}_T}\right) > 0$，则该变量的第 i 个分箱对结果的预测有正向增加的效果。若 $\left(\dfrac{\text{Bad}_i}{\text{Bad}_T} - \dfrac{\text{Good}_i}{\text{Good}_T}\right) < 0$，则效果相反。

在应用实践中，IV 的范围及对应的预测效果见表 5-3。

表 5-3 IV 的范围及对应的预测效果

IV 的范围	预测效果	对应的英文描述
<0.02	几乎没有效果	Useless for prediction
0.02~0.1	预测效果弱	Weak predictor
0.1~0.3	预测效果中等	Medium predictor
0.3~0.5	预测效果强	Strong predictor
>0.5	预测效果过强，需确认	Suspicious or too good to be true

一般来说，IV 大于 0.02 的变量具有加入模型的价值，而如果 IV 大于 0.5，那么说明这个变量的预测能力过强，此时最好将该变量用于分群，将原本的样本根据该变量拆分成多个群体，对每个群体分别开发风控评分卡。

在传统单变量分析的流程中，WOE 和 IV 的计算步骤分为三步：

（1）分箱并统计正/负样本比例。首先，根据业务需要，对连续型或数值较多的离散型变量进行分箱处理，在保证样本点充足的情况下，得到每个分箱 i 中的正/负样本数，除以对应分箱的样本总数，得到对应的 $\dfrac{\text{Bad}_i}{\text{Bad}_T} / \dfrac{\text{Good}_i}{\text{Good}_T}$。如果在某个分箱内的样本标签单一，就需要对 Bad_i 和 Good_i 同时增加一个常数，可以取 0.5，用于防止计算 WOE 时出现溢出问题。

（2）计算分箱的 WOE。计算得到每个分箱的 $\text{WOE}_i = \ln\left(\dfrac{\text{Bad}_i}{\text{Bad}_T} / \dfrac{\text{Good}_i}{\text{Good}_T}\right)$，并检验每个分箱的 WOE 是否满足单调性。如果不满足单调性，那么需要重新制定分箱规则。同时，如果相邻分箱的 WOE 相等，那么可以将其合并为相同分箱。

（3）计算 IV。计算得到的每个分箱的 $\text{IV}_i = \left(\dfrac{\text{Bad}_i}{\text{Bad}_T} - \dfrac{\text{Good}_i}{\text{Good}_T}\right)\text{WOE}_i$，对每个分箱求和得到 $\text{IV} = \sum\limits_{i=1}^{n}\text{IV}_i$。

那么在联邦建模的条件下，如何通过 A 和 B 双方的交互来计算这两个参数就成了问题的核心。在联邦建模流程中，A 方只有特征 X 而没有标签 Y，B 方虽然同时拥有特征 X 和标签 Y，特征 X 却同样缺少 A 方的部分，因此需要通过加密条件下的数据交互来实现 WOE 和 IV 的计算。

如图 5-22 所示，联邦 WOE 和 IV 的计算流程如下。

（1）B 方加密计算。B 方在建模时同时拥有特征 X 和标签 Y，因此需要向 A 方提供标签 Y 的加密值。对每一个样本 ID，B 方采用 Paillier 同态加密方法加密 y_i 和 $1-y_i$，得到 $[\![y_i]\!]$ 和 $[\![1-y_i]\!]$，连同明文 ID 一起传输给 A 方。

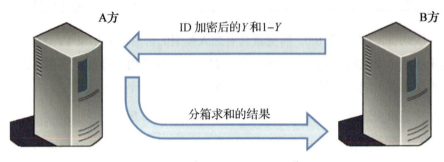

图 5-22 联邦 WOE 和 IV 的计算流程

（2）A 方分箱及密文求和。A 方在接收到 B 方的 ID 和密文标签值后，按照本地处理好的特征分箱方法，对每个分箱中的 ID 对应的密文标签值进行加法同态求和，得到每个分箱中的 $[\![\sum y_i]\!] = \sum [\![y_i]\!]$ 以及 $[\![\sum(1-y_i)]\!] = \sum [\![1-y_i]\!]$，再连同每个 ID 对应的分箱回传给 B 方。

（3）B 方本地计算。在得到 A 方分箱求和的结果后，B 方进行解密，得到 $\sum y_i$ 和 $\sum(1-y_i)$，$\sum y_i$ 和 $\sum(1-y_i)$ 分别代表第 i 个分箱的正样本总数 $Good_i$ 和负样本总数 Bad_i。B 方只需要在本地计算每个分箱中的 $Good_T$ 和 Bad_T，即可依次计算每个分箱的 $WOE_i = \ln\left(\dfrac{Bad_i}{Bad_T} \Big/ \dfrac{Good_i}{Good_T}\right)$ 和 $IV_i = \left(\dfrac{Bad_i}{Bad_T} - \dfrac{Good_i}{Good_T}\right) WOE_i$，以及对各个分箱 IV_i 求和得到的 $IV = \sum\limits_{i=1}^{n} IV_i$。

在整个数据交互过程中，由于 A 方只得到了 B 方的 Y 和 1−Y 的密文标签值，B 方没有信息泄露；B 方得到 A 方分箱后特征值的加和，也无从推断出 A 方每个特征值具体的大小，因此在 WOE 和 IV 的计算中实现了对隐私安全的保护。

5.3.3 联邦 PSI 和 CSI 计算

在完成 WOE 和 IV 的计算，得到了各个变量与标签之间的联系后，还需要对各个变量的稳定性进行分析。在风控场景中稳定性非常重要，因为互联网金融业务的特殊性，模型使用的某一个变量一旦出现波动，就意味着线上模型涉及的评分、授信和精细化运营等场景中对应的决策出现偏差，会直接导致资产安全受到影响。因此，变量的 PSI 和 CSI 是单变量分析监控中对模型稳定性的重要参考。

PSI 是群体稳定性指标，用来量化模型分数分布的变化，计算公式为

$$\mathrm{PSI} = \sum_{i=1}^{n} \left(\mathrm{Actual}_i\% - \mathrm{Expected}_i\% \right) \ln \left(\frac{\mathrm{Actual}_i\%}{\mathrm{Expected}_i\%} \right) \quad (5\text{-}13)$$

式中，i 代表第 i 个分箱；$\mathrm{Actual}_i\%$ 和 $\mathrm{Expected}_i\%$ 分别为实际分布占比和预期分布占比，值在 0～1。

在应用中，PSI 经验值的范围、预测效果和对应的处理方法如表 5-4 所示。

表 5-4 PSI 经验值的范围、预测效果和对应的处理方法

PSI 经验值的范围	预测效果	对应的处理方法
<0.1	几乎没有变化	无须处理
0.1～0.25	分布变化较小	对模型的其他评估指标进行监控
>0.25	存在较大的分布变化	对模型应用的特征进行分析并调整

CSI 是特征稳定性指标，用来量化特征的变化，计算公式为

$$\mathrm{CSI} = \sum_{i=1}^{n} \left(\mathrm{Actual}_i\% - \mathrm{Expected}_i\% \right) \mathrm{Score}_i \quad (5\text{-}14)$$

式中，Score_i 代表每箱的模型分数。

与 PSI 不太相同的是，CSI 没有约定俗成的经验值来量化特征的变化，主要原因是在计算公式中存在一项 Score_i 代表特征对模型的重要程度，如果一个特征很重要，那么即使变化较小，计算得到的 CSI 也可能大于变化巨大但重要程度一般的其他变量。

在实际的模型监控流程中，首先监控 PSI 的变化。在 PSI 出现较大的数值增

加时，再参考 CSI 来探查不稳定的细节。

在传统单变量分析的流程中，PSI 和 CSI 的计算步骤分为以下三步。

（1）计算预期分布占比 $\text{Expected}_i\%$。对训练样本进行分箱处理，得到每个分箱中的样本数量和样本总数的比值，作为预期分布占比 $\text{Expected}_i\%$。分箱可以采用等频、等距以及其他方法，常用的为等频分箱。

（2）计算实际分布占比 $\text{Actual}_i\%$。在完成预期分布占比的计算后，根据预期分布占比使用的分箱阈值及方法，对数据的实际分布占比进行计算。

（3）计算每个分箱的 PSI_i 和 CSI_i 并求和。根据上述 PSI 计算公式中的 $\text{PSI}_i = \left(\text{Actual}_i\% - \text{Expected}_i\%\right)\ln\left(\dfrac{\text{Actual}_i\%}{\text{Expected}_i\%}\right)$ 计算每箱中的 PSI_i，根据上述 CSI 计算公式中的 $\text{CSI}_i = \left(\text{Actual}_i\% - \text{Expected}_i\%\right)\text{Score}_i$ 计算每箱中的 CSI_i，再通过求和公式 $\text{PSI} = \sum_{i=1}^{n}\text{PSI}_i$ 和 $\text{CSI} = \sum_{i=1}^{n}\text{CSI}_i$ 分别计算得到 PSI 和 CSI。

在联邦学习的语境中，PSI 和 CSI 的计算过程类似于 WOE 和 IV 的计算过程，需要在 A 和 B 双方之间进行标签的加密运算与传输。与 WOE 和 IV 计算不同的是，在 PSI 的计算公式中存在一项 $\ln\left(\dfrac{\text{Actual}_i\%}{\text{Expected}_i\%}\right)$，而目前的同态加密方法无法直接用解析计算处理这一项，因此需要采用多项式近似的方法。

在联邦单变量分析中，PSI 和 CSI 的计算步骤也可以总结为三步。假定建模过程的训练集样本分布为预期分布，跨时间窗的粒度按照月来计算 PSI/CSI，则完整的参考流程如图 5-23 所示，以 PSI 为例。

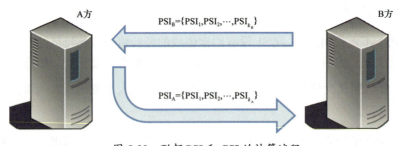

图 5-23　联邦 PSI 和 CSI 的计算流程

（1）计算 A 方和 B 方本地的 PSI。由于 A 方和 B 方都有部分特征数据，因此可以直接在本地完成自己拥有的特征的计算，得到每个特征的 $\text{PSI} = \sum_{i=1}^{n} (\text{Actual}_i\% - \text{Expected}_i\%) \ln\left(\frac{\text{Actual}_i\%}{\text{Expected}_i\%}\right)$。

（2）计算 B 方拥有的模型分数的 PSI。以 SecureBoost 模型为例，由于模型训练过程在业务方（即本例中的 B 方）完成，而 A 方无须知道具体的模型分数，因此 B 方可以在本地完成模型分数的 PSI 的计算。

（3）共享信息。由于 A 方和 B 方计算出来的 PSI 不存在隐私泄露的问题，可以通过明文的信息交互生成全量特征的 PSI，以及输出模型分数的 PSI，用于对模型稳定性的监控。

同时，在联邦 PSI 的计算过程中也要考虑业务层面的参数优化。例如，多个参与方需要协调 PSI 监控的评估粒度，通常采用按月监控，对于共同参与建模的数据集，也可以采用不同的分群方法，如对按照不同用户群或者特征划分出来的特殊群体分别进行监控。

5.3.4 联邦 KS 和 LIFT 计算

在完成 PSI 和 CSI 的计算后，还需要评估变量的 KS 和 LIFT，得到自变量分箱后对因变量是否有区分性。从直观的表现来看，就是自变量的正/负样本分布是否存在明显差异，如果差异较大，就认为自变量能够较好地划分正/负样本。KS 和 LIFT 就是用于量化这种区分程度的指标。

KS（Kolmogorov-Smirnov）这个名字来自苏联的两名数学家 A.N. Kolmogorov 和 N.V. Smirnov，是通过经验累积分布函数构建的，KS 曲线的直观效果如图 5-24 所示。

从图 5-24 中可以看到，通过比较每个评分区间的累计正/负样本占比差异，选择差异最大的值作为 KS，即可量化模型的区分效果。同时，对于每一个变量来说，在经过分箱之后各箱中样本的正/负标签累计占比也可以作为评价变量区分能力的指标。KS 的计算公式为

$$KS = \max\{|cum(Bad\%) - cum(Good\%)|\} \qquad (5\text{-}15)$$

式中，Bad% 和 Good% 分别为每个分箱区间（或分数区间）里面的负样本和正样本占比。

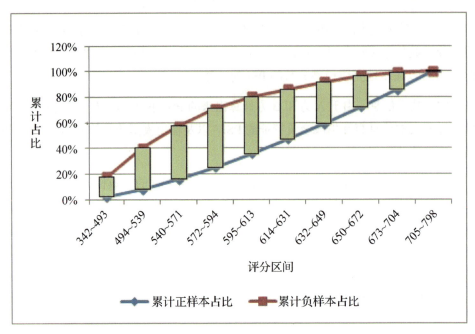

图 5-24 KS 曲线的直观效果

在传统特征工程中，KS 的计算大致可以总结为以下三步。

（1）计算变量分箱。按照等频、等距或者其他方法对变量进行分箱处理，在实际使用中等频分箱应用得较多。

（2）计算分箱区间正/负样本指标。在得到分箱结果后，对每个分箱区间内的正样本和负样本数进行统计，之后计算累计正样本占比 cum(Good%) 和累计负样本占比 cum(Bad%)。

（3）计算 KS。计算每个分箱内累计正样本占比和累积负样本占比之差的绝对值，画出 KS 曲线，从中取得绝对值的最大值，即该变量的 KS。

LIFT（提升度）同样可以衡量模型对负样本的预测能力。根据量化的指标，

若 LIFT 大于 1，则认为模型输出的表现优于随机选择。LIFT 的计算公式为

$$\text{LIFT} = \text{cum}(\text{Bad}\%_w) / \text{cum}(\text{All}\%_w) \tag{5-16}$$

式中，$\text{cum}(\text{Bad}\%_w)$ 为模型分数最低（worst）的一组样本中的累计负样本占比；$\text{cum}(\text{All}\%_w)$ 代表模型分数最低的一组样本中的累计总样本占比。

在传统单变量分析中，LIFT 的计算流程可以总结为以下两步。

（1）计算模型的最终分数并排序。在模型运行完成后，对最终分数按照从低到高的顺序排列，并等频率划分为 10 组。

（2）选择最低分数组计算 LIFT。计算最低分数组中的累计负样本占比和累计总样本占比，根据 $\text{LIFT} = \text{cum}(\text{Bad}\%_w) / \text{cum}(\text{All}\%_w)$ 算出 LIFT。

在联邦学习的语境中，在对单变量计算 KS 和 LIFT 的时候需要知道标签信息。如前述的 WOE 和 IV 计算，由于只有 B 方拥有标签，因此仍需通过加密交互的方式完成这两个数值的计算。在联邦建模中，KS 和 LIFT 计算同样可以总结为三步，如图 5-25 所示。

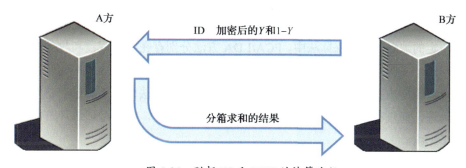

图 5-25　联邦 KS 和 LIFT 的计算流程

（1）B 方加密计算。B 方在建模时同时拥有特征 X 和标签 Y，因此需要向 A 方提供标签 Y 的加密值。对每一个样本 ID，B 方采用 Paillier 同态加密方法加密 y_i 和 $1-y_i$，得到 $[\![y_i]\!]$ 和 $[\![1-y_i]\!]$，连同明文 ID 一起传输给 A 方。

（2）A 方分箱及密文求和。A 方在接收到 B 方的 ID 和密文标签值后，按照本地处理好的特征分箱方法，对每个分箱中的 ID 对应的密文标签值进行加法同态求和，得到每个分箱中的 $[\![\sum y_i]\!] = \sum[\![y_i]\!]$ 以及 $[\![\sum(1-y_i)]\!] = \sum[\![1-y_i]\!]$，再连同每

个 ID 对应的分箱回传给 B 方。

（3）B 方本地计算。在得到 A 方分箱求和的结果后，B 方进行解密，得到 $\sum y_i$ 和 $\sum (1-y_i)$。$\sum y_i$ 和 $\sum (1-y_i)$ 分别代表第 i 个分箱的正样本总数 $Good_i$ 和负样本总数 Bad_i。B 方只需要在本地计算每个分箱中的 $Good_T$ 和 Bad_T，即可依次计算每个分箱的 cum(Bad%) 和 cum(Good%)，根据 KS = max $\{|cum(Bad\%) - cum(Good\%)|\}$ 计算出 KS，同时选出表现最差的分箱，计算 LIFT = cum(Bad$\%_w$) / cum(All$\%_w$)。

以 SecureBoost 模型为例，如果需要计算模型输出的模型分数（Model Score）的 KS 和 LIFT，由于 B 方在完成模型训练并得到模型分数之后无须将其同步给 A 方，因此就只需要 B 方本地计算出模型分数对应的 KS 和 LIFT，同步结果即可。对于联邦模型的监控来说，KS 和 LIFT 能够反映模型的分类效果，同样也需要定时查验，当出现较大幅度下降时要及时调整数据源和模型策略的应用。

5.4 联邦自动特征工程

联邦特征选择大多采用传统算法和神经网络的嵌入，在对特征的智能优选上存在一定的缺陷。在传统算法中，PCA/LDA 方法分别存在线性假设和收敛难度较大的问题，多种不同的搜索方法又局限于规则的设计和目标函数的构建，往往无法在全局范围内找到最合理的降维结果。同时，这些方法聚焦于对已有特征进行提前筛选，而没有过多考虑建模流程中对超参数的调优，对模型训练环节的效果产生了影响。

自动机器学习（AutoML）的出现在一定程度上弥补了上述流程的缺陷。模型采用算法对自身参数和优化方法进行组合优选，可以高效地实现最优参数组合的搜索，实现无须人工经验的自动调参效果。在联邦学习的语境中，特征选择和自动机器学习相较于传统流程来说，增加了在多方交互下的联合自动调优过程，因此需要采用特殊的方法进行实现。

5.4.1 联邦超参数优化

超参数优化（Hyper Parameter Optimization）是自动机器学习中最基础的组成部分。在机器学习建模过程中，影响模型效果的参数大致可以分为两类，一类是模型通过学习数据中的模式进行迭代更新，估计模型自身的结构参数，另一类是模型无法从数据中进行直接学习，需要根据经验来人为确定的参数，这部分参数被称为超参数。神经网络中的学习率、支持向量机中的惩罚因子，以及 LDA 中的 alpha 和 beta，都是对应模型的超参数。

以自动机器学习的思路对超参数调优，可以采用黑盒优化（Black Box Function Optimization）的方法来完成。黑盒优化指的是不去考虑具体采用什么模型，而将模型当成一个黑盒，在调整超参数并得到模型结果后，利用结果对超参数的选择进行优化的过程。常见的黑盒优化方法包含网格搜索（Grid Search）、随机搜索（Random Search）和贝叶斯优化（Bayesian Optimization）三种，下面将分别进行介绍。

网格搜索和随机搜索是两种相似的黑盒优化方法[98]，如图 5-26 所示。网格搜索是最简单的自动机器学习方法，核心思想是遍历给定的参数组合，得到最优的模型效果离散点用于参数组合，那么就会得到 $10^3=1000$ 种组合。比如，有参数 A、参数 B 和参数 C，每个参数按照一定的准则（比如等距）选择 10 种组合，只需要遍历这些组合就能够得到其中表现最好的一种。但是正如例子中出现的问题，仅仅 3 个参数加每个参数 10 个离散点就会产生 1000 种组合，随着参数和离散点数量的增加，网格搜索的空间很容易产生维数灾难，导致自动超参数组合的实际效率变得极低，因此在实际生产中的应用效率较低。不过由于每个组合的模型训练互不影响，网格搜索的并行性较好，在参数和离散点数量较少的情况下可以参考并行使用。

随机搜索对网格搜索维数灾难的问题进行了改进，主要区别是不再采用固定的离散点及组合的形式，而是采用采样的方式来实现参数的选取。如果参数的搜索范围是一个分布，那么随机搜索会按照指定分布随机采样；如果参数的搜索范围是一个列表，那么随机搜索会等概率采样。随机搜索在对全部分布或者列表型的参数采样 n 组后，对这 n 组参数进行遍历，计算模型效果并对比选择最优的参数组合。

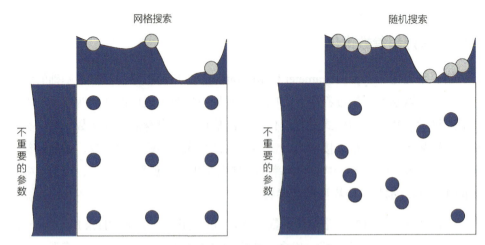

图 5-26 网格搜索和随机搜索

那么为什么网格搜索要比随机搜索快呢？可以通过图 5-26 重新认识这两种方法的区别。在网格搜索中，不重要的参数和重要的参数在选取过程中会以相同的权重取等距点，这就会导致虽然在两部分参数中都选择了 3 个值，在理论上会得到 9 种组合，但是实际起作用的只有重要特征中的 3 个值的变化，因此相当于只搜索到了 3 种组合。而在随机搜索中，由于不重要和重要特征的搜索都随机，则一定会产生 9 种不同的组合，使得搜索速度的提升较快。

贝叶斯优化是目前黑盒优化应用的主流。贝叶斯优化的定义如下。

定义 5-10 贝叶斯优化是从几个初始数据开始，建一个输入超参数为 x，输出网络效果为 y 的概率模型，通常选用高斯过程（Gaussian Process），根据这个模型找到一个可能最好的超参数组合，并不断测试和迭代的优化过程。

与网格搜索和随机搜索相比，贝叶斯优化具有更高的效率，能够利用很少的步数来实现较好的超参数组合。同时，由于在贝叶斯优化中不涉及求导等计算复杂性较高的操作，因此同样具备较好的泛用性。

贝叶斯优化的过程如图 5-27 所示，假设超参数间符合联合高斯分布，我们就可以对现有的几个观测值做高斯过程回归，计算回归后各个点的后验概率分布，得到每一个超参数的期望和方差。从图 5-27 中可以看出，在已知 5 个观测点的情况下，高斯回归得到的曲线中段方差较大，同时存在两个均值的高峰。那么在这些信息下,如何选择下一个观测点取决于模型当前的训练状态。如果模型的训练效率较低,就意味着在训练周期中的探索数量不会太多,因此在训练中后期应当更多地加入回归曲线中均值较大的点;反之,则可以更多地选择方差较大的点来提高发现全局最优点的概率,以及提升高斯回归潜在的准确性。

在贝叶斯优化中,设计了一种收获函数(Acquisition Function)来权衡对均值和方差较大的点的选择。选择均值较大的点可以认为是对现有回归信息的一种利用(Exploitation),而选择方差较大的点则是一种新的探索(Exploration)过程。最简单的收获函数的值等于均值加上 n 倍方差, n 不一定是正整数;复杂一些的形式包括期望提升(Expected Improvement)和熵值搜索(Entropy Search)等。在每一次高斯回归完成后,利用收获函数即可得到推荐使用的下次模型运行的超参数值。

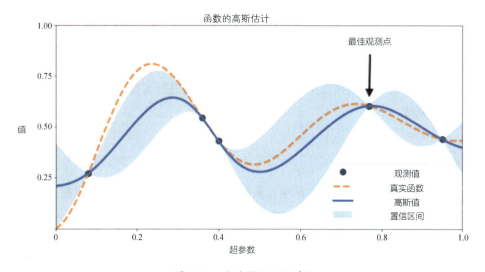

图 5-27 贝叶斯优化的过程

在联邦学习中,网格搜索和随机搜索的成本都非常巨大,在实际使用中无法满足工业界对时效的需求,因此仅存在理论上的联邦学习应用价值。相对于前两者来说,贝叶斯优化则具备更高的实用性,特别是在无法有效地进行手动调参或者建模方调参经验较少的情况下,联邦贝叶斯优化能够起到很好的辅助作用。

可供参考的联邦贝叶斯优化流程如下，以 SecureBoost 模型为例。

（1）初始化参数并训练模型。业务方 B 选择 SecureBoost 模型的初始化 K 组参数，与数据方 A 的数据联合进行模型训练，得到 K 组模型。

（2）高斯回归及收获函数应用。对 K 组模型的结果采用高斯回归，得到新的参数组合对应的回归均值和方差，利用预先设计的收获函数进行下一轮训练的最优参数选取和训练。

（3）迭代直到满足业务要求。迭代步骤（2）的回归及训练过程，直到模型提升的效果变化幅度不大，或者已经满足业务需求，则停止进行超参数优化。

其中的收获函数可以根据不同的联邦学习场景而产生变化。例如，如果注重方差的权重，即认为探索更重要，就可以将收获函数设计成均值和十倍方差之和。反之，如果重要程度相同，就直接设计为均值和方差的加和即可。收获函数反映了训练时超参数优化的偏好，可认为主导模型调参过程的走向。

在联邦学习中，由于业务方和数据方之间的交互成本较大，传统的贝叶斯优化尽管存在理论上的应用空间，却仍然受限于实际建模过程中的通信和算力，因此在目前开源的联邦建模框架中尚未使用这一方法进行调参，而是采用人工的业务经验来完成。

5.4.2 联邦超频优化

在上述基本超参数优化方法中，贝叶斯优化是最实用的形式，但在工程落地中仍然存在一些问题。贝叶斯优化假设了参数满足维度较低、平滑、无噪声且位于凸集中，但实际数据很难完全满足，尽管存在一些启发式的提升方法，但是无法回避在应用时的并行化难题。

为了解决这些问题，诞生了超频（Hyperband）算法。与随机搜索和网格搜索的穷举法内核，以及贝叶斯优化内在的空间假设相比，基于博弈的超频算法更好地抓住了优化的内核，并从多个维度考虑了与模型训练直接相关的时间和计算资源等因素。

超频算法诞生于连续切分（Successive Halving）算法，即假设存在 N 组超参数组合，在预算有限的情况下，将算力及资源均匀分配给每一个组合并验证效果，从结果中淘汰一半的组合，重复迭代直到找到最优组合用于训练模型[99]。与连续切分算法的思路相同，超频算法的详细流程见算法 5-1。

算法 5-1： 超频算法用于超参数优化

输入：R；η（默认等于 3）

初始化：$s_{\max} = \log_\eta(R)$，$B = (s_{\max} + 1)R$

1：对于每个属于 $\{s_{\max}, s_{\max}-1, \cdots, 0\}$ 的 $s_{\max}$，执行：

2：$n = \dfrac{B}{R}\dfrac{\eta^s}{(s+1)}$，$r = R\eta^{-s}$　//此处开始基于 (n,r) 的随机切分

3：$T = \text{get\_hyperparameter\_configuration}(n)$

4：对于每个属于 $\{0,1,\cdots,s\}$ 的 i，执行：

5：$n_i = n\eta^{-i}$

6：$r_i = r\eta^i$

7：$L = \{\text{run\_then\_return\_val\_loss}(t, r_i) : t \in T\}$

8：$T = \text{top\_k}(T, L, n_i/\eta)$

9：结束

10：结束

11：返回到目前为止损失最小的超参数组合

算法 5-1 中的 η 为一个预先设计的淘汰比例参数；R 为单个超参数组合能够分配的预算上限；r 为实际分配给单个超参数组合的预算；$s_{\max}$ 为总预算大小的控制量；B 为总的预算大小。其中，T 为采样得到的 n 组超参数组合；L 为在参数设置 t 和预算 r_i 下得到的验证损失值；$\text{top\_k}(T, L, n_i/\eta)$ 则是选择了 k 个特征，$k = n_i/\eta$。

超频算法可以被认为是连续切分算法的强化版,在其基础上增加了对切分参数和预算的优选。但细心的读者可能会发现,这个方法同样存在一部分超参数需要手动调整,这就给全自动的超参数优化流程蒙上了一层阴影。因此,在超频算法的基础上,有学者提出了结合贝叶斯优化的超频算法(Bayesian Optimization Hyperband, BOHB),即采用贝叶斯优化对超频算法中的超参数进一步进行调优。结合贝叶斯优化的超频算法在应用上比单纯的超频算法拥有更低的 Regret,即模型的效果更好,同时在训练时间相同的情况下能够更快地收敛,因此可以作为超频算法的一种进阶结构进行应用。

在联邦学习中,如果使用结合贝叶斯优化的超频算法或者超频算法,大体上和贝叶斯优化遵从的框架一致,也就是把超参数优化的方法结合到模型训练的结果中进行优化。与贝叶斯优化对空间的假设相比,不论是超频算法还是结合贝叶斯优化的超频算法,从理论上都能够得到更好的表现,因为在互联网金融的建模场景中,多种数据来源的空间连续性等特点都无法得到完全保障,此时基于博弈的优化方法要在一定程度上优于基于空间拟合的方法。

5.4.3 联邦神经结构搜索

神经结构搜索(Neural Architecture Search, NAS)是由谷歌提出的一种自动机器学习系统,主要为了解决随着深度学习复杂程度的增加,神经网络架构变得更加难以设计的问题。

在联邦学习场景中,如果存在自动化模型结构设计的部分,比如联邦神经网络建模,那么各个参与方之间独立的网络与顶层的融合网络都有着复杂的结构可能性,因此在隐层结构搜索的角度可以尝试采用神经结构搜索解决复杂网络难以设计的问题。

神经结构搜索从结构上包括三个部分,分别为搜索空间(Search Space)、搜索策略(Search Strategy)和性能评估策略(Performance Estimation Strategy),这三者之间的关系如图 5-28 所示,其中 A 表示所有可能的结构 α 中的一种。

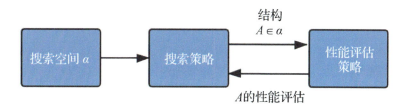

图 5-28 神经结构搜索（NAS）的主要结构及关系

搜索空间指的是全部可用的超参数组合空间。搜索策略指的是在某种方法中得到的超参数组合，通过性能评估策略进行评估。最终，综合搜索策略和性能评估策略得到最优的超参数组合。

这种范式可以引申出几种可能的神经结构搜索结构，即通过随机搜索、强化学习、演化算法和梯度下降等形式来完成。前面已经讲解了随机搜索及引申出来的贝叶斯优化和超频算法，在实际称呼中也较少将这类方法归结为神经结构搜索。最早出现的神经结构搜索是通过强化学习来完成的，即利用探索和奖励机制得到了一个循环神经网络（Recurrent Neural Network，RNN），后续也出现了 MetaQNN 等相似模型。

在联邦学习中，应用神经结构搜索的成本无疑是非常高的，甚至远远高于前述的贝叶斯优化和超频算法，因为神经结构搜索的核心思想是基于某种策略的搜索，结合进业务方和数据方之间复杂的通信过程和资源消耗，任何形式的搜索过程都是十分奢侈的。因此，本节提出这种方法，但不再展开描述，仅供算法层面的参考。

第 6 章
纵向联邦学习

6.1 基本假设及定义

定义 6-1 纵向联邦学习（也被称为垂直联邦学习）限定各个联邦成员提供的数据集样本有足够大的交集、特征具有互补性，模型参数分别存放于对应的联邦成员内，并通过联邦梯度下降等技术进行优化。

纵向联邦学习适用于各个参与方有大量的重叠样本，但其特征空间不同，如图 6-1 所示。这种形式使得联邦模型能够从不同视角（特征维度）观测同一个样本，进而提升推理准确性。在现实中，企业间的合作是十分常见的。由于企业的数据安全管理和对用户隐私的保护，企业无法暴露数据进行合作，这时传统的机器学习无法有效地解决这个问题，而纵向联邦学习正是解决这些问题的关键。如图 6-1 所示，矩阵的行代表用户样本，矩阵的列代表特征，同时某一方还必须拥有标签。两方的用户重叠得较多，而特征重叠得较少。各个参与方在重叠的用户样本上利用各自的特征空间进行协作，得到一个更好的机器学习模型。

在纵向联邦学习的场景中，很多机器学习模型被应用并取得了较好的效果。我们将会分别介绍常用的机器学习模型，如联邦逻辑回归、联邦随机森林、联邦梯度提升树。

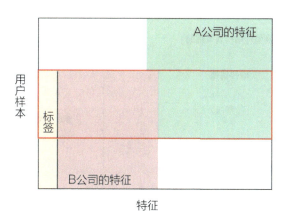

图 6-1 纵向联邦学习的样本分布

6.2 纵向联邦学习的架构

在纵向联邦学习中,存在一些基本假设和定义。在数据安全和隐私保护方面,首先,假设各个参与方都是独立的、诚实的、可信的,都能够遵守安全协议。其次,假设各个参与方之间的通信过程是安全可靠的,不会泄露数据隐私,并且能够抵抗外部的攻击。最后,在联邦逻辑回归中引入了半诚实的第三方协作者(Arbiter),它可以由安全的计算节点或者权威机构(如政府)担任[100]。

定义 6-2 半诚实的第三方协作者,独立于各个参与方,仅收集训练过程中的中间加密结果,计算最优梯度,并将结果转发给各个参与方。

在两方合作建模的场景中,假设一方提供标签信息,我们称之为参与方 A,另一方仅提供数据,我们称之为参与方 B。其总体架构可以分为四个部分[101]:加密样本对齐、联邦特征工程、加密模型训练、模型评估和效果激励,如图 6-2 所示。

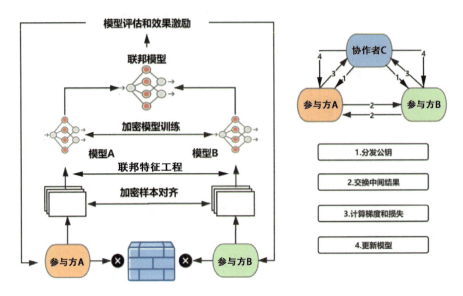

图 6-2　纵向联邦学习的架构

第一个部分：加密样本对齐

实现了在不泄露各自数据的前提下，参与方只能获得交集部分的样本，而不会获得或泄露非交集部分的样本[102,103]。

第二个部分：联邦特征工程

实现了在保护数据隐私、不泄露 A 方标签的基础上，完成传统的特征工程。

第三个部分：加密模型训练

在完成样本对齐，确定各个参与方的共同样本后，各个参与方通过这些共同样本联合训练一个机器学习的模型。在某些场景中，需要添加协作者 C 来协助训练。训练过程可分为以下四个步骤：

步骤一：协作者 C 在加密系统中创建密钥对，并且将公钥同步给参与方 A 和参与方 B。

步骤二：参与方 A 和参与方 B 分别使用自己本身的数据进行模型训练，在训练的过程中，对中间结果进行加密和交互。其中间结果主要用于计算梯度和损失值。

步骤三：参与方 A 和参与方 B 分别将自己本身的梯度通过从协作者 C 中获取的公钥进行加密，并且附加掩码。其中，参与方 B 会计算加密的损失。参与方 A 和参与方 B 将结果发送给协作者 C。

步骤四：协作者 C 获取参与方 A 和参与方 B 的结果后，因为自己拥有密钥对，可以对其加密结果进行解密，在解密后，将结果分别发送给参与方 A 和参与方 B。参与方 A 和参与方 B 在获取结果后，通过清除步骤三中添加的附加掩码，即可获取真实的梯度信息，并且根据梯度进行模型参数更新，得到一轮迭代结果。

不断执行上述步骤，直到损失函数收敛，训练结束。

第四个部分：模型评估和效果激励

为了在不同组织之间实现联邦学习的商业化应用，需要建立一个公平的平台和激励机制。在模型建成后，其性能将在实际应用中得到体现，并且记录在永久数据记录机制（例如，区块链）中。模型的性能取决于对系统的数据贡献，训练好的模型将所获得的收益分配给联合机制的各个参与方，激励更多用户加入联合机制。

6.3 联邦逻辑回归

在机器学习领域中，逻辑回归（Logistic Regression）是最基础的也是最常用的模型之一，虽然名称为"回归"，但在实际的应用中被用作分类。逻辑回归因其模型简单、可解释性较强、可并行化、计算代价不高等优点，深受学术界和工业界的喜爱，并且有着十分广泛的应用。例如，在医学界，逻辑回归被广泛地应用于当代的流行病学诊断，比如探索某个疾病的危险因素，根据危险因素预测疾病发生的概率。以胃癌为例，可以选择两组人群，一组是胃癌患者，另一组是非胃癌患者。因变量是"是否胃癌"，"是"与"否"就是我们要研究的两个分类的类别；自变量是两组人群的年龄、性别、饮食习惯等（可以根据经验假设），可以是连续的，也可以是分类的。在金融界，逻辑回归被用于在放贷时预测申请人是否会违约。在消费行业中，逻辑回归被用于预测某个消费者是否会购买某件商品、是否会购买会员卡等，从而可以有针对性地对购买概率较大的用户发放广告、代金券等，以达到精准营销的目的。

逻辑回归作为一种经典的分类方法，与线性回归（Linear Regression）都是广义的线性模型（Generalized Linear Model），两者之间有着紧密的联系。逻辑回归是以线性回归为理论支持的，但通过 Sigmoid 函数引入了非线性因素，可以轻松地处理 0 或 1 的分类问题。将线性回归中的 y 值代入非线性变换的 Sigmoid 函数，可得到式（6-1）。

$$h_\theta(x) = \frac{1}{1+e^{-\theta x}} \tag{6-1}$$

Sigmoid 函数最初被用作研究人口增长的模型，是一个 "S" 形的曲线，起初的增长速度近似于指数函数，后期的增长速度变慢并最终接近平稳，其取值在 0～1，函数图像如图 6-3 所示。在实际使用中，我们会对所有输出结果进行排序，然后结合业务实际决定出阈值。假如阈值为 0.5，我们就可以判定大于 0.5 的输出类别为 1，而小于 0.5 的输出类别为 0。因此，二元逻辑回归是一种概率类模型，是通过排序和与阈值比较进行分类的。

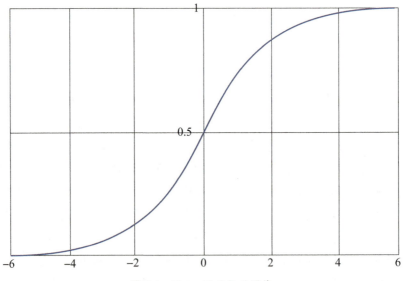

图 6-3　Sigmoid 函数的图像

在二分类中,若 $y \in \{0,1\}$,则逻辑回归模型是如下的条件概率分布,如式(6-2)和式(6-3)

$$P(y=1|\boldsymbol{x},\boldsymbol{\theta}) = h_{\boldsymbol{\theta}}(\boldsymbol{x}) = \frac{1}{1+e^{-x\theta}} \tag{6-2}$$

$$P(y=0|\boldsymbol{x},\boldsymbol{\theta}) = 1 - h_{\boldsymbol{\theta}}(\boldsymbol{x}) = \frac{e^{-x\theta}}{1+e^{-x\theta}} \tag{6-3}$$

式中,$\boldsymbol{x}$ 为输入变量,$y \in \{0,1\}$ 是输出值。

通过以上假设得到了 y 取值为 0 和 1 的概率,将式(6-2)和式(6-3)合并,可得式(6-4),即

$$P(y|\boldsymbol{x},\boldsymbol{\theta}) = h_{\boldsymbol{\theta}}(\boldsymbol{x})^{y}\left(1 - h_{\boldsymbol{\theta}}(\boldsymbol{x})\right)^{1-y} \tag{6-4}$$

式(6-4)使用极大似然估计来根据给定的训练集估计出参数,将 n 个训练样本的概率相乘得到式(6-5),即

$$L(\boldsymbol{\theta}) = \prod_{i=1}^{n} P(y^{(i)}|\boldsymbol{x}^{(i)},\boldsymbol{\theta}) = \prod_{i=1}^{n} h_{\boldsymbol{\theta}}(\boldsymbol{x}^{(i)},\boldsymbol{\theta})^{y^{(i)}}(1-h_{\boldsymbol{\theta}}(\boldsymbol{x}^{(i)}))^{1-y^{(i)}} \tag{6-5}$$

似然函数是相乘的模型,为了便于下面的求解,我们可以变换等式右侧为相加,然后变换可得式(6-6),即

$$l(\boldsymbol{\theta}) = \lg(L(\boldsymbol{\theta})) = \sum_{i=1}^{n} y^{(i)} \lg\left(h_{\boldsymbol{\theta}}\left(\boldsymbol{x}^{(i)};\boldsymbol{\theta}\right)\right) + \left(1-y^{(i)}\right)\lg\left(1-h_{\boldsymbol{\theta}}\left(\boldsymbol{x}^{(i)}\right)\right) \tag{6-6}$$

这样,我们就推导出了参数的最大似然估计。我们的目的是将所得的似然函数最大化,而将损失函数最小化,因此我们需要在式(6-6)前加一个负号,便可得到最终的损失函数公式,即式(6-7)、式(6-8)。

$$J(\boldsymbol{\theta}) = -l(\boldsymbol{\theta}) = -\left(\sum_{i=1}^{n} y^{(i)} \lg\left(h_{\boldsymbol{\theta}}\left(\boldsymbol{x}^{(i)};\boldsymbol{\theta}\right)\right) + \left(1-y^{(i)}\right)\lg\left(1-h_{\boldsymbol{\theta}}\left(\boldsymbol{x}^{(i)};\boldsymbol{\theta}\right)\right)\right) \tag{6-7}$$

$$J\left(h_{\boldsymbol{\theta}}(\boldsymbol{x};\boldsymbol{\theta}),y;\boldsymbol{\theta}\right) = -y\lg\left(h_{\boldsymbol{\theta}}(\boldsymbol{x};\boldsymbol{\theta})\right) - (1-y)\lg\left(1-h_{\boldsymbol{\theta}}(\boldsymbol{x};\boldsymbol{\theta})\right) \tag{6-8}$$

其损失函数等价于式(6-9),即

$$J\left(h_{\boldsymbol{\theta}}(\boldsymbol{x};\boldsymbol{\theta}),y;\boldsymbol{\theta}\right) = \begin{cases} -\lg\left(h_{\boldsymbol{\theta}}(\boldsymbol{x};\boldsymbol{\theta})\right), & \text{if } y=1 \\ -\lg\left(1-h_{\boldsymbol{\theta}}(\boldsymbol{x};\boldsymbol{\theta})\right), & \text{if } y=0 \end{cases} \tag{6-9}$$

定义 6-3 联邦逻辑回归是在纵向联邦学习背景下的逻辑回归,其与通常的逻辑回归的算法在原理上虽然是一致的,但是在实际应用中由于特殊的问题背景

存在着显著的差异。

假设因数据安全与用户隐私等原因，A 方和 B 方的数据无法直接进行交互，但是它们想通过合作使用双方的数据来建模，以达到提升业务效果的目的。这时，我们可以用联邦逻辑回归来协同地训练一个机器学习模型。假设 A 方和 B 方都是诚实的，我们引入了安全的第三方协作者 C，独立于 A 方和 B 方。

在联邦逻辑回归中，因后面的计算需要，标签的取值转化为 $y \in \{-1,1\}$。

将数据划分为训练集和验证集，在训练集 S 上计算出的损失为

$$l_S(\boldsymbol{\theta}) = \frac{1}{n}\sum_{i \in S}\lg\left(1+\mathrm{e}^{-y_i\boldsymbol{\theta}^{\mathrm{T}}\boldsymbol{x}_i}\right) \tag{6-10}$$

若取小批量的数据集 $S' \subset S$，则其随机梯度为

$$\nabla l_{S'}(\boldsymbol{\theta}) = \frac{1}{S'}\sum_{i \in S'}\left(\frac{1}{1+\mathrm{e}^{-y_i\boldsymbol{\theta}^{\mathrm{T}}\boldsymbol{x}_i}}-1\right)y_i\boldsymbol{x}_i \tag{6-11}$$

为了使用加法同态加密，在 $z \leftarrow 0$ 时需要将 $\lg(1+\mathrm{e}^{-z})$ 使用泰勒式展开，得到式（6-12），此处需要用到贝努里数。

$$\lg(1+\mathrm{e}^{-z}) = \lg 2 - \frac{1}{2}z + \frac{1}{8}z^2 - \frac{1}{192}z^4 + O(z^6) \tag{6-12}$$

因为标签为 $y \in \{-1,1\}$，所以 $y_i^2 = 1$。

泰勒展开式的阶数可以自定义，但是最终选定展开到二阶，即式（6-13），其图像如图 6-4 所示。关于为什么选取二阶，而不选取其他阶数，原因有以下几个。

$$\lg(1+\mathrm{e}^{-z}) = \lg 2 - \frac{1}{2}z + \frac{1}{8}z^2 \tag{6-13}$$

（1）三阶泰勒展开式的结果与二阶泰勒展开式的结果一致，因此不选取三阶泰勒展开式。

（2）若泰勒展开式取四阶或者五阶，则其公式为

$$\lg(1+\mathrm{e}^{-z}) = \lg 2 - \frac{1}{2}z + \frac{1}{8}z^2 - \frac{1}{192}z^4 \tag{6-14}$$

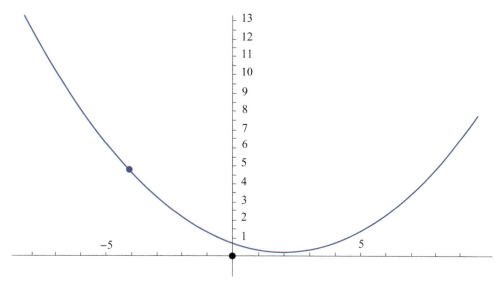

图 6-4 二阶泰勒展开式的函数图像

其函数图像如图 6-5 所示。由图像可知,无论 z 的取值为多少,始终无法取到最小值,因此不采用四阶或者五阶泰勒展开式。

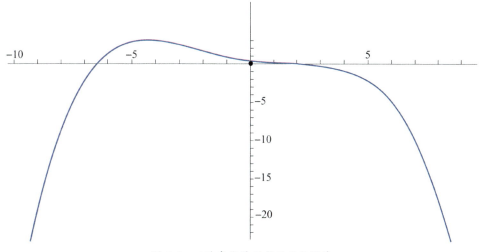

图 6-5 四阶泰勒展开式的函数图像

(3)六阶泰勒展开式在同态加密中的计算开销量很大,并且在经过试验后对模型效果提升不显著,因此采用二阶泰勒展开式。

由式（6-11）可得，在小批量的数据集下，梯度为

$$\nabla l_{S'}(\boldsymbol{\theta}) \approx \frac{1}{S'}\sum_{i \in S'}\left(\frac{1}{4}\boldsymbol{\theta}^{\mathrm{T}}\boldsymbol{x}_i - \frac{1}{2}y_i\right)\boldsymbol{x}_i \tag{6-15}$$

为了数据安全和保护用户隐私，需要添加加密的掩码$[\![m]\!]$，将式（6-15）的每一项乘上$[\![m]\!]$，即

$$[\![\nabla l_{S'}(\boldsymbol{\theta})]\!] \approx \frac{1}{S'}\sum_{i \in S'}[\![m_i]\!]\left(\frac{1}{4}\boldsymbol{\theta}^{\mathrm{T}}\boldsymbol{x}_i - \frac{1}{2}y_i\right)\boldsymbol{x}_i \tag{6-16}$$

H为验证集的数据，h是H的大小，即

$$[\![l_H(\boldsymbol{\theta})]\!] \approx [\![v]\!] - \frac{1}{2}\boldsymbol{\theta}^{\mathrm{T}}[\![\boldsymbol{u}]\!] + \frac{1}{8h}\sum_{i \in H}[\![m_i]\!]\left(\boldsymbol{\theta}^{\mathrm{T}}\boldsymbol{x}_i\right)^2 \tag{6-17}$$

式中，$[\![v]\!]$和$[\![\boldsymbol{u}]\!]$分别为

$$[\![v]\!] = ((\lg 2)/h)\sum_{i \in H}[\![m_i]\!] \tag{6-18}$$

$$[\![\boldsymbol{u}]\!] = (1/h)\sum_{i \in H}[\![m_i]\!]y_i\boldsymbol{x}_i \tag{6-19}$$

$[\![v]\!]$为常数项，与损失最小化无关，其默认设置为0。

假设有两家企业 A 方和 B 方，B 方只拥有自己的数据，作为数据提供方；A 方不仅拥有自己的数据，还拥有数据的标签（label），作为业务方。A 方和 B 方已经完成样本对齐，在对齐后，A 方的数据集为 X_A，B 方的数据集为 X_B，则整体数据 $X=[X_\mathrm{A}|X_\mathrm{B}]$，数据 X 不属于任何一方，而由 A 方和 B 方共同组成。

A 方和 B 方分别拥有模型参数 $\boldsymbol{\theta}_\mathrm{A}^{\mathrm{T}}$ 和 $\boldsymbol{\theta}_\mathrm{B}^{\mathrm{T}}$，可以推出

$$\boldsymbol{\theta}^{\mathrm{T}}X = \boldsymbol{\theta}_\mathrm{A}^{\mathrm{T}}X_\mathrm{A} + \boldsymbol{\theta}_\mathrm{B}^{\mathrm{T}}X_\mathrm{B} \tag{6-20}$$

在联邦逻辑回归中，对数据划分采用留出法（hold-out），即将数据集 D 划分为两个互斥的集合，其中一个集合作为训练集 S，另外一个集合作为测试集 H，即 $D=S \cup H$，$S \cap H=\varnothing$。在训练集 S 上训练出模型后，用测试集 H 来评估其测试误差，作为对泛化误差的评估。

联邦逻辑回归的训练步骤大致分为三步，即安全梯度初始化、安全梯度下降和安全损失计算判断早停。

步骤一：安全梯度初始化。

协作者 C 通过加密系统产生公钥和私钥，并把公钥和用公钥加密后的掩码 $[\![m]\!]$ 发送给 A 方和 B 方。

在测试集 H 上，初始化计算出中间结果 $[\![u']\!]$，用于步骤三的用安全损失计算判断早停。

步骤二：安全梯度下降。

假设 x_i 为数据 X 的第 i 行数据，根据式（6-20）可得式（6-21），即

$$[\![w]\!] = \left[\!\left[m_i \left(\frac{1}{4} \boldsymbol{\theta}^\mathrm{T} \boldsymbol{x}_i - \frac{1}{2} y_i \right) \right]\!\right] \quad (6\text{-}21)$$

对于 B 方，可得

$$[\![z]\!] = X_{BS'} [\![w]\!] = \left[\!\left[\sum_{i \in H} m_i X_{ij} \left(\frac{1}{4} \boldsymbol{\theta}^\mathrm{T} \boldsymbol{x}_i - \frac{1}{2} y_i \right) \right]\!\right]_j$$

同理，对于 A 方，可得 $[\![z']\!]$。根据式（6-16），将 $[\![z']\!]$ 和 $[\![z]\!]$ 结合可以求出 $[\![\nabla l_{S'}(\boldsymbol{\theta})]\!]$。

在该算法的数据隐私与安全方面，仅模型的初始参数 $\boldsymbol{\theta}$ 和小批量的数据集 S' 是暴露的，并且 A 方和 B 方均可见。其他的信息均为加密之后的，并且 C 方只能获取 $[\![\nabla l_{S'}(\boldsymbol{\theta})]\!]$。

步骤三：用安全损失计算判断早停。

对于梯度下降这类迭代学习的算法，有一个不同于 L_1 和 L_2 的正则化方法，就是在验证误差达到最小值时停止训练，该方法称为早停法（Early Stopping）。图 6-6 展现了一个用批量梯度下降训练的复杂模型（高阶多项式回归模型）。经过一轮一轮的训练，模型不断地学习，训练集上的误差（如 RMSE）不断下降，同样其在测试集上的误差也随之下降。但是，在某一轮迭代后，测试集上的误差停止了下降并开始上升。这说明模型开始过度拟合训练数据。通过早停法，一旦验证误差达到最小值就立刻停止训练。这是一个非常简单而有效的正则化技巧。

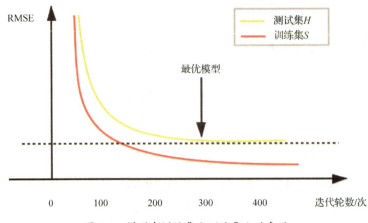

图 6-6 模型在训练集和测试集上的表现

在前面我们已经介绍了通过留出法将数据集划分为训练集 S 和测试集 H，通过算法在测试集 H 上计算出的损失判断是否停止迭代。

6.4 联邦随机森林

在 3.1.3 节机器学习算法示例中，我们了解了决策树（Decision Tree）的概念，决策树是一种基本的分类与回归的机器学习方法，若输出数据为离散值，则其为分类决策树，若输出数据为连续值，则其为回归决策树。随机森林是通过集成学习的思想将多棵决策树集成的一种算法[104]，利用拔靴法（Bootstrap）从原始样本中抽取多个样本，对每个 Bootstrap 样本进行决策树建模，然后联合多棵决策树进行预测，通过投票得出最终预测结果。它具有很高的预测准确率，对异常值和噪声具有很好的容忍度，且不容易出现过拟合，在医学、生物信息、管理学等领域有着广泛的应用。"随机"即采用随机的方式构建一个"森林"，"森林"由很多相互不关联的决策树组成。随机森林的构建步骤如下。

第一步：对于 N 个样本，有放回地随机抽取 N 个样本，并用来训练一棵决策树。

第二步：假设该样本具有 M 个特征，在决策树的每个节点分裂时，在 M 个特征中随机抽取 m 个，并采用某种策略（如最大信息增益）来选择一个特征为分裂特征。

第三步：决策树的每个节点都按照第二步进行，直到满足停止分裂的条件。

第四步：重复第一步到第三步建立很多棵决策树，即随机森林。

随机森林算法是一种很灵活实用的方法，它的优势很明显：在当前的所有算法中，具有极高的准确率；能够有效地运行在大数据集上；能够处理具有高维特征的输入样本，而且不需要降维；能够评估各个特征在分类问题上的重要性；在生成过程中，能够获取内部生成误差的一种无偏估计；对于缺省值问题也能够获得很好的结果。

定义 6-4 联邦随机森林是一种隐私保护的随机森林模型[96]。联邦随机森林允许不同参与方在具有相同样本但是不同的特征空间中进行联合训练，每个参与方仅在其本身客户端存储自己的数据，在训练的过程中无须交互原始数据。与传统的随机森林相比，其模型是无损的，即联邦随机森林可以达到非隐私保护方法的相同精度。

联邦随机森林算法主要分为三个部分：模型构建、模型存储、模型推理。

第一个部分：模型构建（算法 6-1 和算法 6-2）

在联邦随机森林算法中，所有客户端（client）都会参与每棵树的构建，并且树的结构存储在主（master）节点和拥有该特征的 client 上。

在构建树的过程中，需要经常检查是否满足预剪枝的条件，如果满足条件，那么 master 节点和 client 将会创建叶子节点。

步骤一：master 节点会随机从当前的所有数据中抽取 N 个样本和 M 个特征，并会告知每个 client 被挑选出的特征和样本 ID。举一个简单的例子，如果 master 节点选择了 10 个特征，client A 只拥有其中的 3 个特征，那么 client A 只能知道自己的 3 个特征被选中了，却不知道其他的特征信息。

步骤二：如果分裂未终止，那么所有的 client 都将处于待分裂的状态，并且通过比较信息增益来从当前的节点中选出最优的分裂节点。首先，每个 client 将会寻找当前局部最优的分裂节点，然后 master 节点收集到所有局部最优节点的信息，筛选出全局最优分裂节点。master 节点将会通知拥有该最优特征的 client，client 将会根据该特征进行分裂，并将分裂后划分到左右子树的 ID 发给 master 节点。

只有拥有该最优分裂特征的 client 才会保存本次分裂信息，包括阈值和分裂特征。

在建模过程中，在成功创建叶子节点后，父节点无须保存叶子节点的样本 ID，如果连接中断，那么很容易从断点（Break Point）中恢复。

算法 6-1： 联邦随机森林-client

输入：第 i 个 cilent 上的数据集 D_i，第 i 个 cilent 的特征 $F_i = \{f_A, f_B, f_C, \cdots\}$，加密后的标签 y

输出：第 i 个 cilent 上的部分模型

1：　开始构建树模型，执行

2：　　　第 i 个 cilent 将会收到被选取的特征 $F_i' \subset F_i$，数据集 $D_i' \subset D_i$

3：　　　第 i 个 cilent 通过信息 (D_i', F_i', y) 开始构建树

4：　　　　如果满足预剪枝的条件，就执行

5：　　　　　将当前节点置为叶子节点

6：　　　　　通过投票法等指定叶子节点的标签

7：　　　　　返回叶子节点

8：　　　初始化 $p \leftarrow -\infty$，f^* 为空

9：　　　如果 $F_i \neq \varnothing$，就执行

10：　　　　对于每个特征 $f \in F_i'$ 计算信息增益 p_i

11：　　　　通过比较最大信息增益 p_i，找出本地的最佳分裂特征 f^* 和分裂阈值

12：　　　　将加密之后的信息增益 p_i 发送给 master 节点

13：　　　　如果第 i 个 cilent 从 master 节点接收到分裂的信息，就执行

14：　　　　　将 is_selected 置为 True，在自己的某个特征下，对样本进行切分，将分裂后左子树和右子树的样本空间发送给 master 节点

15：　　　　如果第 i 个 cilent 未从 master 节点接收到分裂的信息，就执行

16:   接收左子树和右子树的样本空间

17:   根据 $\left(D'_{i_{\text{left}}}, F'_i, y_{\text{left}}\right)$ 构建左子树，根据 $\left(D'_{i_{\text{right}}}, F'_i, y_{\text{right}}\right)$ 构建右子树

18:   如果 is_selected 为 True，就执行

    在叶子节点中，保存 f^* 和分裂阈值

19:   保存子树信息

20:   返回叶子节点

21:   本棵树创建完毕，将本棵树添加到森林中

22:   返回第 i 个 cilent 上的部分模型

算法 6-2：联邦随机森林-master 节点

输入：数据集 D，编码后的总体特征 $F = F_1 \cup F_2 \cup \cdots \cup F_M$，加密后的标签 y

输出：完整的联邦随机森林模型

/*循环构建多棵树组成*/

1：如果 is_selected 为 True，就执行

2： 随机抽取样本 D'，从特征 F_i 中随机抽取特征 F'_i，发送给 client i

3： 通过信息 $\left(D'_i, F'_i, y\right)$ 开始构建树

4： 如果满足预剪枝的条件，就执行

5： 将当前节点置为叶子节点

6： 通过投票法等指定叶子节点的标签

7： 返回叶子节点

8： 从所有的 client 中接收到加密的 $\{p\}_{i=1}^{M}$ 及相关的信息

9： 求出 $j = \operatorname{argmax}\left\{\{p\}_{i=1}^{M}\right\}$，并且通知 client j

10:　　　从 client j 中接收到分裂的信息并且通知其他 client

11:　　　根据 $(D'_{i_{\text{left}}}, F'_i, y_{\text{left}})$ 构建左子树，根据 $(D'_{i_{\text{right}}}, F'_i, y_{\text{right}})$ 构建右子树

12:　　　保存子树和分裂的信息

13:　　　返回叶子节点

14:　　　本棵树创建完毕，将本棵树添加到森林中

15: 返回完整的联邦随机森林模型

第二个部分：模型存储

树预测模型由两部分组成：树的结构和分裂信息（例如，分裂特征和阈值）。

由于整个森林是所有 client 共同构建的，所以每个 client 上的每棵树的结构都是一致的。然而，只有 master 节点会保存完整的模型。client 如果提供了分裂特征，就会保存相应的分裂阈值；client 如果未提供相应的分裂特征，就只会保留该节点的结构而不会保存任何信息。

第三个部分：模型推理（预测）（算法 6-3）

在传统的纵向联邦学习中，预测是通过在 master 节点和 client 之间多轮的通信完成的。但是随着树的棵数、样本数量越来越多，以及深度越来越深，通信就会成为瓶颈。为了解决该问题，我们定义了一种新的预测方法，很好地利用了分布式的模型存储的方式。此方法对于每棵树和整个森林只需要一次共同的通信。

步骤一：每个 client 利用自己本地存储的模型进行预测。对于在第 i 个 client 上的树 T_i，每个样本从根节点进入树 T_i，并且通过二叉树最终会落入一个或多个叶子节点。当每个样本从每个节点分裂时，如果模型在这个节点上存储了分裂的相关信息，那么将通过比较分裂阈值决定进入左子树或者右子树。如果模型在该节点未存储分裂的相关信息，那么该样本同时进入左子树和右子树。

步骤二：叶子节点的路径确定是递归的执行，直到每个样本落入一个或者多个叶子节点。当该过程结束时，在 client i 上的树 T_i 的每个叶子节点将拥有样本的

一部分。我们使用 S_i^l 来代表样本落入树模型 T_i 的叶子节点 l 的样本集合。每个 client 会将所有叶子节点上的样本集合 $S_i = \{S_i^1, S_i^2, \cdots, S_i^l, \cdots\}$ 发送给 master 节点。

步骤三：对于每个叶子节点 l，master 节点将会对每棵树 T_i 求出交集，结果为 S^l，即 $S^l = \{S_1^l \cap S_2^l \cap \cdots \cap S_M^l\}$。$S^l$ 是完整的树模型的每个叶子节点的样本集合，关联着预测的结果。

算法 6-3：联邦随机森林推理-client

输入：在第 i 个 client 上的部分模型，以及编码之后的特征 F_i 和测试数据集 D_i^{test}

输出：第 i 棵树的叶子节点 l 的样本空间 S_i^l 的主键信息

1：根据 $\left(T_i, D_i^{\text{test}}, F_i\right)$ 开始模型推理，执行

2：　如果是叶子节点，就执行

3：　　返回样本集合 S_i^l 的主键信息和叶子节点的标签

4：　如果不是叶子节点，就执行

5：　　如果树 T_i 拥有当前节点的分裂信息，就执行

6：　　　按照阈值分割样本

7：　　　通过 $\left(T_{i_{\text{left}}}, D_{i,\text{left}}^{\text{test}}, F_i\right)$ 构建左子树

8：　　　通过 $\left(T_{i_{\text{right}}}, D_{i,\text{right}}^{\text{test}}, F_i\right)$ 构建右子树

9：　　如果树 T_i 不拥有当前节点的分裂信息，就执行

10：　　　通过 $\left(T_{i_{\text{left}}}, D_i^{\text{test}}, F_i\right)$ 构建左子树

11：　　　通过 $\left(T_{i_{\text{right}}}, D_i^{\text{test}}, F_i\right)$ 构建右子树

12：　　返回左子树和右子树

13：　将 $S_i = \left\{S_i^1, S_i^2, \cdots, S_i^l, \cdots\right\}$ 发送给 master 节点

6.5 联邦梯度提升树

6.4 节详细地介绍了集成算法 Bagging 一族中的典型算法——随机森林，本节将详细地介绍集成算法 Boosting 一族中的典型算法——XGBoost。

6.5.1 XGBoost 简介

1. XGBoost 和 GBDT 对比

XGBoost 是基于决策树的集成机器学习算法[105]，以梯度提升（Gradient Boost）为框架。XGBoost 是由梯度提升决策树（Gradient Boost Decision Tree，GBDT）衍生而来的，与 GBDT 有着紧密的联系和区别。联系为 XGBoost 和 GBDT 都是通过加法模型与前向分步算法实现学习的优化过程，其主要区别为以下几点：

目标函数：XGBoost 的损失函数添加了正则化项，用来控制模型的复杂度，正则化项里包含了树的叶子节点个数、每个叶子节点的权重（叶子节点的 socre 值）的平方和。从方差和偏差角度上来看，XGBoost 添加的正则化项可以降低模型的方差，使学习出来的模型更加简单，防止模型过拟合。

优化方法：GBDT 在优化时只使用了一阶导数信息，XGBoost 在优化时使用了一、二阶导数信息，在效果上更好一些。

缺失值处理：XBGoost 对缺失值进行了处理，通过学习模型自动选择最优的缺失值默认切分方向。

引入行列采样：XGBoost 除了使用正则化项来防止过拟合，还支持行列采样的方式，即支持对特征进行抽样，以起到防止过拟合的作用。

剪枝处理：当其增益为负值时，GBDT 会立刻停止分裂，但 XGBoost 会一直分裂到指定的最大深度，然后回过头来剪枝。如果某个节点之后不再有负值，那么会删掉这个分裂节点；但是如果在负值后面又出现正值，并且最后综合起来还是正值，那么该分裂节点将会被保留。

2. XGBoost 的基学习器

XGBoost 的基学习器可以是分类和回归树（Classification and Regression Tree，CART），也可以是线性分类器。当以 CART 作为基学习器时，其决策规则和决策树是一样的，但不同点在于 CART 的每一个叶子节点都有一个权重，也就是叶子节点的得分或者说是叶子节点的预测值。

首先，定义 XGBoost 的目标函数，即

$$L(\phi) = \sum_i l(\hat{y}_i, y_i) + \sum_k \Omega(f_k) \tag{6-22}$$

式中，$\Omega(f) = \gamma T + \frac{1}{2}\lambda \|\omega\|^2$。其中，式（6-22）的左边部分为预测值与真实值之间的损失函数，右边部分为正则化项，即对模型复杂度的惩罚项。在惩罚项中，γ、λ 为惩罚系数，T 为一棵树的叶子节点个数，$\|\omega\|^2$ 为每棵树的叶子节点上的输出分数的平方值（相当于 L2 正则化）。

然后，使用前向分步算法优化目标函数。假设 $\hat{y}_i^{(t)}$ 为第 i 个样本在第 t 次迭代（第 t 棵树）的预测值，则样本 i 在 t 次迭代后的预测值就可以表示为样本 i 在前 $t-1$ 次迭代后的预测值加上第 t 棵树的预测值，即

$$\hat{y}_i^{(t)} = \hat{y}_i^{(t-1)} + f_t(x_i) \tag{6-23}$$

其目标函数可以表示为

$$L^{(t)} = \sum_{i=1}^n l\left(y_i, \hat{y}_i^{(t)}\right) + \sum_i^t \Omega(f_i) = \sum_{i=1}^n l\left(y_i, \hat{y}_i^{(t-1)} + f_t(x_i)\right) + \Omega(f_t) + \text{constant} \tag{6-24}$$

在式（6-24）中，在第 t 次迭代时，前 $t-1$ 次迭代产生的 $t-1$ 棵树完全确定了，即 $t-1$ 棵树的叶子节点以及权重都已完全确定，因此可以转换为常数 constant。式（6-24）如果考虑到平方损失函数，就可以转换为式（6-25），即

$$L^{(t)} = \sum_{i=1}^n \left(y_i - \left(\hat{y}_i^{(t-1)} + f_t(x_i)\right)\right)^2 + \Omega(f_t) + \text{constant}$$

$$= \sum_{i=1}^n \left(y_i - \hat{y}_i^{(t-1)} - f_t(x_i)\right)^2 + \Omega(f_t) + \text{constant} \tag{6-25}$$

式中，$y_i - \hat{y}_i^{(t-1)}$ 为前 $t-1$ 棵树的预测值与真实值之间的差值，也就是残差。通过二阶泰勒展开式和定义 $g_i = \partial_{\hat{y}_i^{(t-1)}} l\left(y_i, \hat{y}_i^{(t-1)}\right)$，$h_i = \partial^2_{\hat{y}_i^{(t-1)}} l\left(y_i, \hat{y}_i^{(t-1)}\right)$，可以得出目标函

数为式（6-26），即

$$L^{(t)} \approx \sum_{i=1}^{n}\left[l\left(y_{i}, \hat{y}_{i}^{(t-1)}\right)+g_{i} f_{t}\left(x_{i}\right)+\frac{1}{2} h_{i} f_{t}^{2}\left(x_{i}\right)\right]+\Omega(f_{i})+\text{constant} \quad (6\text{-}26)$$

因为 $l\left(y_{i}, \hat{y}_{i}^{(t-1)}\right)$ 部分表示前 $t-1$ 次迭代所得到的损失函数，在当前第 t 次迭代完全确定，所以可以当成一个常数，在省去常数项后，我们可以将式（6-26）简写为式（6-27），即

$$L^{(t)} = \sum_{i=1}^{n}\left[g_{i} f_{t}\left(x_{i}\right)+\frac{1}{2} h_{i} f_{t}^{2}\left(x_{i}\right)\right]+\Omega(f_{i}) \quad (6\text{-}27)$$

由式（6-27）可以得出，目标函数的大小只取决于一阶导数和二阶导数。

我们首先定义集合 I_j 为树的第 j 个叶子节点上的所有样本点的集合，即给定一棵树，所有按照决策规则被划分到第 j 个叶子节点的样本集合。基于对模型复杂度惩罚项的定义，将其代入式（6-27），可以得出式（6-28），即

$$\begin{aligned} L^{(t)} &= \sum_{i=1}^{n}\left[g_{i} f_{t}\left(x_{i}\right)+\frac{1}{2} h_{i} f_{t}^{2}\left(x_{i}\right)\right]+\Omega(f_{i}) = \sum_{i=1}^{n}\left[g_{i} f_{t}\left(x_{i}\right)+\frac{1}{2} h_{i} f_{t}^{2}\left(x_{i}\right)\right]+\gamma T+\frac{1}{2}\lambda\sum_{j=1}^{T}\omega_{j}^{2} \\ &= \sum_{j=1}^{T}\left[\left(\sum_{i\in I_{j}}g_{i}\right)\omega_{j}+\frac{1}{2}\left(\sum_{i\in I_{j}}h_{i}+\lambda\right)\omega_{j}^{2}\right]+\gamma T \end{aligned} \quad (6\text{-}28)$$

对式（6-28）求导可得

$$\begin{aligned} &\frac{\partial L^{(t)}}{\partial \omega_{j}} = 0 \\ &\Rightarrow \left(\sum_{i\in I_{j}}g_{i}\right)+\left(\sum_{i\in I_{j}}h_{i}+\lambda\right)\omega_{j} = 0 \\ &\Rightarrow \left(\sum_{i\in I_{j}}h_{i}+\lambda\right)\omega_{j} = -\sum_{i\in I_{j}}g_{i} \\ &\Rightarrow \omega_{j}^{*} = -\frac{\sum_{i\in I_{j}}g_{i}}{\sum_{i\in I_{j}}h_{i}+\lambda} \end{aligned} \quad (6\text{-}29)$$

将式（6-29）代入式（6-28）中，可以得出

$$L^{(t)} = -\frac{1}{2}\sum_{j=1}^{T}\frac{\left(\sum_{i\in I_j}g_i\right)^2}{\sum_{i\in I_j}h_i+\lambda} + \gamma T \tag{6-30}$$

假设 $G_i = \sum_{i\in I_j}g_i$，$H_i = \sum_{i\in I_j}h_i$，那么式（6-30）就可以简写为

$$L^{(t)} = -\frac{1}{2}\sum_{j=1}^{T}\frac{G_i^2}{H_i+\lambda} + \gamma T \tag{6-31}$$

3．XGBoost 单棵树的生成

在决策树的生长过程中，一个比较关键的问题是如何找到叶子节点的最优切割点。XGBoost 支持两种分裂节点的方法——贪心算法和近似算法。下面主要介绍贪心算法，其主要步骤如下。

（1）从深度为 0 的树开始，对每个叶子节点枚举所有的可用特征。

（2）针对每个特征，把属于该节点的训练样本根据该特征值进行升序排列，通过线性扫描的方式决定该特征的最优分裂节点，并记录该特征的分裂收益。

（3）选择收益最大的特征作为分裂特征，用该特征的最优分裂节点作为分裂位置，在该节点上分裂出左、右两个新的叶子节点，并为每个新节点关联对应的样本集。

至此，需要返回到第（1）步，针对当前节点枚举所有可用特征，递归执行整个过程到满足特定条件为止。

其特征选择和分裂节点选择的指标为

$$L_{\text{split}} = \frac{1}{2}\left[\frac{G_L^2}{H_L+\lambda} + \frac{G_R^2}{H_R+\lambda} - \frac{(G_L+G_R)^2}{H_L+H_R+\lambda}\right] - \gamma \tag{6-32}$$

式中，$\frac{G_L^2}{H_L+\lambda}$ 为分裂后左节点的得分；$\frac{G_R^2}{H_R+\lambda}$ 为分裂后右节点的得分；$\frac{(G_L+G_R)^2}{H_L+H_R+\lambda}$ 为分裂前的得分；γ 为分裂后模型的复杂度增加量。计算出来的 L_{split} 值越大，说明使用该特征或者该分裂节点分裂能使目标函数的值减少得越多，模型的效果越好。

6.5.2 SecureBoost 简介

前面介绍了非联邦学习下的梯度提升算法 XGBoost，下面介绍基于纵向联邦学习的梯度提升算法 SecureBoost[63]。

定义 6-5 SecureBoost 为纵向联邦学习场景中的梯度提升树算法，可以在保护数据隐私的条件下实现多方联合训练，且相比于非隐私保护算法是无损的，即与非隐私保护算法具有相同的准确性。

6.5.3 SecureBoost 训练

SecureBoost 假设有两家企业 host 方和 guest 方。host 方只拥有自己的数据，作为数据提供方；guest 方不仅拥有自己的数据，还拥有数据的标签，作为业务方。两家企业通过合作来共同训练模型。

1. 信息增益的计算方法

从对 XGBoost 的回顾中可知，只要能够获取 g_i, h_i，就可以根据这两个值确定最优分裂节点。SecureBoost 需要解决的一个主要问题：host 方没有标签，只有自身特征，如何选出最优的分裂特征？

一个比较简单的方法是 guest 方直接将 g_i, h_i 发送给 host 方。但是根据 g_i, h_i 的定义 $g_i = \partial_{\hat{y}_i^{(t-1)}} l(y_i, \hat{y}_i^{(t-1)}), h_i = \partial^2_{\hat{y}_i^{(t-1)}} l(y_i, \hat{y}_i^{(t-1)})$，如果直接发送，就会泄露 guest 方的标签信息，因此该方法不可行。解决方案如下：

（1）guest 方生成非对称密钥对，其中公钥记为 K。

（2）guest 方计算 $[\![g_i]\!]_K$ 和 $[\![h_i]\!]_K$，并发送给 host 方。

（3）host 方使用特征 $\text{feat}_{\text{host}}$ 及其阈值 T_{host} 对样本空间 I 进行切分，分为 I_L 和 I_R，可以得出式（6-33）和式（6-34），并计算出 $\left[\!\left[\sum_{i \in I_L} g_i\right]\!\right]_K$ 和 $\left[\!\left[\sum_{i \in I_L} h_i\right]\!\right]_K$，发送给 guest 方。

$$\text{Enc}\left(\sum_{i \in I_L} g_i\right) = \sum_{i \in I_L} \text{Enc}(g_i) \qquad (6\text{-}33)$$

$$\text{Enc}\left(\sum_{i \in I_L} h_i\right) = \sum_{i \in I_L} \text{Enc}(h_i) \qquad (6\text{-}34)$$

（4）guest 方解密得到 $\sum_{i \in I_L} g_i$ 和 $\sum_{i \in I_L} h_i$，求出 $\sum_{i \in I_R} g_i$ 和 $\sum_{i \in I_R} h_i$，据式（6-32）计算出 L_{split}，确定出最优分裂节点。

对于 guest 方的节点分裂来说，由于 guest 方自身拥有标签，所以自身可以完成节点的分裂。

2. 节点的分裂过程

分裂过程如下：

（1）guest 方计算出各个样本对应梯度的密文 $[\![g_i]\!]$ 和 $[\![h_i]\!]$，并把 $[\![g_i]\!]$、$[\![h_i]\!]$ 和样本空间发送给 host 方。

（2）host 方选择一个特征（如 feat_a）及其阈值 T_1 对样本空间进行切分，分为 $I_{L_1}^a$ 和 $I_{R_1}^a$，并计算 $\sum_{i \in I_{L_1}^a}[\![g_i]\!]$ 和 $\sum_{i \in I_{L_1}^a}[\![h_i]\!]$，将计算结果及对应的特征 ID、阈值 ID 发送给 guest 方。

（3）guest 方通过解密得到 $\sum_{i \in I_{L_1}^a} g_i$ 和 $\sum_{i \in I_{L_1}^a} h_i$，并可计算出其补集的梯度之和 $\sum_{i \in I_{R_1}^a} g_i$ 和 $\sum_{i \in I_{R_1}^a} h_i$，由此可计算特征 feat_a 在阈值 T_1 下的信息增益 L_{split}。

（4）通过重复步骤（2）和步骤（3），便可计算出 host 方各个特征对应的（最大）信息增益。

（5）guest 方计算出 guest 方各个特征的信息增益，并与 host 方特征进行对比，选出最优的分裂特征。

（6）如果选出的最优的分裂特征属于 guest 方，那么 guest 方直接对样本空间进行划分，完成该节点的分裂。

（7）如果选出的最优的分裂特征属于 host 方，那么由 host 方进行样本空间的划分，划分过程见步骤（8）～步骤（10）。

（8）guest 方将最优的分裂特征的 ID 及其阈值 ID 发送给 host 方。

（9）host 方通过特征和阈值 ID 找到对应的特征和阈值，并对样本空间进行划分，将划分结果（左子空间）发送给 guest 方。

（10）guest 方使用 host 方的结果，对节点进行划分，完成该节点的分裂。

6.5.4 SecureBoost 推理

在 SecureBoost 模型训练完成后，即可对模型进行部署，各个参与方均拥有整个模型的一部分。在对新样本或未标注样本进行推理时，因为各个参与方仅可见自己方的特征空间和分裂条件，无法知道其他方的情况，所以 SecureBoost 推理需要在隐私保护的协议下，由各个参与方协同进行。

其主要步骤如下（$feat_i$ 为分裂节点，w 为叶子节点的权重）：

（1）guest 方询问用户样本在第一个节点（$feat_1$）的分裂结果（红色虚线所示），如图 6-7 所示。

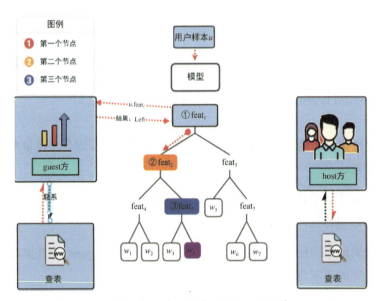

图 6-7　推理第一个节点（$feat_1$）分裂

（2）guest 方询问用户样本在第二个节点（$feat_2$）的分裂结果（橙色虚线所示），如图 6-8 所示。

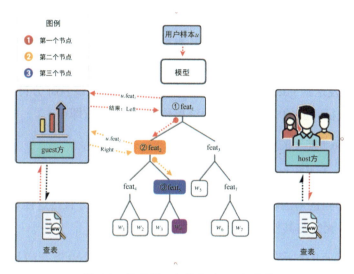

图 6-8　推理第二个节点（$feat_2$）分裂

（3）guest 方询问用户样本在第三个节点（$feat_5$）的分裂结果（蓝色实线所示），如图 6-9 所示。

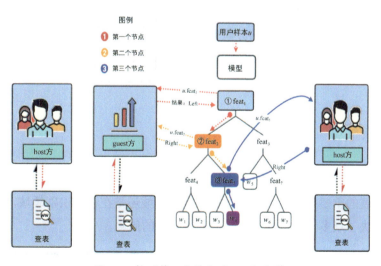

图 6-9　推理第三个节点（$feat_5$）分裂

（4）guest 方汇总 n 棵树的得分，得到最终的推理结果，即

$$\text{Score}_{\text{final}} = f_1(u) + f_2(u) + \cdots + f_n(u) \tag{6-35}$$

式中，u 为用户样本，$f_n(u)$ 为第 n 棵树的叶子节点的权重。

综上所述，从样本进入模型开始，直到样本进入叶子节点进行打分并最终对分数进行汇总，在整个推理过程中，host 方只需将中间节点的分裂结果（即"Left"或"Right"）发送给 guest 方，无须发送其他内容。如果该 host 方持有多个特征，那么将每个特征对应的中间节点分裂结果传输给 guest 方即可。

SecureBoost 推理的安全性分析如下：

（1）guest 方未将自己持有的特征泄露。

a. 如果节点的对应特征由 guest 方持有，那么 guest 方直接返回对应节点的分裂结果即可，无须与其他方进行交互。

b. 如果节点的对应特征由其他 host 方持有，那么 guest 方在向 host 方询问某个特征的分裂结果时，只需发送用户 ID，无其他信息泄露。

（2）host 方只返回了中间节点分裂的结果（即"Left"或"Right"），以下敏感信息均未泄露：

a. 中间节点对应的特征定义。

b. 中间节点对应特征的切分阈值。

c. 样本在中间节点对应特征上的具体数据。

6.6 联邦学习深度神经网络

深度神经网络模型在过去的十年中受到了极大的关注，成了人工智能近几年爆炸式发展的重要推手。不论是在机器视觉领域还是在语音识别领域，深度神经网络都解决了众多传统机器学习模型无法解决的问题。

本节将会从传统神经网络和联邦神经网络的概述与对比讲起，并结合现有的

联邦神经网络技术进行分析，使读者初步了解联邦环境下的深度神经网络模型。

神经网络（Neural Network，NN）是一种模仿生物神经网络的结构和功能的数学模型或计算模型，用于对函数进行估计或近似。神经网络由大量的人工神经元联结进行计算。在大多数情况下，人工神经网络能在外界信息的基础上改变内部结构，是一种自适应系统，具备一定的学习功能。它支持高维输入和输出数据之间的复杂关系。一个基本的神经网络可以分成 m 层，每层都包含 n 个节点。每个节点都是一个由非线性"激活"函数组成的线性函数。神经网络的训练采用梯度下降法，其方式与 Logistic 回归相似，只是网络的每一层都应以递归的方式进行更新，从输出层开始向后进行。深度神经网络（Deep Neural Network，DNN）内部的神经网络层可以分为三类：输入层、隐藏层和输出层。如图 6-10 所示，一般来说，第一层是输入层，最后一层是输出层，而中间层都是隐藏层。

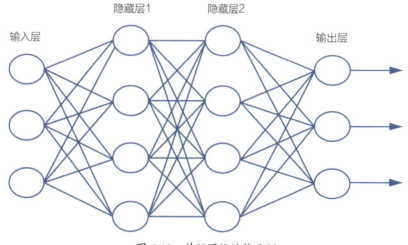

图 6-10　神经网络结构示例

与传统机器学习相比，在深度神经网络模型中，数据往往扮演着更重要的角色，而正如前面章节所说，"数据孤岛"问题同样阻碍了深度神经网络模型的性能增长，而联邦环境设定下的神经网络则可以实现在保护多方隐私的前提下，消除"数据孤岛"，充分利用各方数据。

目前，在多数主流的联邦学习框架中都已部署了深度神经网络模块，例如微众银行的联邦学习框架 FATE 中的 Hetero DNN 模块，百度 PaddleFL 中基于 ABY3

协议实现的 DNN 模块，在 PyTorch 的 PySyft 模块中，也提供了基于安全多方计算协议的联邦深度学习模型。本节将以 PaddleFL 和 FATE 为例，分别简介其实现思路。

在 PaddleFL 中，百度提供了一种基于多方安全计算的联邦学习方案 PFM（Paddle Federated Learning with MPC）来支持其联邦学习，包括横向联邦学习、纵向联邦学习及联邦迁移学习等多个场景，在提供可靠和安全性的同时也拥有良好的建模性能。其中，安全训练和推理任务的实现均基于百度发表于 2018 年的计算机与通信安全会议（Conference on Computer and Communications Security）中的安全多方计算协议 ABY3。在 ABY3 中，参与方可分为三个角色：输入方、计算方和结果方。其中，输入方持有训练数据及模型，负责加密数据和模型，并将其发送到计算方。计算方则为训练的执行方，基于特定的安全多方计算协议完成训练任务。由于计算方只能得到加密后的数据及模型，输入方的数据隐私便得以保护。在计算结束后，结果方会拿到计算结果并恢复出明文数据。在整个过程中，每个参与方可充当多个角色，如一个数据拥有方可以作为计算方参与训练，也可以作为结果方获取计算结果。

PFM 的整个训练及推理过程主要由三个部分组成：①数据准备；②训练及推理；③结果解析。如本章开头介绍，纵向联邦学习中的各方拥有部分相同的样本集合、不同的样本特征。所以，在 PFM 的数据准备部分，需要保证各个数据拥有方在不泄露本地数据的前提下，找出多方共有的样本集合，此步骤一般被称为私有数据对齐。在完成私有数据对齐之后，数据方需要使用秘密共享技术直接传输或者使用数据库存储的方式将其数据传到计算方。这种通过秘密共享技术传输给多个计算方的方式保证了每个计算方都只会拿到数据的一部分，从而无法还原出真实的数据。在数据对齐并分发给计算方后，便可进入安全训练及推理阶段。在训练前，用户可以选择一种安全多方计算协议用以训练模型（截至 2020 年 6 月，PaddleFL 只支持 ABY3 协议）。在安全训练和推理工作完成之后，模型（或预测结果）将由计算方以加密的形式传递给结果方，结果方利用 PFM 中的工具对其进行解密，将解密后的明文结果传递给用户。至此，联邦设定下的深度神经网络模型在各方数据不出源的情况完成训练。

与 PaddleFL 中将所有数据发送给计算方的思路不同，FATE 中的异质神经网络模型则通过使用同态加密等方法使得两方共同合作训练模型。FATE 团队在其论文中证明了这种方法提供了与非隐私保护方法相同的精度，同时不泄露每个私有数据提供者的信息。在该模块中，参与训练的双方按照是否持有标签被分为 A、B 两方，具体定义如下：

B 方：FATE 将 B 方定义为同时拥有数据矩阵和类别标签的数据提供者。由于类别标签信息对于监督学习是必不可少的，因此必须有一方能够访问标签 Y，B 方自然承担起在联邦学习中作为主导服务器的责任。

A 方：FATE 中定义只有一个数据矩阵的数据提供者为 A 方，A 方在联邦学习环境中扮演客户的角色。

FATE 中的数据样本对齐则通过使用数据库间交叉口的隐私保护协议完成，保证双方可以在不损害数据集的非重叠部分的情况下找到共同的用户或数据样本。如图 6-11 所示，B 方和 A 方各有自己的底层神经网络模型，双方会在底层模型的基础上共同构建交互层，交互层是一个全连接的层（其中，X 代表数据，Y 代表标签）。该层的输入是双方的底层模型输出的串联。此外，只有 B 方拥有交互层模型。最后，B 方建立顶层神经网络模型，并将交互层的输出反馈给该模型。

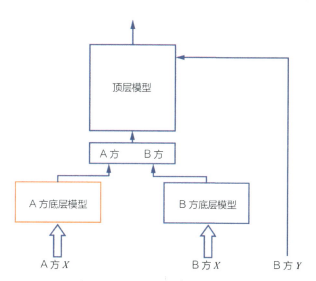

图 6-11 FATE 异质神经网络模型

训练可分为前向传播和后向传播两部分，每部分均由三个阶段组成。其中，前向传播分为底层模型的前向传播、交互层的前向传播和顶层模型的前向传播。

后向传播分为顶层模型的后向传播、交互层的后向传播和底层模型的后向传播。

前向传播过程的具体细节可描述如下：首先进行第一阶段，A、B 两方分别利用本地数据得到本方底层模型的前向传播结果。在第二阶段中，由于 B 方拥有标签作为主动方，因此需要 A 方使用同态加密将自己的结果发送给 B 方，由 B 方分别乘以交互层中 A、B 两方的权重 weight_A 和 weight_B，再经过对 A 方累计噪声的处理，B 方会将最终结果送入交互层的激活函数，并利用激活函数的输出，进行第三阶段中顶层模型的前向传播过程。

后向传播的第一阶段先由 B 方计算交互层输出的误差 delta，更新顶层模型。在第二阶段中，B 方利用 delta 计算出交互层激活函数的误差 delta_act，将其乘以 W_B 得到 delta_bottomB，传播至 B 方的底层模型，并更新交互层的权重 weight_B，而 A 方则需要通过一系列加噪、加密等操作将其底层模型的输出误差传递给 B 方，然后更新权重 weight_A。第三个阶段由两方分别更新其底层模型。

6.7　纵向联邦学习案例

风险管理指的是在有风险的环境中如何把风险降到最低的过程，包括风险识别、风险估测、风险评价、风控和风险管理效果评价等环节。风控指的是通过各种措施和方法来降低风险事件发生的可能性，或者减少风险事件发生时所产生的损失。

信贷是指体现一定经济关系的不同人之间的借贷行为，是以偿还为条件的价值运动特殊形式，是债权人贷出货币和债务人按期偿还并且支付一定利息的信用活动。在信贷风控的领域，小微企业面临着自身的资产规模较小、抗风险的能力较弱、自身缺乏有效数据、征信接口调用费用较高等痛点，这导致融资难、融资贵和融资慢。同样，消费金融机构本身具有对个人的消费数据、社交行为、金融数据和征信情况进行整合运算的能力。如何有效地整合小微企业和消费金融机构的资源成为一个亟须解决的问题。

针对小微企业的数据量少且不全面、获取数据成本太高等痛点，联邦学习可以通过多数据源合作的机制,获取更多的特征数据,丰富特征体系。在此过程中,联邦学习可以保证各方的本地数据不出库,在保证数据安全和隐私保密的情况下,共同提升模型的效果。

例如,银行拥有经济收入、借贷、信用评级等特征,电商平台有用户浏览、消费行为等特征。虽然银行和电商平台的用户特征空间完全不同,但是存在大量的共同用户,他们拥有着紧密的联系。例如,用户的消费行为在某种程度上可以反映出其信用等级,银行与电商平台合作后,可以实现银行的信用评级更加全面,更好地控制风险。例如,银行在需要开展信贷业务时,想要通过互联网线上获客,但是银行既没有线上资源或者流量,也没有相关的风险管理经验,如果银行和某互联网公司进行合作,就可以实现风控和精准获客。但是由于企业的数据安全管理和对用户隐私的保护,无法暴露数据进行合作,这时传统的机器学习无法有效地解决这些问题,而纵向联邦学习正是解决这些问题的关键。联邦学习不仅实现了合作双方的建模人员线上分析与建模,还有效地节约了人力成本与财务成本。

在风控领域中存在同质化、少突破、数据孤岛、建模效果差、隐私安全保护难等一系列问题,联邦学习助力风控领域实现了 AI 技术落地,破局风控中面临的挑战。联邦学习通过联邦数据网络增强信贷风控能力,在贷前环节通过融合多数据源获取更丰富的数据信息综合判断客户风险,可以帮助信贷公司过滤信贷黑名单或明显没有转化的贷款客户,进一步降低贷款审批流程后期的信贷审核成本。在贷中,联邦学习可以提供根据用户放款后的行为变化进行的风险评估产品,帮助放贷机构进行调额、调价的辅助决策。对于贷后风险处置,联邦学习则提供可以根据客户的行为进行催收预测的产品,帮助放贷机构进行催收的策略评估,调整催收策略,提升催收效率。

联邦学习在风控领域中的解决方案也有实际效益。例如,微众银行的特点是有很多用户的特征和行为信息 X,以及标签 Y(即银行的信用逾期是否发生)。合作的伙伴企业可能是互联网企业或者保险公司等,不一定有信用逾期是否发生的标签 Y,但是它有很多特征和行为信息 X。如果微众银行和保险公司通过合法合规的方式展开纵向联邦学习建模,使用微众银行的 X 和 Y,以及保险公司的 X,那么可以使得模型的 AUC 指标大幅度上升,不良贷款率大幅度下降,同时节约了信贷审核成本,整体成本预计会下降 5%~10%。

第 7 章
横向联邦学习

7.1 基本假设与定义

定义 7-1 当有着相同特征的样本分布于不同的参与方时，在能够实现综合运用各方数据的同时，保证各方数据隐私的算法，被称为**横向联邦学习**。

这种场景可以被理解为存放在表格中的数据被"横向"切割的情况，所以横向联邦学习也被称为基于样本划分或者基于实例划分的联邦学习。一个典型的场景是医疗数据的建模。多数医疗机构的患者数据通常都是相对有限的，而患者数据的全面性又对疾病的诊疗和医学的发展至关重要。但在很多国家和地区，个人的医疗数据通常属于敏感信息，对其出库的要求一般都非常严格。这时如果有一种算法一方面能让原始数据不出库，而只输出中间数据，另一方面又从原理上能保证输出的中间数据不会泄露原始数据的信息，就可以实现综合运用各方数据进行建模了，这对于学术及其可能应用的发展都大有裨益。

在常见的横向联邦学习实现架构中，有两种典型的角色：参与方与服务器。其中，参与方是指数据的提供方，不同的参与方在架构中的地位是相同的；服务器则是指被用作整合各个参与方提供的中间结果的一方。在一般的场景中，我们通常假设参与方是"诚实的"，即其所提供的数据是真实的，而服务器则是诚实、好奇且安全的，其中，"好奇的"是指服务器会在一定程度上探索参与方的原始数据，"安全的"是指服务器不会泄露数据给其他非参与方[70,106]。

7.2 横向联邦网络架构

横向联邦学习的目的是要利用分布于各方的同构数据进行机器学习建模。对于不同的样本来说，机器学习中常见的损失函数的函数结构通常是相同的。所以，在数学上，横向联邦学习的各个参与方对损失函数的贡献就有着相似的数学形式，因而其计算往往不复杂，这一点与纵向联邦学习有较大不同。这样的特点体现在横向联邦学习的架构上，就是其网络架构有较大的同质性。

横向联邦学习有两种常见的架构，第一种是中心化架构，第二种是去中心化架构，下面分别介绍这两种架构。

7.2.1 中心化架构

定义 7-2 横向联邦学习的**中心化架构**，是指在联邦学习工程架构中，不仅有提供数据的参与方，还有统合各个参与方模型或参数的服务器。

中心化架构是一种比较典型的主从系统，通常假设系统中的各个参与方的特征空间已对齐，它们在一个或多个聚合服务器的帮助下，协同地训练一个共同模型，并且如上所述，假设所有的参与方都是诚实的，服务器是诚实、好奇且安全的[106]。在这样的前提下，参与方与服务器的每一次交互步骤如图 7-1 所示。

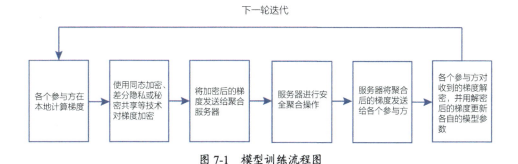

图 7-1　模型训练流程图

整个架构的网络结构如图 7-2 所示。模型训练的其他过程与本地单机模型的训练过程基本是相似的。当模型训练结束时，所有参与方共享最终的模型参数。

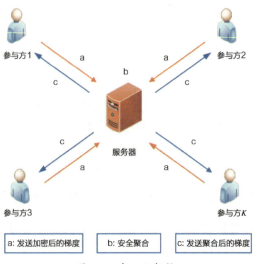

图 7-2　中心化架构

在上述步骤中,参与方向服务器发送梯度,而服务器反过来聚合接收到的梯度,这种方法称为梯度平均法[107,108]。它的优点是可以获取准确的梯度信息,可以保证模型训练时的收敛性,缺点是需要较频繁通信,对连接的可靠性要求较高。

同时,还有一种用共享模型权重来代替共享梯度的方法,称为模型平均法[107,109,110],即参与方可以在本地计算模型权重后发送到服务器,服务器聚合接收到的模型权重,然后发送聚合后的结果给参与方。模型平均法等效于梯度平均法。模型平均法不需要频繁通信,但相应地,其缺点是不一定保证模型的收敛性,进而会影响模型的性能。

在横向联邦学习中,每个参与方都可被视为一个独立工作组,可以完全自主地操作本地数据来决定何时加入横向联邦学习系统以及怎样做出贡献。

在 3.2.3 节,我们概括性地讨论了分布式机器学习和联邦学习的区别。在这里,我们还可以专门地讨论一下分布式机器学习和横向联邦学习的关系。

（1）分布式机器学习系统的计算节点完全受中心服务器控制,但是在横向联邦学习系统中,中心服务器无法操作计算节点上的数据,计算节点对数据有绝对的控制权,某个计算节点可以随时停止计算和通信而退出训练过程。

（2）横向联邦学习系统考虑了数据隐私保护。

（3）在横向联邦学习系统中，不同的计算节点上的数据并不是完全相同分布的，在分布式机器学习系统中的计算节点上的数据通常是独立同分布的。

7.2.2 去中心化架构

定义 7-3 横向联邦学习的**去中心化架构**，是指在联邦工程架构中，每个节点都是提供数据的参与方，而没有统合数据的服务器。

在去中心化架构中，没有中心性的聚合服务器，各个参与方一般需要先使用本地数据训练各自的本地模型，而后通过安全的通道互相传递模型权重来形成一个统一的模型[111,112]。

图 7-3 是一个去中心化架构的示意图。在实践中，因为没有服务器作为"中心节点"，去中心化架构的网络结构往往是多变的。不过，在不同的网络结构和数据分布中，架构的通信和计算的效率不同。所以，参与方必须注意架构中发送和接收权重的顺序，常见的主要有以下两种方式。

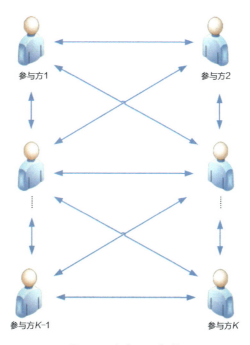

图 7-3 去中心化架构

1. 循环转移

参与方被组织成一条链，第一个参与方位于链的头部，它向下一个参与方发送它的模型权重，第二个参与方在得到第一个参与方的权重之后，使用自身数据集的小批量数据训练模型，更新权重，然后将更新后的权重发送给下一个参与方。以上描述的过程一直重复，直到训练完成。

2. 随机转移

在所有的 K 个参与方中，第 j 个参与方从其余 $K-1$ 个参与方中随机等概率地选择一个参与方 i，然后发送模型权重至参与方 i，参与方 i 继续等概率地（在除了第 j、i 个参与方之外的参与方中）选择下一个参与方，以上描述的过程一直重复，直到达到训练完成的条件。

上面的描述是以参与方共享模型权重为例的。当然，类比于上面对中心化架构的讨论，参与方也可以共享模型训练时的梯度。

中心化架构和去中心化架构各有优缺点。去中心化架构没有服务器，因此消除了信息从服务器中泄露的可能性，毕竟，对服务器安全性的假设并不总是成立的，而服务器本身因为汇总了众参与方的信息，因而往往成为各种攻击的目标。但是去中心化架构的缺点也很明显，同样是因为没有居中协调的服务器，所以往往不能（或很难）将计算并行化，进而计算效率会比较低。具体采用哪种架构，需要根据具体的问题具体分析。

7.3 联邦平均算法概述

下面详细讨论实践中的一种较常见的情形——中心化架构中的联邦平均（FedAvg）算法[107]及其安全版本。

7.3.1 在横向联邦学习中优化问题的一些特点

谷歌的 Brendan McMahan 等人第一次在联邦学习的优化问题中采用了联邦平

均算法，该算法可以被用于深度神经网络（DNN）中的非凸目标函数。联邦平均算法适用于以下任何形式的有限和目标函数，即

$$f(w) = \frac{1}{n}\sum_{i=1}^{n} f_i(w) \tag{7-1}$$

式中，n 为数据点的个数；w 为 d 维模型权重参数。

假设在横向联邦学习系统中有 K 个参与方，P_k 是第 k 个参与方的数据索引集合。假设第 k 个参与方有 n_k 个数据点，$F_k(w)$ 表示第 k 个参与方根据自身样本数加权后的加权损失函数，因此有公式

$$f(w) = \sum_{k=1}^{K} \frac{n_k}{n} F_k(w) \tag{7-2}$$

$$F_k(w) = \frac{1}{n_k}\sum_{i \in P_k} f_i(w) \tag{7-3}$$

在实际计算中，我们通常假设各个参与方的数据是独立同分布（IID）的，这样每个样本的损失函数可以统一写为 $f(w)$。但 IID 假设其实并不总成立，这时上面的做法会影响模型性能。这个问题目前没有一个让人满意的解决方法，如果各个部分的数据不是 IID 的，那么在保护数据安全的前提下，我们往往很难确切地知道各个部分数据的分布"有何"不同。

与通常在集群内通信的分布式机器学习不同，联邦学习的通信成本往往占主导地位，因为通信是通过互联网进行的，即使使用无线和移动网络也如此。实际上，在联邦学习中，对于很多类型的模型来说，与通信成本相比，计算成本往往到了可以忽略不计的地步。因此，我们在训练模型时可以使用额外的计算来减少通信次数。比如，在参与方—服务器通信回合之间，我们可以让更多的参与方先各自并行训练几步模型。

7.3.2 联邦平均算法

联邦平均算法提出的动机来源于以下发现：对于 MNIST 数据集来说，如果分成两个子集，并且以两个模型（进行相同的随机初始化）分别单独训练，再对参数进行平均得出一个集成模型，能够得出比任何单独模型更低的损失函数值。

采用联邦随机梯度下降来协同训练各个客户端模型和服务器端模型的过程如

下。它交替地执行两个步骤。第一步，随机选取一部分客户端，并令它们更新其本地模型若干轮。第二步，计算所有客户端的模型参数的均值，作为服务器端的模型参数。具体过程的步骤如图 7-4 所示。其中，$w^{(k)}$ 为第 k 个客户端的模型参数，$l(w;b)$ 为根据批次 b 与模型参数 w 得出的损失函数，i 为每个参与方在每个回合中针对其本地数据集已经执行的训练步骤数。

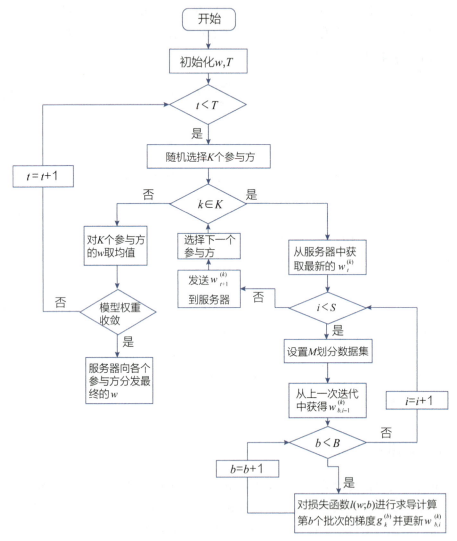

图 7-4 联邦平均算法流程图[113]

联邦平均算法的一个显著特点是采用每轮限定参与计算的参与方的方法进行计算。具体来说，计算量由以下三个关键参数控制。

（1）ρ，每一轮执行计算的参与方所占的比例。

（2）S，每个参与方在每个回合中针对其本地数据集执行的训练步骤数。

（3）M，在参与方更新中被使用的小批量数据的条数。

该算法在每个回合期间选择数量占比为 ρ 的参与方，当 $\rho=1$ 时表示使用所有参与方持有的所有数据的全批次梯度下降。在全局模型权重更新的第 t 个回合，被选中的第 k 个参与方将会计算 $g_k = \nabla F_k(w_t)$，即它在当前参数为 w_t 的模型下，用本地数据所得的平均梯度，然后服务器会根据式（7-4）聚合梯度，其中 η 代表学习率。

$$w_{t+1} \leftarrow w_t - \eta \sum_{k=1}^{K} \frac{n_k}{n} g_k \tag{7-4}$$

然后，服务器会将更新后的模型参数发送给各个参与方，此处与前面所述的梯度平均法类似，模型平均法亦是同理。

7.3.3 安全的联邦平均算法

7.3.2 节所述的普通联邦平均算法向服务器公开了中间结果的明文内容，如各个参与方计算所得的权重或者梯度信息。它没有对服务器提供任何安全保证，如果暴露了数据结构，那么模型梯度或者权重的泄露可能会暴露更重要的原始数据信息[106]。为了避免这一点，我们可以利用隐私保护技术，例如在第 2 章中描述的广泛应用的方法来保证用户隐私和数据安全。比如，我们可以使用加法同态加密（AHE）方法或者基于误差的加密学习方法来增强联邦平均算法的安全属性。具体算法如图 7-5 所示。Phong 等人证明了在一定的条件下，只要底层同态加密方案是安全的，安全的联邦平均算法就不会向诚实且好奇的服务器泄露参与方的信息。当然，作为事情的另一面，使用 AHE 方法，加密和解密操作将增加计算的复杂度，密文的传输也可能引入额外的通信开销。

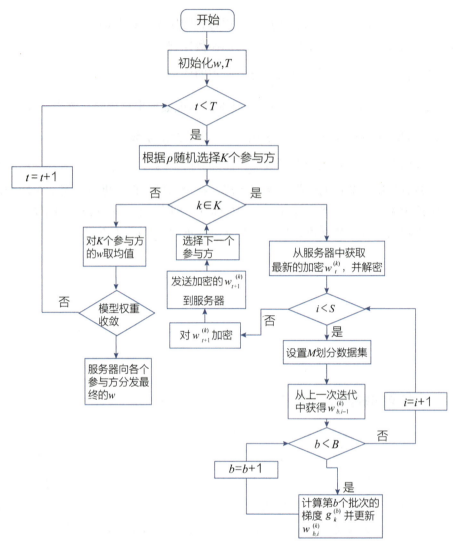

图 7-5 安全的联邦平均算法流程图[113]

7.4 横向联邦学习应用于输入法

下面来看一个实践中的横向联邦学习的实例——输入法。

联邦学习在设备端的智能应用通常是这样的：用户首先在本地设备上产生数据，然后数据被上传到中央服务器，服务器根据收到的大量的用户数据统一训练模型，最后根据训练好的模型为各自的用户进行服务。这种训练模式是一种集中式的训练方法，之前在一些用户量级比较大的公司中十分常见，它们往往在模型训练之前会收集大量的用户数据，然后把数据上传到服务器进行模型训练，同时，用户端的数据也在不断增加，那么增加的数据就会及时上传到服务器，服务器也会不断地更新模型。但是对于实时性应用来说，这种训练模式并不完善，主要有两个问题，除了之前所说的用户数据隐私问题，还有数据传输时效性问题，因为实时性应用往往需要频繁地更新数据，因此网络延迟或者卡顿都可能导致模型的训练更新不及时。

输入法是典型的实时性应用，接下来以谷歌输入法为例，介绍一下联邦学习是如何在输入法中进行应用的[114]。输入法在如今的智能社会里已经成为一种普遍而且重要的应用。随着智能手机的普及，移动端的用户越来越多，人们对输入法的要求越来越高。在用户输入的同时预测下一个字或者短语，已经成为智能输入法的必备功能。

输入法的发展受到很大的限制的一个重要的原因是，输入法模型要在高、中、低端设备上广泛运行，而且因为输入法的使用频率高、响应速度快，所以为了保证输入法可以同时满足在各种设备上流畅运行，输入法模型的量级应尽可能小一些。

随着深度学习不断发展，很多深度学习语言模型在输入法的预测上表现的效果很好，例如 RNN 及其变体长短期记忆网络（Long Short-Term Memory，LSTM）等，可以利用任意动态大小的上下文窗口预测。训练的大致过程如下：采集用户在敲击键盘时产生的数据，把数据上传到谷歌服务器，然后服务器利用各个客户端上传的大量数据，训练出符合大部分人输入习惯的智能输入模型。在联邦学习被提出之后，用户侧的数据不需要上传到服务器，因为每个客户端都会有一个不断训练和更新的模型，只需要将客户端模型的参数加密上传到服务器。服务器集成客户端上传的模型参数进行综合训练，将训练完成的模型参数分发到各个客户端，客户端根据服务器返回的模型参数进行本地更新（如图 7-6 所示）。

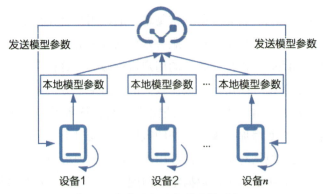

图 7-6 客户端与服务器端模型交互

基于上述过程，谷歌采用了联邦平均算法，将上传到服务器的各个客户端的模型参数相结合，产生新的全局模型。在每一轮训练开始前，服务器都会下发一个全局模型参数给参与本次迭代训练的每个客户端。然后，每个客户端在本地利用自己的数据集进行模型训练，利用随机梯度下降法（SGD）求梯度，更新模型参数，在模型收敛后，将本地模型的参数传回给服务器，服务器利用联邦平均算法对参数求平均值后，生成一个新模型，以进行下一轮迭代。假设现在是训练的第 t 个回合，将全局模型 W_t 发送给客户端的设备子集 K。该全局模型已经被随机地初始化，参与本回合训练的每个客户端都具有一个包含 n_k 个样本大小的数据集。n_k 的大小与每个客户端用户的输入有关。每个客户端利用当前的全局模型 W_t 在其本地数据集上计算平均梯度 g_k 进行模型更新，即

$$W_t - \varepsilon g_k \to W_{t+1}^k \tag{7-5}$$

式中，ε 为客户端模型的学习率。然后，服务器对各个客户端模型进行加权集成，以形成新的全局模型 W_{t+1}，即

$$\sum_{k=1}^{K} \frac{n_k}{N} W_{t+1}^k \to W_{t+1} \tag{7-6}$$

式中，$N = \sum_{k=1}^{K} n_k$。

在这个迭代过程中，与传统的上传日志文件的方式不同之处在于，谷歌在训练模型时采用了各个客户端本地缓存的输入文本，这样每个客户端参与训练的数据就不会局限于在谷歌产品中输入的数据，而是在这台设备上的所有输入数据。

这样更能体现真实的数据分布。另外，谷歌在训练时采用缓存文件还有一个好处，缓存的数据没有长度限制而且数据质量更好，所以模型的召回率会更高。为了保证在模型训练的过程中对客户端来说是无感的，只有当客户端处于空闲状态，并且连接到无线网络时才会参与模型的训练。

谷歌在预测输入的单词的时候，采用的是 LSTM 模型的一个变体遗忘门与输入门结合（Coupled Input and Forget Gate，CIFG）模型。与 LSTM 模型相比，CIFG 模型将输入门和遗忘门连接在了一起。通过采用 CIFG 模型，每个单元的参数数量减少了 25%。对于时间步长 t，输入门 i_t 和遗忘门 f_t 具有以下关系

$$f_t = 1 - i_t \tag{7-7}$$

在移动设备环境中训练模型，需要的计算量和参数量一般是比较小的，而采用 CIFG 模型是一个比较好的选择，因为其不但减少了计算量和参数量，而且不影响模型的性能。该模型使用 TensorFlow 训练。TensorFlow Lite 支持设备上推理。为了达到在客户端训练无感的要求，模型在训练时限制词汇表的大小为 10 000 条，模型整体的参数量约为 140 万个，传送到各个客户端的模型大小约为 1.4 兆字节。

谷歌将横向联邦学习应用于输入法后，研究方向开始向更深层次、更加细化的方向发展，如训练速度的不同步问题、模型更新上传的安全性以及各个客户端的配置不一致等问题。如今，有很多学者开始研究联邦学习在输入法领域的应用，例如有的学者通过联邦学习扩充输入法中的词汇，也有的学者将联邦学习的共享模型进行改进，使每个客户端的输入法应用具备个性化，还有的学者将联邦学习应用到语音关键词识别中，研发智能手机助手。相信随着越来越多的研究者加入，联邦学习在未来更多的领域中都会得到长足的发展。

第 8 章
联邦迁移学习

8.1 基本假设与定义

如上文所述,横向联邦学习和纵向联邦学习分别在"数据孤岛"之间构造了两种桥梁。然而,这两种桥梁的构造分别依赖于特征空间相同和样本空间相同的条件。如果这两个条件皆不满足,就需要考虑本章所介绍的联邦迁移学习。

8.1.1 迁移学习的现状

欲知联邦迁移学习,必须先了解迁移学习。我们首先在下列几个场景中,领会迁移学习的魅力。

层出不穷的网络信息使得网页分类模型不断地面临新的未标注数据。它们包含新的语料库和新的类别,这就意味着特征的分布以及特征标签的联合分布都发生了变化。由于旧数据集和新数据集的分布不同,它们的网页分类问题也应被视为不同的任务。为了避免耗费大量劳动去标注新的样本,Dai 等人提出了 TrAdaBoost[115]。TrAdaBoost 成功地把从一种任务中学到的知识应用于另一个相似的任务。这类方法被称为迁移学习。与在新任务中重新训练模型相比,它不仅降低了标注成本,也降低了训练成本。

情感分析被广泛地用于各行各业。Das 等人利用多种分类算法从股票信息留言板上提取投资者的情感[116]。Thomas 研究了如何从美国国会辩论会(Congressional Floor Debates)的发言文本中判断讲话者是否支持某项法案[117]。此外，它还常常被用于电影评论和电商平台的商品评论。然而，在一个领域中训练出的情感分类模型，并不能直接被应用到另一个领域。例如，对图书商品的评论和对电子产品的评论的语料库会有所不同。Blitzer 等人研究了情感分类的领域自适应（Domain Adaptation）方法，它是一种迁移学习方法[118]。

基于 Wi-Fi 的室内定位技术，通过接入点的信号来发现终端设备的位置被广泛地应用于人员监控、行为识别等领域。它的训练集数据描绘了一个建筑内各个位置的比率频率（Ratio Frequency）信号强度。当训练好的模型被投入应用的时候，样本的分布却随着人类活动等因素发生了变化[119]。在变化的环境中，重新标注样本需要消耗大量的劳动[120,121]。迁移学习被成功地应用于解决这类问题[122]。

行为识别（Activity Recognition）技术根据传感器数据，对单人或多人的行为进行分类。行为识别模型的训练需要在不同用户、不同环境、不同位置和不同设备等情况下都存在大量的已标注样本。然而，迁移学习的引入可以有效地降低这个成本[123]。

从以上种种情形中可以看到，在迁移学习中，对于两个不同的问题，可能有以下部分发生了变化。第一，特征空间 $\mathcal{X}$ 或边缘概率分布 $P(X)$，其中 $X = (x_1, x_2, \cdots, x_n) \in \mathcal{X}$。第二，标签空间 $\mathcal{Y}$ 或目标预测函数 $f(\cdot)$，其中从概率角度来讲，$f(x)$ 可以写成条件概率 $P(y|x)$。在迁移学习中，$\mathcal{D} = \{\mathcal{X}, P(X)\}$ 称为领域（domain），$\mathcal{T} = \{\mathcal{Y}, f(\cdot)\}$ 称为任务（task）。假设有两个领域，源领域 $\mathcal{D}_S$ 和目标领域 $\mathcal{D}_T$，及其分别对应的学习任务 $\mathcal{T}_S$ 和 $\mathcal{T}_T$，迁移学习的定义如下[34]。

定义 8-1 给定源领域 $\mathcal{D}_S$ 和学习任务 $\mathcal{T}_S$，以及目标领域 $\mathcal{D}_T$ 和学习任务 $\mathcal{T}_T$，迁移学习是指在对 $\mathcal{T}_T$ 中的预测函数 $f(\cdot)$ 进行学习的过程中，引入 $\mathcal{D}_S$ 和 $\mathcal{T}_S$ 中的知识来提升学习效果。其中，$\mathcal{D}_S \neq \mathcal{D}_T$ 或者 $\mathcal{T}_S \neq \mathcal{T}_T$。

上文提到的 TrAdaBoost 直接利用了两个领域的数据。TrAdaBoost 的训练过程类似于 AdaBoost。它训练多个树模型，并以基学习器的预测值的加权和作为最终预测值。第 t 个基学习器的误差影响其权重，而这个误差又为各个样本误差的加权和。旧样本的这一权重与新样本相比是不同的。在第 t 个基学习器上发生错误的新样本的权重会在第 $t+1$ 个基学习器上提高，以便着重处理这个样本；发生错误的旧样本，则被认为不太符合新的分布，相应的权重会降低。它根据概率近似正确（Probability Approximately Correct, PAC）理论得出了泛化误差上界，并在实验中表现出良好的效果。

TrAdaBoost 这类迁移学习方法被称为样本知识的迁移。另一种思路则是在不同任务间寻找共同的特征表示。这类方法被称为特征表示的迁移。Pan 等人提出的迁移成分分析（Transfer Component Analysis，TCA）就是一个典型的例子[124]。

在迁移成分分析中，以最大平均差（Maximum Mean Discrepancy）

$$\text{dist}(X'_S, X'_T) = \left\|\frac{1}{n_1}\sum_{i=1}^{n_1}\phi(x_i^S) - \frac{1}{n_2}\sum_{i=1}^{n_2}\phi(x_i^T)^2\right\| \quad (8\text{-}1)$$

来衡量两个样本集合 $X_S = \{x_i^S\}_{i=1}^{n_1}$，$X_T = \{x_i^T\}_{i=2}^{n_2}$ 经映射 ϕ 后的分布的差异。其中，映射 ϕ 将样本映射到一个希尔伯特空间。希望找到一个这样的映射 ϕ，使式（8-1）最小化。定义核函数 $K(x_i, x_j) = \phi(x_i)'\phi(x_j)$。记 $K = \begin{bmatrix} K_{S,S} & K_{S,T} \\ K_{T,S} & K_{T,T} \end{bmatrix}$ 为源领域和目标领域样本的核矩阵（可选择常用核函数）。相对于采用运算量较大的半正定规划（Semi-Definite Programe，SDP），迁移成分分析采取了另一种优化方式。它通过 $(n_1 + n_2) \times m$ 矩阵 $\tilde{W}$ 将原先的样本映射到 m 维（低维）空间里，映射后的核矩阵为 $\tilde{K} = KWW^T K$，其中 $W = K^{-\frac{1}{2}}\tilde{W}$，而 $K^{-\frac{1}{2}}$ 是某种矩阵分解 $K = \left(KK^{-\frac{1}{2}}\right)\left(K^{-\frac{1}{2}}K\right)$ 中的矩阵。这时，$\text{dist}(X'_S, X'_T) = \text{tr}(W^T KLKW)$。最小化两个样本集合在映射后的距离，并加入正则化项，即最优化下列问题

$$\min_{W} \text{tr}(W^T W) + \mu \text{tr}(W^T KLKW) \quad (8\text{-}2)$$

$$\text{s.t.} W^T HKW = I \quad (8\text{-}3)$$

式中，L 为 $(n_1 + n_2) \times (n_1 + n_2)$ 维矩阵，其第 i 行第 j 列的元素为

$$L_{ij} = \begin{cases} \frac{1}{n_1^2}, x_i, x_j \in X_S \\ \frac{1}{n_2^2}, x_i, x_j \in X_T \\ -\frac{1}{n_1 n_2}, \text{otherwise} \end{cases} \quad (8\text{-}4)$$

$$H = I_{n_1+n_2} - \frac{1}{n_1+n_2}11^T \qquad (8-5)$$

式中，**1** 为元素全是 1 的列向量。解 W 是 $(I+\mu KLK)^{-1}KHK$ 的 m 个最大特征值的特征向量。

除了样本知识的迁移和特征表示的迁移，还有参数的迁移。参数的迁移方法假设两个相似任务中的模型在参数上具有一定联系。接下来，我们将着重介绍两种模型参数的迁移方法。它们都对不同任务的神经网络在中间层参数上建立了某种联系。8.2 节的联邦迁移学习架构就是对这类迁移学习架构的延伸。

8.1.2 图像中级特征的迁移

卷积神经网络（Convolutional Neural Network，CNN）在计算机视觉领域中发挥着突出的作用。许多大规模有标注的图像数据集被用来训练和评估卷积神经网络。AlexNet 在 ImageNet 2012 Large-Scale Visual Recognition Challenge（ILSVRC-2012）竞赛中以当时最低的错误率获胜[125]。此后，不少优秀的卷积神经网络以之为参考进行了改进[126,127]，在各自参赛的数据集中胜出。尽管图像网络的发展可谓长江后浪推前浪，但 AlexNet 仍然以其富有开创性和启发性的地位成为后来者纷纷致敬的经典。图像网络的成功依赖于大规模有标注的数据集，而这个条件在层出不穷的现实问题中是不现实的。那么，能否采用迁移学习的思路，让图像网络能够在一个任务中训练之后，用到另一个任务中呢？

尽管无法将整个图像网络直接在不同任务中共享，然而从直觉上来讲，网络的前若干层仍然有迁移的可能。为什么呢？周志华给出了一种对深度学习的理解方式[128]：输入特征在多层神经网络中层层转化，逐步加工成与输出更加密切相关的潜在特征。基于这个认识，既然在一个数据集的训练下，一个图像网络的前若干层能够将输入特征转化成某种潜在特征，那么这个转化机制应该适用于另外的图像数据集。大量图像网络的中间层的可视化结果更说明了这种理解的合理性。Zeiler 等人对其模型在各层的结果进行了可视化[129]，从网络低层的物体边缘轮廓到边缘连接处的浮现，再到网络上层的目标块的描绘，都展现得栩栩如生。这些不同层次的特征被分为低级、中级和高级的特征。Le 更是在无监督的情形下学习了高级特征[130]。

文献[131]便采用了这种理念，该文献以 AlexNet 为基础，提出了网络参数迁移的方法。它将 AlexNet 的前 7 层迁移于不同的数据集之间，从而以相同的方式获取图像的中级特征表示。该方法在 ImageNet 数据集上预训练 AlexNet，随后迁移到 Pascal VOC 数据集上。在 ImageNet 数据集中，目标一般位于图像的中心，而背景中的杂乱程度往往很小，而在 Pascal VOC 数据集中，在图片中往往包含多个物体，且尺寸与方向各异，背景杂乱程度高。对此，迁移学习模型的结构如图 8-1 所示。

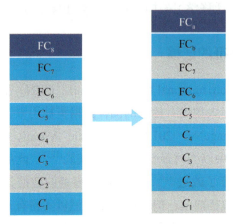

图 8-1　AlexNet 的参数迁移

在源任务中，使用 AlexNet 进行训练[125]。它以 224 像素×224 像素的图像作为输入，经过 5 个卷积层 $C_1 \sim C_5$ 和 3 个全连接层 $FC_6 \sim FC_8$。其中，它在 C_1 和 C_2 中使用了局部响应标准化和重叠最大池化，在 C_5 层之后也使用了重叠最大池化。前 7 层使用了 ReLU 激活函数，第 8 层使用 Softmax 激活函数进行多分类。此外，该模型采用了 Jittering 策略代替 AlexNet 中的 Dropout 策略。

正如之前所说，该模型的前 7 层将图像的原始特征转化成潜在的中级和高级特征。在目标领域的分类中，采用已经被训练的前 7 层的参数。然而，由于目标任务中涉及的分类类别不同于源领域，原先的全连接层 FC_8 已经不再适用，取而代之的是新增的两个全连接层 FC_a 和 FC_b，以适应新的数据分布。FC_a 和 FC_b 的参数在目标领域的数据集中进行训练。在这个阶段，$C_1 \sim FC_7$ 的参数被固定。

为了应对不同尺寸的图片，该模型采用了滑动窗口目标探测（Training Sliding

Window Object Detectors）的方法，将图片处理成固定的 224 像素 × 224 像素大小。首先，在每一张图片中，采样出 500 个平方块，它们的宽度为 $s = \frac{\min(w,h)}{\lambda}$。其中，$w, h$ 分别为图片的宽和高，$\lambda \in \{1, 1.3, 1.6, 2, 2.4, 2.8, 3.2, 3.6, 4\}$，使得相邻的块至少有 50% 重叠。然后，将这些块重新放缩到 224 像素 × 224 像素大小。如果平方块 P 与类别 o 的真实区域 B_o 满足如下条件，那么为平方块 P 赋予类别标签 o：（1）$|P \cap B_o| \geq 0.2|P|$，（2）$|P \cap B_o| \geq 0.6|B_o|$，（3）块中不包含其他类别目标的重叠。其中，$|\cdot|$ 表示面积。对于没有包含任何目标的平方块，赋予"背景"标签。

对于输入的块 P_i，模型的 FC_b 层输出会给出各个类别的预测值。设一张图片中有 M 个块，则该图片的类别 C_n 的分数为

$$\text{score}(C_n) = \frac{1}{M} \sum_{i=1}^{M} y(C_n|P_i)^k \tag{8-6}$$

式中，k 为模型超参数，$k \geq 1$。根据作者的交叉验证，得出经验最优值 $k = 5$。

将这一做法应用到 Pascal VOC 2007 数据集上，在分类平均精度上已经优于当时的已有模型 INRIA 和 NUS-PSL 等[131]。通过采用迁移学习方法，该方法不仅降低了标注成本，还提高了目标任务的分类性能。

8.1.3 从文本分类到图像分类的迁移

使用海量已标注文本的数据能够训练出强有力的文本分类模型，该模型可以在文本的词特征中发掘语义，判定文档的类别。Shu 等人巧妙地结合这个判别机制，提升了图像分类模型的性能[132]。

Shu 等人把图像和文本分别通过 L_1 个隐藏层进行转化，再通过 L_2 个共享的隐藏层进行转化，进而计算内积[132]。这种内积可以被视为图像和文本的某种潜在的联系紧密程度。如果将此时的内积作为权重，把文本标签加权赋予图像，就实现了标签信息的迁移。

这里"共享"的方式有两种，一种为强共享，另一种为弱共享。强共享的意思是图像和文本在某隐藏层的参数完全相等。弱共享则意味着，通过损失函数来约束两组参数相近。从直觉上来讲，图像和文本属于不同性质的数据，弱共享更

加适合这个情形。弱共享深度迁移网络如图 8-2 所示。

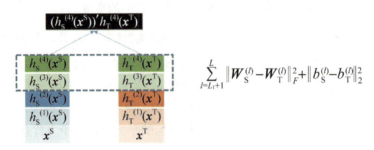

$$\sum_{l=L_1+1}^{L} \|W_S^{(l)} - W_T^{(l)}\|_F^2 + \|b_S^{(l)} - b_T^{(l)}\|_2^2$$

图 8-2 弱共享深度迁移网络

对于图像分类，这种做法在不牺牲模型表现力的前提下，抑制了过拟合现象。接下来就对这个工作进行介绍。

这个模型将自编码器（AutoEncoder）作为基本的组成部分。自编码器包含两个部分：编码函数 $h(x) = s_e(Wx + b)$ 和解码函数 $\tilde{h}(x) = s_d(\tilde{W}x + b)$。其中，$s_e, s_d$ 为非线性激活函数。自编码器通过损失函数 $\text{loss}(x_0, \tilde{h}(h(x_0)))$ 进行训练。多层自编码器堆叠，形成堆栈自编码器（Stacked AutoEncoder, SAE）。

令 $L = L_1 + L_2$，文本和图像的输入数据分别为 x_i^S 和 x_i^T，它们在第 l 层的特征表示分别为 $x_{S_i}^{(l)} \in \mathbf{R}^{a_l}, x_{T_i}^{(l)} \in \mathbf{R}^{b_l}$。令 $x_{S_i}^{(0)} = x_i^S, x_{T_i}^{(0)} = x_i^T$，且在不引起混淆的情况下省略下标 i。于是，这个网络可以用下列公式描述。

$$x_S^{(l)} = h_S^{(l)}(x^S) = s_e(W_S^{(l)} x_S^{(l-1)} + b_S^{(l)}) \in \mathbf{R}^{a_l} \tag{8-7}$$

$$x_T^{(l)} = h_T^{(l)}(x^T) = s_e\left(W_T^{(l)} x_T^{(l-1)} + b_T^{(l)}\right) \in \mathbf{R}^{b_l} \tag{8-8}$$

式中，$\{W_S^{(l)}, b_S^{(l)}\}_{l=1}^L$ 和 $\{W_T^{(l)}, b_T^{(l)}\}_{l=1}^L$ 分别为对应于文本和图像的堆栈自编码器参数。对于两个堆栈自编码器的输出数据，计算内积 $(h_S^{(L)}(x^S))'(h_T^{(L)}(x^T))$，并且称之为翻译函数（Translator Function）。对于若干源领域样本 $(\bar{x}_j^S, \bar{y}_j^S), j = 1, 2, \cdots, N_S$，翻译函数用于为目标领域输入 x^T 赋予标签。

$$f(x^T) = \sum_{j=1}^{N_S} \bar{y}_j^S \left(h_S^{(L)}\left(\bar{x}_j^S\right)\right)' h_T^{(L)}\left(x^T\right) \tag{8-9}$$

为了训练这个网络，作者定义的目标函数包含了下面几项。第一项用于两个

堆栈自编码器在后 L_2 层的弱共享

$$\Omega = \sum_{l=L_1+1}^{L} \left\| \boldsymbol{W}_\text{S}^{(l)} - \boldsymbol{W}_\text{T}^{(l)} \right\|_F^2 + \left\| b_\text{S}^{(l)} - b_\text{T}^{(l)} \right\|_2^2 \tag{8-10}$$

第二项衡量目标领域样本预测值与真实值的训练误差。

$$J_1 = \sum_{t=1}^{\bar{N}_\text{T}} l\left(\tilde{y}_t^\text{T} \cdot f\left(\tilde{\boldsymbol{x}}_t^\text{T} \right) \right) \tag{8-11}$$

这里取 $l(x) = \ln(1 + \exp(-x))$。设已有图像和文本共现数据 $\left\{ \left(\boldsymbol{x}_i^\text{S}, \boldsymbol{x}_i^\text{T} \right) \right\}_{i=1}^{N_\text{C}}$，其中 N_C 表示样本总量，第三项为共现的经验误差。

$$J_2 = \sum_{i=1}^{N_\text{C}} \exp\left(-\left(\left(h_\text{S}^{(L)}\left(\bar{\boldsymbol{x}}_i^\text{S} \right) \right)' h_\text{T}^{(L)}\left(\boldsymbol{x}_i^\text{T} \right) \right) \right) \tag{8-12}$$

第四项为参数的正则化项。

$$\Psi = \sum_{l=1}^{L} \left(\left\| \boldsymbol{W}_\text{S}^{(l)} \right\|_F^2 + \left\| b_\text{S}^{(l)} \right\|_2^2 + \left\| \boldsymbol{W}_\text{T}^{(l)} \right\|_F^2 + \left\| b_\text{T}^{(l)} \right\|_2^2 \right) \tag{8-13}$$

结合以上，损失函数为

$$J = J_1 + \eta J_2 + \frac{\gamma}{2}\Omega + \frac{\lambda}{2}\Psi \tag{8-14}$$

从而，可以利用随机梯度下降的方法来更新模型参数。

模型的训练主要包含三个部分。第一个部分为无监督地预训练堆栈自编码器。这个方法在上文介绍自编码器的时候已经提到。第二个部分为由损失函数（8-14）反向传播微调模型的各个参数。第三个部分为利用目标领域有标签数据 $A_\text{T} = \left\{ \tilde{\boldsymbol{x}}_t^\text{T}, \tilde{y}_t^\text{T} \right\}_{t=1}^{N_t}$ 来训练目标任务侧的堆叠自编码器。具体来讲，在目标任务侧的堆叠自编码器顶端加上 Softmax 层进行分类，按分类误差来训练目标任务侧的堆叠自编码器。第一个部分的训练首先进行，进行若干步参数更新。然后，第二个部分和第三个部分交替进行，即每一轮参数更新都包含一步第二个部分的参数更新和一步第个三部分的参数更新，直到迭代次数达到设定的最大值。

该模型在 NUS-WIDE 数据集[133]上进行训练和评估，其准确率超越了支持向量机（SVM）、堆栈自编码器、异构迁移学习[134]和文本图像翻译器（Translator from Text to Image, TTI）[135]等已有的优秀模型。

本节讲述的弱共享深度迁移网络以堆栈自编码器为基础，建立了异构领域之间的迁移学习体系，通过将源领域中的标签信息迁移到目标领域，提升了目标任务的分类性能。

8.1.4　联邦迁移学习的提出

在迁移学习的很多实际应用中，源领域和目标领域的数据常常属于不同的机构。共享数据训练模型可能会受到某些法律因素或其他实际因素的限制。欧盟在2016年颁布的通用数据保护条例（General Data Protection Regulation，GDPR）[136]中要求不同的机构在共同使用数据时，不得将用户隐私暴露给对方。因此，源领域方与目标领域方在交换数据时，可能需要对数据进行加密。双方仅能获取对方数据的密文，并基于此完成模型的训练。

联邦迁移强化学习[137]实现了强化学习中的"联邦"和"迁移"。它在自动驾驶任务中，在数据保密的条件下，实现了模拟器和自动驾驶汽车之间的迁移。

8.2　联邦迁移学习架构

联邦迁移学习的定义如下[30]。

定义 8-2　在特征空间不同且样本分布不同的两个参与方的参与下，在能够实现综合运用各方数据的同时，保证各方数据隐私的算法，被称为联邦迁移学习。

迁移学习中的源领域和目标领域等概念，同样适用于联邦迁移学习。联邦迁移学习架构[138,139]充分利用了源领域和目标领域的样本数据，量化了源领域样本和目标领域样本的关联程度作为迁移的桥梁。具体来讲，源领域样本的特征和目标领域样本的特征分别经过若干层的转化后，计算内积。这个内积便可被视为"关联程度"的度量。于是，在目标领域中的每个样本都会与在源领域中的所有样本计算这个内积。以这些内积为权重，源领域样本的标签便可加权赋予该目标领域样本。由此可见，它与纵向联邦学习的重要区别：在纵向联邦学习中，双方的交集样本会产生联系；在联邦迁移学习中，双方的交集样本和非交集样本均会产生联系，这个架构如图 8-3 所示。

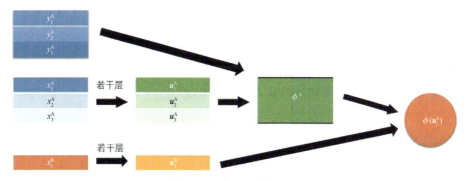

图 8-3 联邦迁移学习架构

接下来，我们用具体的数学语言来明确地描述这个架构。

设源领域方 A 有数据集 $D_A = \{(x_i^A, y_i^A)\}_{i=1}^{N_A}, y_i^A \in \{1, -1\}$ 和一个神经网络 Net^A。该网络将样本 x_i^A 转化为潜在的特征表示 $u_i^A = \text{Net}^A(x_i^A)$。类似地，目标领域方 B 有数据集 $D_B = \{(x_j^B)\}_{j=1}^{N_B}$ 和神经网络 $u_i^B = \text{Net}^B(x_i^B), i \in \{1, 2, \cdots, N_B\}$。这里，$u_i^A$ 和 u_i^B 具有相同的维数 d。此外，还有 A 方与 B 方的共现数据 $\{(x_i^A, x_i^B)\}_{i=1}^{N_{AB}}$，以及部分带有 A 方标签的 B 方数据 $\{(x_i^B, y_i^A)\}_{i=1}^{N_C}$。

以函数

$$\phi(u_j^B) = \phi(u_1^A, y_1^A, u_2^A, y_2^A, \cdots, u_{N_A}^A, y_{N_A}^A, u_j^B) \tag{8-15}$$

作为模型的预测值，并假设 $\phi(u_j^B)$ 线性可分，即

$$\phi(u_j^B) = \Phi^A \mathcal{G}(u_j^B) \tag{8-16}$$

例如，在"从文本分类到图像分类的迁移"[132]中有

$$\phi(u_j^B) = \frac{1}{N_A} \sum_i^{N_A} y_i^A u_i^A (u_j^B)' \tag{8-17}$$

$$\Phi^A = \frac{1}{N_A} \sum_i^{N_A} y_i^A u_i^A \tag{8-18}$$

$$\mathcal{G}(\boldsymbol{u}_j^B) = (\boldsymbol{u}_j^B)' \tag{8-19}$$

损失函数包含四项，这四项涵盖了三个方面：标签的监督作用（第一项）、两方样本交集的关联性（第二项）和过拟合的抑制（第三项和第四项）。它们分别对应了下列四项。

第一项涉及带有 A 方标签的 B 方数据 $\{(x_i^B, y_i^A)\}_{i=1}^{N_C}$。这一项为

$$\mathcal{L}_1 = \sum_{i=1}^{N_C} l_1(y_i^A, \phi(\boldsymbol{u}_i^B)) \tag{8-20}$$

式中，$l_1(y, \phi) = \ln(1 + \exp(-y\phi))$。

第二项涉及 A 方与 B 方的共现数据 $\{(x_i^A, x_i^B)\}_{i=1}^{N_{AB}}$。这一项为

$$\mathcal{L}_2 = \sum_{i=1}^{N_{AB}} l_2(\boldsymbol{u}_i^A, \boldsymbol{u}_i^B) \tag{8-21}$$

式中，l_2 表示对准损失（Alignment Loss）。典型的对准损失包括 $-\boldsymbol{u}_i^A \cdot (\boldsymbol{u}_i^B)^T$ 或者 $-\|\boldsymbol{u}_i^A - \boldsymbol{u}_i^B\|_F^2$，这里假设 l_2 具有形式

$$l_2(\boldsymbol{u}_i^A, \boldsymbol{u}_i^B) = -l_2^A(\boldsymbol{u}_i^A) + l_2^B(\boldsymbol{u}_i^B) + \kappa \boldsymbol{u}_i^A \cdot (\boldsymbol{u}_i^B)^T \tag{8-22}$$

式中，κ 为常数。

第三项和第四项分别为 Net^A 和 Net^B 网络参数的正则化项。设 Net^A 和 Net^B 的参数集合分别为 $\Theta^A = \{\theta_l^A\}_{l=1}^{L_A}$ 和 $\Theta^B = \{\theta_l^B\}_{l=1}^{L_B}$，那么这两项可以写成

$$\mathcal{L}_3^A = \sum_{l=1}^{L_A} \|\theta_l^A\|_F^2 \tag{8-23}$$

$$\mathcal{L}_3^B = \sum_{l=1}^{L_B} \|\theta_l^B\|_F^2 \tag{8-24}$$

于是，损失函数可以写成

$$\mathcal{L} = \mathcal{L}_1 + \gamma \mathcal{L}_2 + \frac{\lambda}{2}(\mathcal{L}_3^A + \mathcal{L}_3^B) \tag{8-25}$$

模型参数的更新在原则上需要利用反向传播的方法。然而，损失函数和它对模型参数的梯度，都同时用到了 A 和 B 双方的数据。为了在这些计算中避免各方

将数据暴露给对方，加密算法或安全多方计算协议的使用是必要的。8.3 节对这点详细介绍。

8.3 联邦迁移学习方法

加密算法和安全多方计算协议的引入，使得损失函数和梯度的安全计算成为可能。它们支持加密值的加法或乘法运算，从而使得一方能够利用另一方数值的密文进行计算。注意：损失函数的第一项涉及非线性函数，此时可采用多项式近似，将非线性函数近似成线性函数，使其仅包含加法和乘法运算。

接下来，我们介绍加法同态加密、ABY、SPDZ 和多项式近似，以及如何利用它们进行损失函数和梯度的安全计算。其中，ABY 和 SPDZ 是两种安全多方计算协议框架。如图 8-4 所示，它们之间的三种组合分别实现了三种安全训练。

图 8-4　三种组合都可以实现联邦迁移学习模型的安全训练

8.3.1　多项式近似

Logistic 函数的对数

$$f(x) = \ln\left(1 + \exp(-x)\right) \tag{8-26}$$

出现于 Logistic 回归的损失函数，以及一些二分类神经网络的损失函数中。利用多项式近似[140~142]可以将这个函数近似成线性函数，以便应用下文提到的加密算法和传输协议，对加密值进行加法或乘法运算。这里采用二阶泰勒展开式

$$f(x) \approx \ln 2 - \frac{1}{2}x + \frac{1}{8}x^2 \quad (8\text{-}27)$$

8.3.2 加法同态加密

第 2 章对同态加密[143]技术进行了介绍。其中，加法同态加密可以应用于联邦迁移学习情形。对于值 m_1 和 m_2，加法同态加密 $E(\cdot)$ 实现了 $E(m_1+m_2)=E(m_1)+E(m_2)$。这意味着，A 方可以将数值加密并发送给 B 方，而 B 方在进行加法运算后把结果发送回 A 方，A 方再对结果进行解密。

8.3.3 ABY

ABY[144]是一种半诚实（semi-honest）设定下的传输协议框架，适用于有两个参与方的情形。它包含算术共享（Arithmetic Sharing）、布尔共享（Boolean Sharing）和姚氏混淆电路（Yao's Garbled Circuits）。这里采用算术共享。它能够令双方对保密的值进行加法和乘法运算，且持有该值的一方不让另一方知道这个数值，随后将结果公开。

设第 i 方 $(i \in \{0,1\})$ P_i 持有保密的数值 x，为了对这个数值进行共享（但是并不让另一方知道该值），它生成一个数值 r，并设 $\langle x \rangle_i = x-r$，将 r 发送给另一方 P_{1-i}。另一方设 $\langle x \rangle_{1-i} = r$。于是，有 $x = \langle x \rangle_0 + \langle x \rangle_1$。此时，将这个共享方式记为 $\langle x \rangle$，即 $\langle x \rangle = (\langle x \rangle_0, \langle x \rangle_1)$。

为了对两个保密值 x 和 y 进行加法运算，P_i 计算 $\langle z \rangle_i = \langle x \rangle_i + \langle y \rangle_i$。显然，$z = \langle z \rangle_0 + \langle z \rangle_1$ 就是所求结果。接下来，叙述保密值的乘法运算。设在此之前，已经预先准备了三个共享值 $\langle a \rangle, \langle b \rangle, \langle c \rangle$，使得 $c = a \cdot b$。P_i 计算

$$\langle \varepsilon \rangle_i = \langle x \rangle_i - \langle a \rangle_i \quad (8\text{-}28)$$

$$\langle \rho \rangle_i = \langle y \rangle_i - \langle b \rangle_i \quad (8\text{-}29)$$

$$\langle z \rangle_i = i \cdot \varepsilon \cdot \rho + \rho \cdot \langle a \rangle_i + \varepsilon \cdot \langle b \rangle_i + \langle c \rangle_i \quad (8\text{-}30)$$

对一个共享的 x 进行公开的方法：P_i 将其 $\langle x \rangle_i$ 发送给 P_{1-i} ($i \in \{0,1\}$)，然后计算 $x = \langle x \rangle_0 + \langle x \rangle_1$。

8.3.4 SPDZ

SPDZ 是一种恶意（malicious）设定下的传输协议框架。它考虑到在 n 个参与方中有 $n-1$ 个参与方变得不诚实。它实现了 n 方协作，对保密的数值进行加法或乘法运算（期间各方并不知道保密的数值），并且将结果公开。SPDZ 由 Damgård 等人提出[145]，并被 Damgård 等人改进[146]，Keller 给出了它的开源实现方法。

为了将一个保密的数值 a 进行共享（但是各方并不知道这一数值），各方分别持有 $a_i, i=1,2,\cdots,n$，使得 $a = a_1 + a_2 + \cdots + a_n$。为了验证这个共享的正确性，采取消息验证码（Message Authentication Code, MAC）$\gamma(a)$，其中各方持有 $\gamma(a)_i$，使得

$$\gamma(a) = \gamma(a)_1 + \gamma(a)_2 + \cdots + \gamma(a)_n \tag{8-31}$$

$$\gamma(a) = \alpha a \tag{8-32}$$

这里的 α 是一个已经给定的固定值，称为消息验证码关键字（MAC Key），各方持有 α_i，使得 $\alpha = \alpha_1 + \alpha_2 + \cdots + \alpha_n$。这种对 a 进行共享的方式被记为 $\langle a \rangle$，具体地讲，

$$\langle a \rangle = \big((a_1, a_2, \cdots, a_n), (\gamma(a)_1, \gamma(a)_2, \cdots, \gamma(a)_n)\big) \tag{8-33}$$

容易实现共享数值的加法运算 $\langle x+y \rangle = \langle x \rangle + \langle y \rangle$。然而，对于 $\langle x \rangle$ 和 $\langle y \rangle$ 的乘法运算，过程相对复杂一点。设已经产生了用于乘法运算的三个共享值 $\langle a \rangle, \langle b \rangle, \langle c \rangle$，使得 $c = a \cdot b$。各方共同计算 $\langle x \rangle - \langle a \rangle = \langle \varepsilon \rangle$，$\langle y \rangle - \langle b \rangle = \langle \delta \rangle$，并且不完全开放（Partially Open）$\langle \varepsilon \rangle, \langle \delta \rangle$，使得 ε 和 δ 为各方知晓。所谓不完全开放 ε，即各方公开各自持有的 ε_i，使得各方能够获得 $\varepsilon = \varepsilon_1 + \varepsilon_2 + \cdots + \varepsilon_n$。随后，进行加法运算

$$\langle x \rangle \cdot \langle y \rangle = \langle c \rangle + \varepsilon \cdot \langle b \rangle + \delta \cdot \langle a \rangle + \varepsilon \cdot \delta \tag{8-34}$$

如果 $\langle x \rangle$ 已经被不完全开放，那么为了利用消息验证码来验证共享 $\langle x \rangle$ 的正确性，公开一个随机向量 $\boldsymbol{r} = (r_1, r_2, \cdots, r_n)$。第 i 方 P_i 计算

$$c = \sum_{j=1}^{n} r_j x_j \tag{8-35}$$

$$\gamma(c)_i = \sum_{j=1}^{n} r_j \gamma(x_j)_i \tag{8-36}$$

$$\sigma_i = \gamma(c)_i - \alpha_i \cdot c \tag{8-37}$$

并且将 σ_i 公开。各方共同验证

$$\sigma_1 + \sigma_2 + \cdots + \sigma_n = 0 \tag{8-38}$$

如果 $\sigma_1 + \sigma_2 + \cdots + \sigma_n$ 不等于零,那么验证失败。

8.3.5 基于加法同态加密进行安全训练和预测

如何采用上述方法来实现 8.2 节中的联邦迁移学习架构呢?首先说一下结合加法同态加密和多项式近似来进行模型训练和预测的方法[138]。

我们将加法同态加密记为 $[\![\cdot]\!]$。记 $[\![\cdot]\!]_A$ 为由 A 方所持有公共关键字的同态加密(即真实值由 A 方持有,且加密后的值可由 A 方解密),$[\![\cdot]\!]_B$ 为由 B 方所持有公共关键字的同态加密。另外,根据上文的"多项式近似"

$$l_1(y, \phi) = \ln(1 + \exp(-y\phi)) \approx l_1(y, 0) - \frac{1}{2} C(y)\phi + \frac{1}{8} D(y)\phi \tag{8-39}$$

式中,$C(y) = y, D(y) = y^2$。从而可以求出

$$\begin{aligned}
[\![\mathcal{L}]\!] = & \sum_{i}^{N_C} \left([\![l_1(y_i^A, 0)]\!] \right) \\
& - \frac{1}{2} C(y_i^A) \boldsymbol{\Phi}^A [\![\mathcal{G}(\boldsymbol{u}_i^B)]\!] \\
& + \frac{1}{8} D(y_i^A) \boldsymbol{\Phi}^A [\![(\mathcal{G}(\boldsymbol{u}_i^B))^T \mathcal{G}(\boldsymbol{u}_i^B)]\!] (\boldsymbol{\Phi}^A)^T \\
& + \gamma \sum_{i}^{N_{AB}} \left([\![l_2^B(\boldsymbol{u}_i^B)]\!] + [\![l_2^A(\boldsymbol{u}_i^A)]\!] + \kappa \boldsymbol{u}_i^A [\![(\boldsymbol{u}_i^B)^T]\!] \right) \\
& + \left[\!\!\left[\frac{\lambda}{2} \mathcal{L}_3^A\right]\!\!\right] + \left[\!\!\left[\frac{\lambda}{2} \mathcal{L}_3^B\right]\!\!\right]
\end{aligned} \tag{8-40}$$

$$\left[\!\left[\frac{\partial \mathcal{L}}{\partial \boldsymbol{\theta}_l^{\mathrm{B}}}\right]\!\right] = \sum_i^{N_\mathrm{C}} \frac{\partial \left(\mathcal{G}\left(\boldsymbol{u}_i^{\mathrm{B}}\right)\right)^{\mathrm{T}} \mathcal{G}\left(\boldsymbol{u}_i^{\mathrm{B}}\right)}{\partial \boldsymbol{u}_i^{\mathrm{B}}} \left[\!\left[\frac{1}{8}D\left(y_i^{\mathrm{A}}\right)\left(\boldsymbol{\Phi}^{\mathrm{A}}\right)^{\mathrm{T}}\boldsymbol{\Phi}^{\mathrm{A}}\right]\!\right] \frac{\partial \boldsymbol{u}_i^{\mathrm{B}}}{\partial \boldsymbol{\theta}_l^{\mathrm{B}}}$$

$$-\sum_i^{N_\mathrm{C}} \left[\!\left[\frac{1}{2}C\left(y_i^{\mathrm{A}}\right)\boldsymbol{\Phi}^{\mathrm{A}}\right]\!\right] \frac{\partial \mathcal{G}\left(\boldsymbol{u}_i^{\mathrm{B}}\right)}{\partial \boldsymbol{u}_i^{\mathrm{B}}} \frac{\partial \boldsymbol{u}_i^{\mathrm{B}}}{\partial \boldsymbol{\theta}_l^{\mathrm{B}}}$$

$$+\sum_i^{N_\mathrm{AB}} \left(\left[\!\left[\gamma\kappa\boldsymbol{u}_i^{\mathrm{A}}\right]\!\right] \frac{\partial \boldsymbol{u}_i^{\mathrm{B}}}{\partial \boldsymbol{\theta}_l^{\mathrm{B}}} + \left[\!\left[\gamma\frac{\partial l_2^{\mathrm{B}}\left(\boldsymbol{u}_i^{\mathrm{B}}\right)}{\partial \boldsymbol{\theta}_l^{\mathrm{B}}}\right]\!\right]\right)$$

$$+\left[\!\left[\lambda\boldsymbol{\theta}_l^{\mathrm{B}}\right]\!\right] \tag{8-41}$$

$$\frac{\partial \mathcal{L}}{\partial \boldsymbol{\theta}_l^{\mathrm{A}}} = \sum_j^{N_\mathrm{A}} \sum_i^{N_\mathrm{e}} \left(\frac{1}{4}D\left(y_i^{\mathrm{A}}\right)\boldsymbol{\Phi}^{\mathrm{A}}\left[\!\left[\mathcal{G}\left(\boldsymbol{u}_i^{\mathrm{B}}\right)^{\mathrm{T}}\mathcal{G}\left(\boldsymbol{u}_i^{\mathrm{B}}\right)\right]\!\right]\right.$$

$$\left.-\frac{1}{2}C\left(y_i^{\mathrm{A}}\right)\left[\!\left[\mathcal{G}\left(\boldsymbol{u}_i^{\mathrm{B}}\right)\right]\!\right]\right) \cdot \frac{\partial \boldsymbol{\Phi}^{\mathrm{A}}}{\partial \boldsymbol{u}_j^{\mathrm{A}}} \frac{\partial \boldsymbol{u}_j^{\mathrm{A}}}{\partial \boldsymbol{\theta}_l^{\mathrm{A}}}$$

$$+\gamma\sum_i^{N_\mathrm{AB}} \left(\left[\!\left[\kappa\boldsymbol{u}_i^{\mathrm{B}}\right]\!\right] \frac{\partial \boldsymbol{u}_i^{\mathrm{A}}}{\partial \boldsymbol{\theta}_l^{\mathrm{A}}} + \left[\!\left[\frac{\partial l_2^{\mathrm{A}}\left(\boldsymbol{u}_i^{\mathrm{A}}\right)}{\partial \boldsymbol{\theta}_l^{\mathrm{A}}}\right]\!\right]\right)$$

$$+\left[\!\left[\lambda\boldsymbol{\theta}_l^{\mathrm{A}}\right]\!\right] \tag{8-42}$$

在训练阶段，A方和B方需要合作计算式（8-39）～式（8-41）。它包含大致四个步骤。其中一方的梯度计算如图8-5所示，另一方的与之对称。

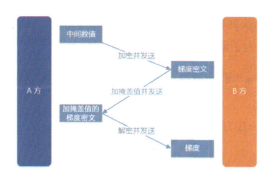

图8-5 基于加法同态加密和多项式近似进行安全训练

第一步，各方计算本地数据。两方初始化 $\boldsymbol{\Theta}^{\mathrm{A}}$ 和 $\boldsymbol{\Theta}^{\mathrm{B}}$，且计算 $\boldsymbol{u}_i^{\mathrm{A}} = \mathrm{Net}^{\mathrm{A}}\left(x_i^{\mathrm{A}}\right)$ 和 $\boldsymbol{u}_i^{\mathrm{B}} = \mathrm{Net}^{\mathrm{B}}\left(x_i^{\mathrm{B}}\right)$。

第二步，双方交换中间数据密文。A方计算

$$h_1^A\left(u_i^A, y_i^A\right) = \left\{\left[\!\left[\frac{1}{8}D(y_i^A)(\boldsymbol{\varPhi}^A)^T(\boldsymbol{\varPhi}^A)\right]\!\right]_A\right\}_{i=1}^{N_C} \quad (8\text{-}43)$$

$$h_2^A\left(u_i^A, y_i^A\right) = \left\{\left[\!\left[\frac{1}{2}C(y_i^A)\boldsymbol{\varPhi}^A\right]\!\right]_A\right\}_{i=1}^{N_C} \quad (8\text{-}44)$$

$$h_3^A\left(u_i^A, y_i^A\right) = \left\{\left[\!\left[\gamma\kappa u_i^A\right]\!\right]_A\right\}_{i=1}^{N_{AB}} \quad (8\text{-}45)$$

且将它们加密发送给 B 方。根据式（8-41），B 方可以利用这些值加密地计算 Net^B 各个参数的梯度 $\left[\!\left[\frac{\partial \mathcal{L}}{\partial \boldsymbol{\theta}_l^B}\right]\!\right]_A$。类似地，B 方计算

$$h_1^B\left(u_i^B\right) = \left\{\left[\!\left[(\mathcal{G}(u_i^B))^T \mathcal{G}(u_i^B)\right]\!\right]_B\right\}_{i=1}^{N_C} \quad (8\text{-}46)$$

$$h_2^B\left(u_i^B\right) = \left\{\left[\!\left[\mathcal{G}(u_i^B)\right]\!\right]_B\right\}_{i=1}^{N_C} \quad (8\text{-}47)$$

$$h_3^B\left(u_i^B\right) = \left\{\left[\!\left[\kappa u_i^B\right]\!\right]_B\right\}_{i=1}^{N_{AB}} \quad (8\text{-}48)$$

$$h_4^B\left(u_i^B\right) = \left[\!\left[\frac{\lambda}{2}\mathcal{L}_3^B\right]\!\right]_B \quad (8\text{-}49)$$

且加密发送给 A 方，A 方可根据式（8-42）计算 $\left[\!\left[\frac{\partial \mathcal{L}}{\partial \boldsymbol{\theta}_l^A}\right]\!\right]_B$。

第三步，各方在收到密文后，计算对方的梯度密文，加掩盖（mask）值并发送给对方进行解密。为了避免在梯度中暴露用户信息[57,70,141,147,148]，A 方和 B 方需要利用随机数 m^A 和 m^B 进一步掩盖梯度。具体来说，A 方计算 $\left[\!\left[\frac{\partial \mathcal{L}}{\partial \boldsymbol{\theta}_l^A} + m^A\right]\!\right]_B$ 和 $[\![\mathcal{L}]\!]_B$ 并发送给 B 方，B 方计算 $\left[\!\left[\frac{\partial \mathcal{L}}{\partial \boldsymbol{\theta}_l^B} + m^B\right]\!\right]_A$ 并发送给 A 方。

第四步，各方解密收到的值，并发送给对方用于梯度更新。B 方在解密 $\frac{\partial \mathcal{L}}{\partial \boldsymbol{\theta}_l^A} + m^A$ 后发回 A 方用于 Net^A 的参数更新；A 方在解密 $\frac{\partial \mathcal{L}}{\partial \boldsymbol{\theta}_l^B} + m^B$ 后发回 B 方用于 Net^B 的参数更新。

在推理阶段，B 方计算 $u_j^B = \text{Net}^B(\boldsymbol{\varTheta}^B, x_j^B)$，并加密得 $[\![\mathcal{G}(u_j^B)]\!]_B$。A 方计算

$[\![\varphi(\boldsymbol{u}_j^B)]\!]_B = \dot{\boldsymbol{\Phi}}^A [\![\mathcal{G}(\boldsymbol{u}_j^B)]\!]_B$，生成随机数 m^A，并将 $[\![\varphi(\boldsymbol{u}_j^B)+m^A]\!]_B$ 发送给 B 方。B 方解密出 $\varphi(\boldsymbol{u}_j^B)+m^A$ 并且发送给 A 方。A 方获取 $\varphi(\boldsymbol{u}_j^B)$，并计算 y_j^B，然后发送给 B 方。

根据文献[149]中定义的安全性，Liu 等人证明了这个方法是安全的[138]。据此，一方无法从另一方传来的信息中推断出其他有用的信息，从而避免了用户隐私的传播。

8.3.6 基于 ABY 和 SPDZ 进行安全训练

利用 ABY 或 SPDZ 代替加法同态加密进行模型训练，能够带来效率和安全性的提升[139]。

我们放弃式（8-39）～式（8-41）中的同态加密，将它们改为

$$\begin{aligned}\mathcal{L} = &\sum_i^{N_C} \Big(l_1\big(y_i^A, 0\big) \\ & -\frac{1}{2} C\big(y_i^A\big) \boldsymbol{\Phi}^A \mathcal{G}\big(\boldsymbol{u}_i^B\big) \\ & +\frac{1}{8} D\big(y_i^A\big) \boldsymbol{\Phi}^A \big(\mathcal{G}(\boldsymbol{u}_i^B)\big)^T \mathcal{G}\big(\boldsymbol{u}_i^B\big) \big(\boldsymbol{\Phi}^A\big)^T \Big) \\ & +\gamma \sum_i^{N_{AB}} \Big(l_2^B\big(\boldsymbol{u}_i^B\big) + l_2^A\big(\boldsymbol{u}_i^A\big) + \kappa \boldsymbol{u}_i^A \big(\boldsymbol{u}_i^B\big)' \Big) \\ & +\frac{\lambda}{2} \mathcal{L}_3^A + \frac{\lambda}{2} \mathcal{L}_3^B \end{aligned} \quad (8\text{-}50)$$

$$\begin{aligned}\frac{\partial \mathcal{L}}{\partial \boldsymbol{\theta}_l^B} = &\sum_i^{N_C} \frac{\partial \big(\mathcal{G}(\boldsymbol{u}_i^B)\big)^T \mathcal{G}\big(\boldsymbol{u}_i^B\big)}{\partial \boldsymbol{u}_i^B} \frac{1}{8} D\big(y_i^A\big) \big(\boldsymbol{\Phi}^A\big)^T \boldsymbol{\Phi}^A \frac{\partial \boldsymbol{u}_i^B}{\partial \boldsymbol{\theta}_l^B} \\ & -\sum_i^{N_C} \frac{1}{2} C\big(y_i^A\big) \boldsymbol{\Phi}^A \frac{\partial \mathcal{G}(\boldsymbol{u}_i^B)}{\partial \boldsymbol{u}_i^B} \frac{\partial \boldsymbol{u}_i^B}{\partial \boldsymbol{\theta}_l^B} \\ & +\sum_i^{N_{AB}} \bigg(\gamma \kappa \boldsymbol{u}_i^A \frac{\partial \boldsymbol{u}_i^B}{\partial \boldsymbol{\theta}_l^B} + \gamma \frac{\partial l_2^B(\boldsymbol{u}_i^B)}{\partial \boldsymbol{\theta}_l^B} \bigg) \\ & +\lambda \boldsymbol{\theta}_l^B \end{aligned} \quad (8\text{-}51)$$

$$\frac{\partial \mathcal{L}}{\partial \boldsymbol{\theta}_l^A} = \sum_j^{N_A} \sum_i^{N_e} \left(\frac{1}{4} D(y_i^A) \boldsymbol{\Phi}^A \mathcal{G}(\boldsymbol{u}_i^B)' \mathcal{G}(\boldsymbol{u}_i^B) \right.$$
$$\left. - \frac{1}{2} C(y_i^A) \mathcal{G}(\boldsymbol{u}_i^B) \right) \cdot \frac{\partial \boldsymbol{\Phi}^A}{\partial \boldsymbol{u}_j^A} \frac{\partial \boldsymbol{u}_j^A}{\partial \boldsymbol{\theta}_l^A}$$
$$+ \gamma \sum_i^{N_{AB}} \left(\boldsymbol{u}_i^B \frac{\partial \boldsymbol{u}_i^A}{\partial \boldsymbol{\theta}_l^A} + \frac{\partial l_2^A(\boldsymbol{u}_i^A)}{\partial \boldsymbol{\theta}_l^A} \right)$$
$$+ \lambda \boldsymbol{\theta}_l^A \tag{8-52}$$

这里的计算涉及 A 方和 B 方数值的加法和乘法。如图 8-6 所示，利用 ABY 和 SPDZ 安全传输协议，在双方数值互不暴露的条件下，安全地进行这些加法和乘法计算，然后令结果公开。这个改进提升了效率，并且利用 SPDZ 可以将这个框架从两方推广到 n 方，且在其中 $n-1$ 方离开传输协议的情况下仍然能够防止出错。

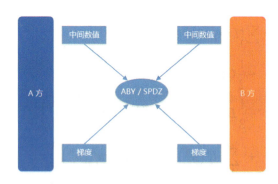

图 8-6 基于安全传输协议和多项式近似进行安全训练

相对于 8.3.5 节介绍的方法，这里改变了 $\boldsymbol{\theta}_l^A$ 和 $\boldsymbol{\theta}_l^B$ 的梯度的计算方式，而其他步骤不变。

8.3.7 性能分析

与流程相似的分布式机器学习相比，联邦学习在 CPU 时间和数据传输方面都有大量的消耗。同时，加密过程也消耗了大量的时间。此外，带宽对联邦迁移学习的性能具有巨大影响。因此，参与联邦迁移学习的各方的地理位置应该成为重要的考虑因素[150]。

8.4 联邦迁移学习案例

8.4.1 应用场景

如图 8-7 所示,联邦迁移学习与横向联邦学习、纵向联邦学习可并列为联邦学习的三大类别[30]。

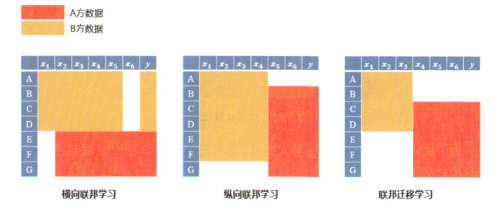

图 8-7 联邦学习的三种分类

其中,在横向联邦学习中,两方数据有很多共同的特征和不同的样本。一个应用场景是,两个银行都有用户的"是否存在洗钱行为"作为标签 y,且有着共同的特征,但具有不同的用户群体。

在纵向联邦学习中,两方数据几乎没有共同特征,但是有很多共同的样本。一个应用场景是,银行拥有用户的"是否信用违约"信息作为标签 y,且拥有用户的支付-余额类特征。企业拥有用户的一些画像特征,且两方的用户交集较大。

在联邦迁移学习中,两方在样本和特征方面交集都很小。应用场景可类似于纵向联邦学习,另外的区别在于两方的用户交集较小。它特有的模型结构使得模型可以充分学习到两方的信息。

8.4.2 联邦迁移强化学习

对强化学习的研究极大地推动了自动驾驶的发展。自动驾驶的强化学习方法的典型模式如下：在模拟器（Simulators）中预训练并上传模型，然后在自动驾驶汽车中微调，如图 8-8 所示。其中，服务器指的是模拟器，智能体指的是自动驾驶汽车。这里面临的问题是，模型在实际环境中进行微调时，无法将该信息进行反馈。

图 8-8 常见的自动驾驶强化学习模式

为了优化这个模式，Liang 等人提出了联邦迁移强化学习[137]。联邦迁移强化学习的定义如下。

定义 8-3 在一个服务器和多个智能体的参与下，在能够实现各个智能体利用其数据进行强化学习的同时，保证各方数据隐私，并将其知识迁移到服务器及其他模型的算法，被称为联邦迁移强化学习。

它实现了智能体共同进行异步更新，并且结合了联邦学习和迁移学习，可适用于多种强化学习模型。这个框架在自动驾驶汽车的碰撞规避实验中表现出出色的性能。

1. 深度确定性策略梯度算法

这里首先介绍一个强化学习算法，它将作为一个例子介绍联邦迁移强化学习框架。

深度确定性策略梯度算法（Deep Deterministic Policy Gradient，DDPG）[151]解决了一类强化学习问题，并且在很多具有挑战性的情形下都有出色的表现，比如以原始像素作为观察值。

考虑如下强化学习问题。在离散时间的时间点 t，智能体（Agent）观察到状态 x_t，采取动作 $\boldsymbol{a}_t \in \mathcal{A}$，并收到标量奖赏 r_t。其中，$\mathcal{A} = \mathbf{R}^N$，$N$ 表示 N 维空间。经过一段时间的互动，可以得到一组状态-动作对

$$s_t = (x_1, \boldsymbol{a}_1, \cdots, \boldsymbol{a}_{t-1}, x_t) \tag{8-53}$$

假设环境 E 可以被完全观察，从而 $x_t = s_t$。设状态空间为 $\mathcal{S}$。策略 $\pi: \mathcal{S} \to \mathcal{P}(\mathcal{A})$ 将状态映射成动作的一个概率分布。环境 E 为马尔可夫决策过程，具有初始状态分布 $p(x_1)$，状态转移概率 $p(s_{t+1} | s_t, \boldsymbol{a}_t)$。设奖赏函数为 $r(s_t, \boldsymbol{a}_t)$，则从一个状态开始算起的累积收益（Return）可以定义为折现未来奖赏之和，即

$$R_t = \sum_{i=t}^{T} \gamma^{(i-t)} r(s_i, \boldsymbol{a}_i) \tag{8-54}$$

式中，$\gamma \in [0,1]$ 为折现（Discounted）因子。

动作-值函数（Action-Value Function）$Q^\pi(s_t, \boldsymbol{a}_t) = \mathbb{E}_\pi[R_t | s_t, \boldsymbol{a}_t]$ 描述了在状态为 x_t 下采取动作 $\boldsymbol{a}_t$ 和策略 π 后的期望收益。贝尔曼方程

$$Q^\pi(s_t, \boldsymbol{a}_t) = \mathbb{E}_{r_t, s_{t+1} \sim E}\left[r(s_t, \boldsymbol{a}_t) + \gamma \mathbb{E}_{\boldsymbol{a}_{t+1} \sim \pi}\left[Q^\pi(s_{t+1}, \boldsymbol{a}_{t+1})\right]\right] \tag{8-55}$$

指出了这个函数的递归关系。如果策略是非随机的，将策略表示为 $\mu: \mathcal{S} \to \mathcal{A}$，那么这个方程可以写成

$$Q^\mu(s_t, \boldsymbol{a}_t) = \mathbb{E}_{r_t, s_{t+1} \sim E}\left[r(s_t, \boldsymbol{a}_t) + \gamma Q^\mu(s_{t+1}, \mu(s_{t+1}))\right] \tag{8-56}$$

此时，这个期望收益取决于环境 E。

Q-学习[152]是一种用于学习 Q^μ 的非策略的算法。它采用策略 $\mu(s) = \text{argmax}_a Q(s, \boldsymbol{a})$，用参数为 θ^Q 的模型 $Q(s_t, \boldsymbol{a}_t | \theta^Q)$ 来拟合评价器（Critic）Q^μ。通过最小化损失函数

$$L(\theta^Q) = \mathbb{E}_{\mu'}\left[\left(Q(s_t, \boldsymbol{a}_t | \theta^Q) - y_t\right)^2\right] \tag{8-57}$$

来更新模型 $Q(s_t, \boldsymbol{a}_t | \theta^Q)$，其中

$$y_t = r(s_t, \boldsymbol{a}_t) + \gamma Q(s_{t+1}, \mu(s_{t+1}) | \theta^Q) \tag{8-58}$$

也依赖于参数 θ^Q。

确定性策略梯度算法（Deterministic Policy Gradient，DPG）[153]采用策略

$\mu(s|\theta^\mu)$，该策略是以 θ^μ 为参数的函数，根据如下的梯度进行更新

$$\begin{aligned}\nabla_{\theta^\mu}\mu &\approx \mathbb{E}_{\mu'}\left[\nabla_{\theta^\mu}Q(s,a|\theta^Q)\Big|_{s=s_t,a=\mu(s|\theta^\mu)}\right] \\ &= \mathbb{E}_{\mu'}\left[\nabla_a Q(s,a|\theta^Q)\Big|_{s=s_t,a=\mu(s_t)}\nabla_{\theta_\mu}\mu(s|\theta^\mu)\Big|_{s=s_t}\right]\end{aligned} \quad (8\text{-}59)$$

DDPG 对此进行了修改，采用以 θ^μ 为参数的深度网络作为策略 $\mu(s|\theta^\mu)$。然而，这个改变需要面临许多问题。

第一个问题：它需要样本是独立同分布的。这个问题利用回放缓冲（Replay Buffer）来解决，通过探索性的策略获得一些状态转移的采样，并且将 (s_t,a_t,r_t,s_{t+1}) 存储到回放缓冲中，当回放缓冲被填满时，删除旧的样本。在每一个时间步（Timestep），在回放缓冲中均匀地采样出小批量样本。

第二个问题：$Q(s_t,a_t|\theta^Q)$ 在更新的同时，还用于计算目标值，从而容易导致其发散。为了解决这个问题，DDPG 建立了动作网络和评价器网络的副本 $Q'(s,a|\theta^{Q'})$ 和 $\mu'(s|\theta^{\mu'})$ 用于计算目标值。它们的参数以 $\theta' \leftarrow \tau\theta+(1-\tau)\theta'$ 缓慢更新，其中 $\tau \ll 1$。

第三个问题：在不同的环境中，状态的值域会发生变化。DDPG 通过批标准化（Batch Normalization）[154]将特征放缩到相近的区间中。

第四个问题：如何进行连续动作空间的探索。DDPG 采用策略 $\mu'(s_t)=\mu(s_t|\theta_t^\mu)+\mathcal{N}$，其中 $\mathcal{N}$ 为随机过程，根据环境进行设计。具体地，它采用 Ornstein-Uhlenbeck 过程[155]来产生暂时相关的探索。其具体过程可参见文献[151]中的补充材料。

综上所述，DDPG 的训练过程由算法 8-1 给出。

算法 8-1 DDPG 算法[151]

1：随机初始化 θ^Q 和 θ^μ。

2：初始化 $\theta^{Q'} \leftarrow \theta^Q, \theta^{\mu'} \leftarrow \theta^\mu$。

3：初始化回放缓冲 R。

4: for episode = 1,2,⋯, M：

5: 　初始化动作探索的随机过程 $\mathcal{N}$。

6: 　获取初始状态观察 s_1。

7: 　for $t = 1,2,\cdots,T$：

8: 　　采取动作 $\boldsymbol{a}_t = \mu(s_t|\theta^\mu) + \mathcal{N}_t$。

9: 　　观察到奖赏 r_t 和状态 s_{t+1}。

10: 　　将 $(s_t, \boldsymbol{a}_t, r_t, s_{t+1})$ 存入 R。

11: 　　在 R 中随机采样出 N 个状态转移 $(s_i, \boldsymbol{a}_i, r_i, s_{i+1})$。

12: 　　令 $y_i = r_i + \gamma Q'\bigl(s_{i+1}, \mu'(s_{i+1}|\theta^{\mu'})|\theta^{Q'}\bigr)$。

13: 　　通过损失函数 $L = \frac{1}{N}\sum_i \bigl(y_i - Q(s_i, \boldsymbol{a}_i|\theta^Q)\bigr)^2$ 更新评价器。利用采样梯度 $\nabla_{\theta^\mu}\mu\bigl|_{s_i} \approx \frac{1}{N}\sum_i \nabla_{\boldsymbol{a}} Q(s,\boldsymbol{a}|\theta^Q)\bigr|_{s=s_i,\boldsymbol{a}=\mu(s_i)} \nabla_{\theta^\mu}\mu(s|\theta^\mu)\bigr|_{s_i}$ 更新动作策略。

14: 　　更新目标网络：
$$\theta^{Q'} \leftarrow \tau\theta^Q + (1-\tau)\theta^{Q'}$$
$$\theta^{\mu'} \leftarrow \tau\theta^\mu + (1-\tau)\theta^{\mu'}。$$

2．联邦迁移强化学习框架

这里以 DDPG 为例，结合联邦平均算法，介绍如何实现联邦迁移强化学习框架，如图 8-9 所示。

图 8-9　基于 DDPG 的联邦迁移强化学习框架

训练阶段主要包含两类过程：第一，训练第 i 个智能体；第二，联邦模型的训练，联邦模型就是服务器模型。

首先叙述第 i 个智能体的训练。设它观察到状态 s_t^i，计算 $s_t = \beta_i s_t^i$。式中，β_i 为超参数，用于指定放缩比例，通过 DDPG 获取行为 $\boldsymbol{a}_t$，并且把 $\boldsymbol{a}_t^i = \boldsymbol{a}_t \left| \text{Max}_{i \in \{1,2,\cdots,\infty\}} \boldsymbol{a}^i \right|$ 放缩到区间 $(-1,1)$。如果当前的时间点与上一个时间点的差大于某个指定的阈值，那么对模型进行更新。更新的方式：利用联邦平均算法[27] 计算 $w_{\text{fed}}^\theta \leftarrow \frac{1}{N} \sum_{i=1}^{N} w_i^\theta$。式中，$w_i^\theta$ 和 w_{fed}^θ 分别代表第 i 个智能体模型的参数和联邦模型的参数，同时利用 DDPG 更新第 i 个智能体的模型 $\mathcal{N}_i$。这个训练的具体过程在算法 8-2 中给出。其中，联邦平均算法已经在 7 章中进行了介绍。

算法 8-2 第 i 个智能体的训练[156]

输入：异步周期 t_u，$t_0 \leftarrow$ 当前时间，放缩比例 β_i。

1: while not terminated：

2:　　观察当前状态 s_t^i。

3:　　如果需要迁移：

4:　　　　$s_t \leftarrow$ TRANSFER_OBSERVATION（s_t^i）。

5:　　通过 DDPG 得出 $\boldsymbol{a}_t$。

6:　　由 TRANSFER_ACTION $(\boldsymbol{a}_t)$ 得出 $\boldsymbol{a}_t^i$。

7:　　获取当前时间 t_1。

8:　　if $t_1 - t_0 > t_u$：

9:　　　　$t_0 \leftarrow t_1$。

10:　　　UPDATEMODEL（）。

11:　　根据 DDPG 训练第 i 个智能体的模型 $\mathcal{N}_i$。

function TRANSFER_ACTION $(\boldsymbol{a}_t)$：

1:　　$\boldsymbol{a}_t^i = \boldsymbol{a}_t \left| \text{Max}_{i \in \{1,2\cdots,\infty\}} \boldsymbol{a}^i \right|$。

return a_t^i

function TRANSFER_OBSERVATION（s_t^i）:

1:    $s_t = \beta_i s_t^i$。

return s_t

function UPDATEMODEL（）:

1:    从联邦服务器中获取联邦模型 $\mathcal{N}$。

2:    for w_{fed}^θ in $\mathcal{N}_{\text{fed}}$:

3:       $w^\theta \leftarrow w_{\text{fed}}^\theta$。

在联邦模型的训练中，在当前的时间点与上一个时间点的差大于某个指定的阈值时，利用联邦平均算法计算 $w_{\text{fed}}^\theta \leftarrow \frac{1}{N}\sum_{i=1}^{N} w_i^\theta$。具体过程见算法 8-3。

算法 8-3   联邦模型的训练[156]

输入：联邦模型更新周期 t_f，$t_0 \leftarrow$ 当前时间。

1: while not terminated:

2:    获取当前时间 t_1。

3:    if $t_1 - t_0 > t_f$:

4:       $t_0 \leftarrow t_1$。

5:       for $i = 1, 2, \cdots, N$:

6:          获取联邦模型 $\mathcal{N}_i$。

7:       for w^θ in $\mathcal{N}$:

8:          $w_{\text{fed}}^\theta \leftarrow \frac{1}{N}\sum_{i=1}^{N} w_i^\theta$。

联邦迁移强化学习的推理过程如下。设第 i 个智能体观察到状态 s_t^i，如有必要，

计算 $s_t = \beta_i s_t^i$ 进行迁移，随后通过 $a_t \leftarrow \mu_i(s_t) + \mathcal{U}_t$ 得出动作 a_t，其中 $\mathcal{U}_t$ 表示 DDPG 中的随机过程在第 t 步的结果。

值得注意的是，如果第 i 个智能体分别在 t_0^i 和 t_1^i 进行了更新，而联邦模型在 t_0^{fed} 进行了更新，且 $t_0^i < t_1^i$，那么第 i 个智能体从 t_1^i 到 t_0^{fed} 的信息没有被用于更新联邦模型。

在基于 NVIDIA Jetson TX2 遥控汽车和微软 Airsim 模拟器的碰撞规避实验中，这个联邦迁移学习框架与此前的强化学习方法相比表现得更为出色[156]。

8.4.3 迁移学习的补充阅读材料

下面的一种或几种迁移学习问题可能会出现。

$$\mathcal{X}_S \neq \mathcal{X}_T.$$
$$P_S(X) \neq P_T(X).$$
$$\mathcal{Y}_S \neq \mathcal{Y}_T.$$
$$P_S(y|x) \neq P_T(y|x).$$

根据出现的不同情况，迁移学习可以分为三类：归纳迁移学习（Inductive Transfer Learning）、直推式迁移学习（Transductive Transfer Learning）和无监督迁移学习（Unsupervised Transfer Learning）[34]。其中，归纳迁移学习和直推式迁移学习都是有监督的，且分别对应于 $\mathcal{T}_S \neq \mathcal{T}_T$ 和 $\mathcal{T}_S = \mathcal{T}_T$ 的情形。在无监督迁移学习中，$\mathcal{T}_S \neq \mathcal{T}_T$，且 $\mathcal{Y}_S$ 与 $\mathcal{Y}_T$ 都是不可观测的。

根据"迁移了什么"，有监督的迁移学习又分为四类[34]。在 8.1 节中已经提及了其中的样本知识的迁移、特征表示的迁移和参数的迁移，此外还有一类称为相关知识的迁移。

样本知识的迁移直接利用两个领域的样本信息。在训练集和测试集中，输入和输出的联合概率分布发生了变化，这种情形被称为协变量偏移（Covariate Shift）。Wu 等人提出了一种支持向量机方法，通过加入来自另一个不同分布的数据集，帮助模型在原先数据集上训练，增加了模型效果[157]。Liao 等人提出了训练集和测试集来自不同分布情形下的 Logistic 回归方法[158]。Jiang 等人在迁移学习中为样本赋予权重，加强了目标领域有标注样本的作用[159]。Dai 等人估计了一个源领域中已标注数据集的分布，再利用 EM 算法，根据目标领域中未标注样本的分布，对模型进行了调整[160]。Huang 等人提出了一种样本赋权的方法，缩小了源领域与目标领域的样本在再生核希尔伯特空间（Reproducing Kernel Hilbert Space，RKHS）的均值上的差异[161]。Bickel 等人提出了一种核 Logistic 回归分类器，刻画了训练集和测试集的特征的分布差异[162]。Sugiyama 等人提出了一种高效的重要性估计（Importance Estimation）方法，这里的重要性（Importance）被定义为测试集与训练集特征的边缘分布的比值[163]。Quionero-Candela 等人整理和总结了协变量偏移问题方面的工作[164]。

特征表示的迁移主要在不同任务间寻找共同特征，例如 SVM 方法[165~168]。此外，Raina 等人在分类任务中补充利用了大量的未标注样本[169]。Wang 等人将源领域和目标领域的特征转化成低维度的表示，随后利用 Procrustes 分析的方法进行对齐[170]。Blitzer 等人提出一种方法用于寻找源领域与目标领域中的特征之间的联系[171]。Daumé 利用源领域中大量有标注数据和目标领域中的少量有标注数据进行学习[172]。Ben-David 等人指出，如果我们一方面想要在源领域与目标领域中寻找共同的特征表示，另一方面又想降低源领域训练误差，那么这两个目标之间存在抉择取舍的关系[173]。Blitzer 等人对于一类领域自适应算法给出了一致收敛范围[174]。

参数的迁移基于一种假设，那就是在不同任务中模型在参数上具有一定的联系。Lawrence 等人研究了多任务学习问题，其中各个任务的参数来自相同的高斯过程先验[175]。Evgeniou 等人研究了多任务学习问题，它类似于 SVM，最大化函数间隔，并在目标函数中加入正则化项[176]。对于多任务学习，Bonilla 等人以一种任务相似度矩阵来衡量任务间的相关程度，并且发现在不同任务之间高斯过程先验的关系与这个矩阵有关[177]。Schwaighofer 等人假设多个任务有共同的高斯过程均值和方差[178]。它首先通过 EM 算法来学习该均值和方差，然后利用核平滑的方法进行泛化。Gao 等人构造了多个模型进行集成[179]。对于在训练集中所学的模型与各个不同分布的测试集，它应用了一种相似度度量。根据该度量，它为模型赋予权重。

相关知识的迁移利用马尔可夫逻辑网络（Markov Logic Networks，MLN）等模型，刻画一个领域中样本之间的相关关系，并且将该模型进行迁移。马尔可夫逻辑网络在文献[180]中提出。Davis 等人和 Mihalkova 等人研究了马尔可夫逻辑网络的迁移[181,182]。

在无监督迁移学习中,源领域和目标领域的样本都没有标签。Dai 等人提出了一种迁移聚类的方法,利用源领域中大量的数据来辅助目标领域数据的聚类,其中源领域和目标领域的数据来自不同分布[115]。Wang 等人提出了一种迁移降维的方法,称为迁移判别分析(Transferred Discriminative Analysis)[183]。它为目标领域的未标注样本进行聚类,生成类别标签,再利用已标注样本的信息对特征进行降维。

第 9 章
联邦学习架构揭秘与优化实战

9.1 常见的分布式机器学习架构介绍

随着互联网的高速发展,我们已经步入一个前所未有的大数据时代。据不完全统计,从 2005 年到 2015 年十年间,数据量已经增加了至少 50 倍。数据量的急速增加给机器学习的发展奠定了非常坚实的物质基础,但也给机器学习训练带来了巨大的压力,其需要耗费大量的计算资源和训练时间,对计算机软件和硬件都提出了更高的要求。

大规模训练数据的出现,导致出现了很多大规模的机器学习模型。这些模型有的多达几百万甚至几十亿个参数,给机器学习的训练带来了巨大的挑战,对计算机的软件和硬件要求更高。虽然在单机环境中,以英伟达(NVIDA)为代表的图形处理器(GPU)已经能够提供强大的运算能力,但是当训练数据更多,计算复杂度更高时,单块 GPU 不能满足计算的要求。这时就需要利用分布式集群来进行大规模的训练,以满足计算的要求。

根据实现原理和架构的不同,我们将分布式机器学习平台主要分为三种基本类型:基于迭代式模式的机器学习系统、基于参数服务器模式的机器学习系统,以及基于数据流模式的机器学习系统。

1. 基于迭代式模式的机器学习系统

下面以基于迭代式模式的 Spark MLlib 为例,Spark 是一个分布式的计算平台。

所谓分布式，指的是计算节点之间不共享内存，需要通过网络通信的方式交换数据。Spark 最典型的应用方式是建立在大量廉价计算节点上，这些节点可以是廉价主机，也可以是虚拟的 Docker 容器。Spark 的这种分布式处理方式区别于基于 CPU 和 GPU（CUDA）的分布式架构以及基于共享内存多处理器的高性能服务架构。Spark 的架构如图 9-1 所示。

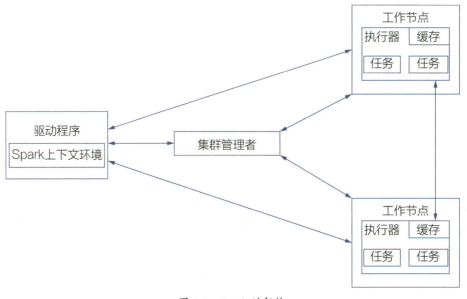

图 9-1　Spark 的架构

从图 9-1 中可以看到，Spark 程序由集群管理者（Manager Node）进行调度组织，由工作节点（Worker Node）执行具体的计算任务，最终将结果返回给驱动程序（Driver Program）。在物理的 Worker Node 上，数据还可能分为不同的分区片段（Partition），可以说 Partition 是 Spark 的基础处理单元。

在运行具体的程序时，Spark 会将程序拆解成一个任务有向无环图（DAG），再根据 DAG 决定程序的各个步骤执行的方法。如图 9-2 所示，该程序先分别从文本文件（textFile）和 Hadoop 文件（hadoopFile）中读取文件，经过拆分（map）、主键分组（GroupByKey）等一系列操作后再进行合并（join），最终得到处理结果。

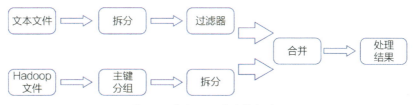

图 9-2 有向无环图的执行过程

Spark 通过将这些有向无环图分级分配到不同的机器上来实现分布式计算，图 9-3 显示了主节点的清晰的工作架构。驱动虚拟机包含两个部分的调度器单元，有向无环图调度器和任务调度器，同时运行和协调不同机器间的工作。

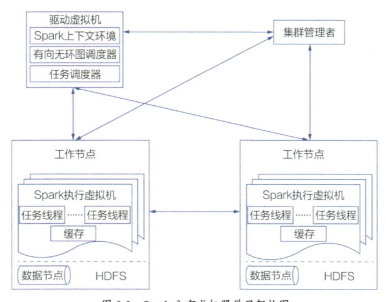

图 9-3 Spark 分布式机器学习架构图

Spark 的设计初衷是用于通用的数据处理。Spark 并没有针对机器学习的特殊设计，但是在 MLlib 工具包的帮助下，我们也能在 Spark 上实现机器学习。Spark 将模型参数通常存储于驱动节点上，每一个机器在完成迭代之后都会与驱动节点通信更新参数。对于大规模的应用来说，模型参数可能会存储在一个弹性分布式数据集（RDD）上。由于在每次迭代后都会引入新的 RDD 来存储和更新参数，这会引入很多额外的负载。更新模型将会在机器和磁盘上引入数据的洗牌操作，这限制了 Spark 的大规模应用。这是基础数据流模型的缺陷，Spark 对于机器学习的迭代操作并没有很好的支持。

虽然 Spark MLlib 基于分布式集群，利用数据并行的方式实现了梯度下降的并行训练，但是有 Spark MLlib 使用经验的读者都清楚，在使用 Spark MLlib 训练复杂神经网络时，往往力不从心，不仅训练时间过长，而且在模型参数过多时，经常会存在内存溢出的问题。具体来讲，Spark MLlib 的分布式训练方法有以下几个弊端：

（1）采用全局广播的方式，在每轮迭代前广播全部模型参数。众所周知，Spark 的广播过程非常消耗带宽资源，特别是当模型的参数规模过大时，广播过程和在每个节点都维护一个权重参数副本的过程都是非常消耗资源的过程。假设一个集群中有 1024 个任务（task），这个共享变量的大小为 1MB，task 就会复制 1024 份到集群上，这样就会有 1 GB 的数据在网络中传输，并且系统需要耗费 1GB 内存为这些副本分配空间，如果系统内存不足，RDD 在持久化时无法在内存中持久化，需要持久化到磁盘中，那么后续的操作会因为频繁地进行磁盘输入/输出（I/O）操作使得速度变慢，会引起性能下降，这导致了 Spark 在面对复杂模型时表现不佳。

（2）采用阻断式的梯度下降方式，每轮梯度下降由最慢的节点决定。从上面的分析中可知，Spark MLlib 的小批量（mini batch）的过程是在所有节点计算完各自的梯度之后，逐层合并最终汇总生成全局的梯度。也就是说，如果由于数据倾斜等问题导致某个节点计算梯度的时间过长，那么这个过程将阻碍其他节点执行新的任务。这种同步阻断的分布式梯度计算方式，是 Spark MLlib 并行训练效率较低的主要原因。

（3）Spark MLlib 并不支持复杂的网络结构和大量可调的超参数。事实上，Spark MLlib 在其标准库里只支持标准的多层感知机神经网络的训练，并不支持循环神经网络（Recurrent Neural Network，RNN）、长短期记忆网络（Long Short-Term Memory，LSTM）等复杂网络结构，而且也无法选择不同的 activation function 等大量超参数。这就导致 Spark MLlib 在支持深度学习方面的能力欠佳。

2. 基于参数服务器模式的机器学习系统

Parameter Server 架构（PS 架构）是深度学习最常采用的分布式训练架构，其结构示意图如图 9-4 所示。在 PS 架构中，集群中的节点被分为两类：参数服务器（Parameter Server）和工作节点（Worker Node）。其中，Parameter Server 存放模型的参数，而 Worker Node 负责计算参数的梯度。在每个迭代过程中，Worker Node 从 Parameter Server 中获得参数，然后将计算的梯度返回给 Parameter Server，Parameter Server 聚合从 Worker Node 传回的梯度，然后更新参数，并将新的参数广播给 Worker Node。

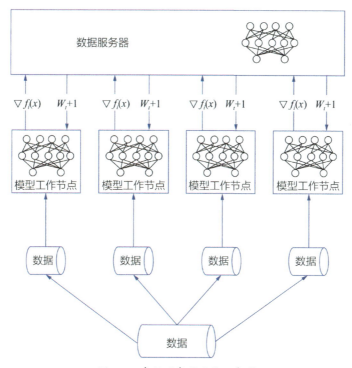

图 9-4　参数服务器结构示意图

在基于参数服务器的这种分布式架构中，每个参数服务器的单个节点实际上都只负责分到的部分参数（整个参数服务器集群共同维持一个全局的共享参数），而每个工作节点也只分到部分数据和处理任务。单个参数服务器节点可以跟其他参数服务器节点通信，每个参数服务器节点负责自己分到的参数，参数服务器集群共同维持所有参数的更新。参数服务器管理节点负责维护一些元数据的一致性，比如各个节点的状态、参数的分配情况等。工作节点之间没有通信，只与自己对应的参数服务器节点进行通信。工作节点集群有一个任务调度者，负责向工作节点分配任务，并且监控工作节点的运行情况。当有新的工作节点加入或者退出时，任务调度者负责重新分配任务。

PS 架构的这种设计有以下两个好处：第一个好处是通过将机器学习系统的共同之处模块化，使得算法的实现代码更加简洁。第二个好处是作为一个系统级别的共享平台优化方法，PS 架构能够支持很多种算法。PS 架构的主要优点如下：①高效通信。在 PS 架构上执行的模型是一种异步任务模型，可以减少机器学习算法的整体网络带宽。②灵活的一致性模型。宽松的一致性有助于降低同步成本。它还允许开发人员在算法收敛和系统性能之间进行选择。③资源的弹性扩容。PS 架构允许添加更多容量而无须重新启动整个计算。④高效容错。在高故障率和大量数据的情况下，如果机器故障不是灾难性的，那么可以在 1s 左右快速恢复任务。⑤易用性。PS 架构构造 API 以支持机器学习构造，例如稀疏向量、矩阵或张量。PS 架构虽然设计得很好，但是在实现方面有一定的难点，在具体的工程中，会遇到以下问题：①参数通信。每个键值对 KV 都是很小的值，如果对每个 key 都发送一次请求，那么服务器会不堪重负。为了解决这个问题，可以考虑利用机器学习算法中参数的数学特点（即参数一般为矩阵或者向量），将很多参数打包到一起进行更新。②错误容忍。如果计算时间过长，就可能导致任务中间重启。为此，系统架构需要具有解决节点失效和自我修复的能力。

3. 基于数据流模式的机器学习系统

下面以基于数据流模式的 TensorFlow 为例。谷歌以前开发过一个基于参数服务器的分布式机器学习模型——DistBelief，但它最大的劣势在于需要很多底层的编程来实现机器学习。谷歌希望员工可以在不需要精通分布式知识的情况下编写机器学习代码，所以开发了 TensorFlow 来实现这个目标。基于同样的理由，谷歌也曾经为大数据处理提供了 MapReduce 的分布式框架。TensorFlow 是一种用于实现这个目标的平台。它采用了一种更高级的数据流处理范式，其中表示计算的图不再需要是 DAG，图中可以包括环，并支持可变状态。

TensorFlow 将计算表示为一个由节点和边组成的有向图。节点表示计算操作或可变状态（例如，Variable），边表示节点间通信的多维数组，这种多维数组被称为"Tensor"。TensorFlow 需要用户静态地声明逻辑计算图,并通过将图重写和划分到机器上实现分布式计算。需要说明的是,MXNet,特别是 DyNet,使用了一种动态定义的图。这简化了编程,并提高了编程的灵活性。

基于数据流模式的 TensorFlow 平台主要有三种分布式模式:单机多 GPU 结构、多机多 GPU 同步结构,以及多机多 GPU 异步结构。

单机多 GPU 结构模式由 CPU 承担了任务调度与参数的保存与更新,数据由 CPU 分发给多个 GPU,在 GPU 上进行训练计算得到每个批量的梯度,然后将该梯度返回给 CPU。CPU 收集完所有 GPU 发送过来的更新后的梯度,对其加和求均值获得更新后的参数,最后将参数又分发给多个 GPU 循环迭代,直到满足迭代条件为止。单机多 GPU 结构示意图如图 9-5 所示。

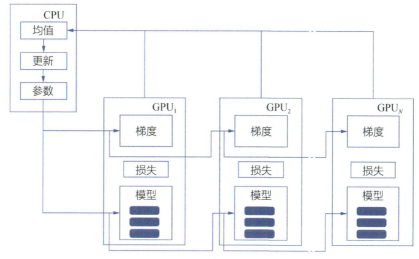

图 9-5 TensorFlow 单机多 GPU 结构示意图

在这个过程中,训练处理速度取决于最慢的那个 GPU 的速度。如果多个 GPU 的处理速度差不多,处理速度就相当于单机单 GPU 速度的 N 倍(N 为 GPU 的个数)减去数据在 CPU 和 GPU 之间传输的开销,实际的效率提升取决于 CPU 和 GPU 之间数据传输的速度和处理数据的大小。

对于多机多 GPU 结构的数据流模式,根据其通信步调分为同步和异步两种。所谓的同步更新指的是,各个用于并行计算的计算机,在计算完各自的批次

（batch）后，求取梯度，然后把梯度统一发送到 PS 架构服务器中，由 PS 架构服务器求得梯度平均值，更新 PS 架构服务器上的参数。

如图 9-6 所示，多机多 GPU 同步结构可以看成有四台设备，第一台设备用于存储参数、共享参数、共享计算，可以简单地理解成内存、计算共享专用的区域，也就是 ps job，另外三台设备用于并行计算。

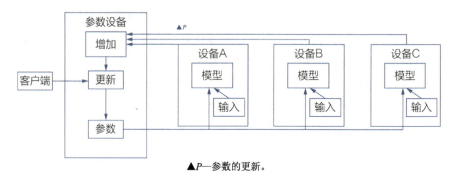

▲P—参数的更新。

图 9-6　TensorFlow 多机多 GPU 同步结构示意图

所谓的异步更新指的是，PS 架构服务器只要收到一台设备的梯度，就直接进行参数更新，无须等待其他设备。这种迭代方法比较不稳定，收敛曲线振动得比较厉害，因为在设备 A 计算完并更新了参数后，设备 B 可能还在用上一次迭代的旧版参数值。多机多 GPU 异步结构如图 9-7 所示。

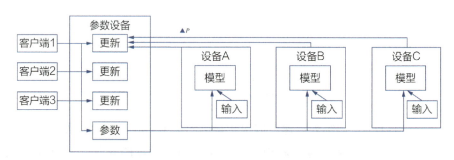

图 9-7　TensorFlow 多机多 GPU 异步结构示意图

最后，我们再来介绍一下分布式机器学习优化。

分布式机器学习优化主要从单机优化、数据与模型并行优化以及通信机制的优化三个角度进行考虑。基于单机的优化，主要从机器学习算法的角度进行优化；

基于数据与模型并行的优化，主要对三种并行模式（计算并行、数据并行和模型并行）进行优化；基于通信机制的优化，主要从通信的拓扑结构、步调以及频率的角度进行优化。通信的拓扑结构是指分布式机器学习系统中各个工作节点之间的连接方式。主要有以下三种通信拓扑结构：①基于迭代式模式的通信拓扑结构。②基于参数服务器模式的通信拓扑结构。③基于数据流模式的通信拓扑结构。步调主要指同步方式和异步方式。频率分为时间频率和空间频率两种，时间频率主要指通信的频次间隔，而空间频率主要指通信的内容大小。

9.2 联邦学习开源框架介绍

9.1 节已经介绍了分布式机器学习架构及原理，联邦学习（Federated Learning）的核心就是分布式机器学习。联邦学习通过上传参数、不上传数据的方式进行分布式机器学习，与传统分布式机器学习相比，实现了数据隐私保护。通过整合各个节点上的参数，不同的设备可以在保持设备中大部分数据的同时，实现模型训练更新。当前市场上已有一些开源联邦学习框架被用于科研与实际应用，下面介绍几种当下比较流行的联邦学习开源框架的实现方案。

9.2.1 TensorFlow Federated

TensorFlow Federated（TFF）框架已经被用于实际训练终端 Gboard，目前并未开放给用户多方联邦接口，仅适用于实验测试。TFF 框架更着重于数据的处理而非代码的区分，如模型训练所需的值（Value）的存储位置（C/S）、唯一性等是需要声明的。此外，TFF 框架目前只支持横向联邦学习。下文将对 TFF 框架及其协议进行介绍。

1. TFF 框架

谷歌在服务端（Server 端）实现了一个自顶向下的框架结构，且采用了处理并行计算的概念模型——Actor Model，使用消息传递作为唯一的通信机制。每个参与方都严格地按照顺序处理消息/事件流，从而形成一个简单的编程模型[15]。运行相同类型的执行者（Actor）的多个实例可以自然地扩展到大量的处理器/机器。当响应消息时，参与方可以做出本地决策，将消息发送给其他参与方或动态创建更多参与方。根据功能和可伸缩性要求，可以使用显式或自动配置机制将参与方实例位于同一个进程/机器上，或分布在多个地理区域中的数据中心。只有在给定的联邦学习任务持续时间内创建并放置参与方的细粒度短暂实例，才可以进行动态资源管理和负载平衡决策。

服务端框架如图 9-8 所示，协调器（Coordinator）负责全局同步以及在锁定服务中推进训练迭代，且每一个协调器都注册一个地址和负责一个联邦学习设备集群，协调器与联邦学习集群形成一一对应的管理结构。协调器生成主聚合器（Master Aggregator），主聚合器负责管理每个联邦学习任务的迭代周期，它可以根据联邦学习集群和提交参数指定的数量来生成聚合器（Aggregator），以实现弹性聚合计算。在主聚合器和聚合器生成后，协调器会指示选择器（Selector）将其联邦学习集群子集转接到聚合器。选择器负责接收和转发设备的连接，同时它也会定期从协调器中搜集联邦学习集群的设备信息，并决定是否接受设备。

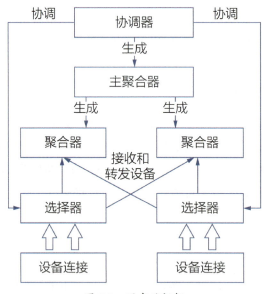

图 9-8　服务端框架

设备端（Client 端）框架如图 9-9 所示，一个设备端的应用设计主要包括连接、获取模型和参数状态数据、执行计算、提交更新。应用程序负责通过实现 TFF 框架提供的 API 将其数据提供给联邦学习运行时（FL Runtime）。作业调度程序在一个单独的过程中调用后，FL Runtime 将联系联邦学习服务器宣布已准备好为给定的联邦学习集群运行任务。服务器决定是否有联邦学习任务可用于该集群，并且将返回联邦学习任务或再次核实时间。如果已选择设备，则 FL Runtime 将接收联邦学习任务，在应用的存储中查询该任务请求的数据，并计算任务确定的模型更新和指标。在执行联邦学习任务后，FL Runtime 将计算的更新和指标报告给服务器，并清除所有临时资源。

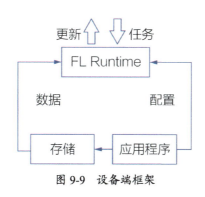

图 9-9 设备端框架

2. TFF 网络协议

TFF 网络协议示意图如图 9-10 所示。在任务开始时，服务端选出所有设备端的一个有效子集作为本轮任务的执行者，然后向子集中的所有设备发送数据，主要包括计算图以及执行方法。对于每一轮训练任务，服务端于本轮开始时需要向设备端发送当前全局模型参数以及联邦学习检查点（FL Checkpoint）的必要状态数据。之后每个接收到任务的设备根据全局参数、状态数据以及本地数据集执行计算任务，并将更新发回到服务端，最后服务端执行联邦平均算法合并所有设备更新，然后重复该过程。

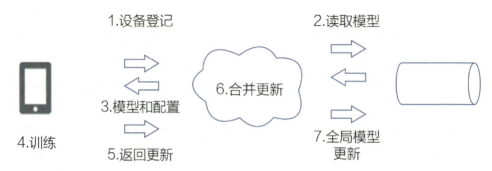

图 9-10　TFF 网络协议示意图

主要阶段如下：

（1）选择：服务端周期性地从设备集群中筛选有效的设备子集。

（2）配置：服务端根据全局模型的聚合机制进行配置，向连接的有效设备分发联邦学习计划（FL Plan）与带有全局模型的 FL Checkpiont。

（3）报告：服务端接收设备提交的更新，根据有效的设备子集返回情况进行裁定，并更新全局模型。

总之，TFF 框架是谷歌用于解决跨设备的联邦学习任务的，其中各个设备持有不同样本、相同特征。TFF 框架支持联邦训练机器学习模型，以及用低级原语实现多种联邦计算。其架构基于 TensorFlow 以及现有经典的非凸模型实现。目前，TFF 框架尚无差分隐私、安全聚合等安全保护技术。

9.2.2　FATE 框架

作为全球首个工业级联邦学习开源框架，目前 FATE 框架实现了基于同态加密和安全多方计算的安全计算协议，支持联邦学习架构和各种机器学习算法的安全计算，包括逻辑回归、基于决策树的算法、深度学习和迁移学习，安全底层支持同态加密、秘密共享、哈希等多种安全多方计算机制。与 TFF 框架仅支持横向联邦学习以及无多方联邦接口不同，FATE 框架支持横向与纵向联邦学习，支持多方部署，可以由多方发起联邦计算，可以用于实验测试和真实环境部署。同时，它还支持数据读取、特征预处理（多方安全的特征分箱、特征相关系数计算）、建模（逻辑回归、树模型、神经网络等）、模型检测评估等。除此之外，FATE 框架的 FATE Board 还支持模型训练及推理的可视化。目前，FATE 框架不支持 GPU 计算、Android/iOS 系统。数据源只支持 CSV 格式的文件。

基于高可用和容灾的考虑，FATE 框架可以分为离线和在线两个部分，离线部分实现建模，在线部分实现推理。

离线部分可以按照存储、计算、传输、调度、可视化功能进行模块划分。存储通过 FATE 框架的分布式计算引擎 eggroll 实现，在 eggroll 中，storage 支持存储，processor 支持计算，manager 负责管理其他两个服务，当收到指令后按需拉起 processor 进行计算。上层算法包通过调用 eggroll 提供的存、取、计算接口，实现算法计算。任务调度通过 FATE Flow 模块实现。对于联邦学习来说，要实现多方联邦时使用相同算法，FATE Flow 模块需要根据用户提交的作业 DSL，逐一调度算法组件执行，跟踪组件输出模型或日志，实现整体调度。可视化通过 FATE Board 实现，其类似于 Tensor Board，可视化输出日志、指标、任务状态等，达到可视化建模的效果。此外，还有 MySQL 和 Redis 组件，MySQL 用于为 FATE Flow 模块存储任务状态、任务 pipeline 配置、评估结果等，为 eggroll 存储一些初始信息、表名等，Redis 用于存放 FATE Flow 的任务队列。FATE 框架的离线部分如图 9-11 所示。

在线部分即推理部分，分为 Serving Server 和 Serving Proxy 两部分。Serving Server 负责模型加载和缓存、在线推理，模型通过 FATE Flow 手动载入，然后发给 Serving Server，Serving Server 将其放到内存中。在对接业务/决策系统时，可以直接调用 Serving Server 的 API。Serving Proxy 为在线部分的网络出口，由于每一方只有部分模型，纵向推理过程需要整合各方推理。ZooKeeper 用于支持服务的发现，实现高可用和容灾。FATE 框架的在线部分如图 9-12 所示。

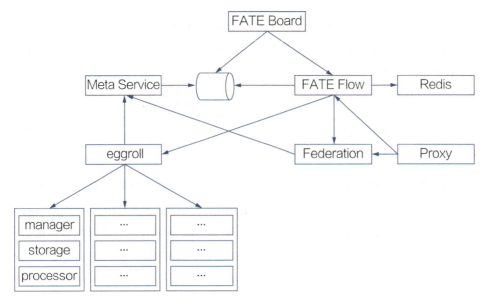

图 9-11　FATE 框架的离线部分

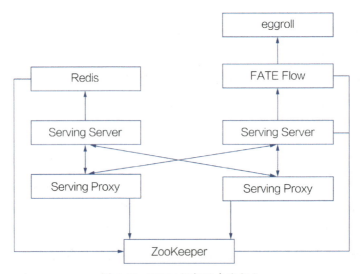

图 9-12　FATE 框架的在线部分

在 FATE 框架中，每个参与方（Party）都部署了单独的 FATE 框架，每一个 Party 都有一个 PartyID、唯一出入口 Proxy，其中有路由（Route Table）配置 Party 对应的 IP 地址，将数据包转发，整个联盟通过 Proxy 连接，实现 Party 与 Party

之间的通信。

9.2.3 其他开源框架

百度的 PaddleFL 框架提供了很多联邦学习策略及其在计算机视觉、自然语言处理、推荐算法等领域的应用。PaddlePaddle 具有一定的大规模分布式训练和 Kubernetes 对训练任务的弹性调度能力，目前已经开源了横向联邦学习的场景。

作为 OpenMined 的开源项目，PySyft 是一个支持在深度学习模型中进行安全的、私有计算的框架，将联邦学习、安全多方计算和差分隐私结合在一个编程模型中，集成到不同的深度学习框架中，如 PyTorch、Keras 或 TensorFlow。它的主要目的是做深度学习的隐私保护，提供基于 PyTorch 的 API，除了联邦学习，也提供差分隐私，而且有很好的扩展性，能够支持较大规模的分布式深度学习。因为它的核心就是隐私保护，所以之后应该能在 PySyft 上看到很多用于隐私保护的算法机制。

综上所述，联邦学习在工程落地上大有前景。与分布式学习动辄构建一个庞大的计算集群和数据存储集群，以训练出表现良好的模型相比，联邦学习显得更加轻量，能够在使用真实数据集的情况下保护隐私，并且对于各种体量的公司都是友好的，因为它所需要的先期准备成本及后期维护成本大大降低。

从工程角度来看，对联邦学习框架的比较要基于部署依赖、环境要求、横向/纵向联邦学习的支持、多样性算法的支持、训练与推理可视化、学习成本、调试成本等角度综合考量。TFF、FATE 这类相对比较成熟的开源框架，更易上手。微众银行的 FATE 作为全球首个工业级联邦学习开源框架，有社区维护，迭代迅速，能不断地根据实际需求优化产品体验，而且有专家答疑，有助于学者实践。字节跳动的 FedLearner 也是一个好的轻量级联邦学习开源框架，不仅支持单机部署，还支持 Kubernetes 集群部署，基于 Kubernetes 对训练任务的弹性调度能力，从目前的合作中来看，整体效果较佳，非常适用于快速落地。

9.3 训练服务架构揭秘

本节从工程的角度介绍一下训练服务架构设计，在设计联邦学习训练服务时，不仅要考虑系统的耦合性，还要考虑稳定性。例如，业务需求是要对接各种数据源，或者需要对市面上的各种计算引擎（如 Spark、Flink 等）进行支持，又或者需要满足服务高可用。因此，为了应对复杂的业务需求，对于系统的各个组件来说，我们需要在灵活与便捷上寻找一个平衡点。首先，我们来介绍联邦学习训练服务通常的架构设计，如图 9-13 所示。

图 9-13　训练服务架构图

1．GateWay

GateWay 服务也称为网关服务，由于端与端之间需要通信，为了更少地向对方暴露我方服务的信息，以及调用训练服务的简便性，我们需要引入网关服务实现服务路由，对外暴露 gRPC 接口以及 HTTP 接口，外部系统的所有请求都将委托给网关服务进行请求转发。

2．联邦学习算法组件库

这里面有很多小组件，用于实现模型训练过程中需要的各种功能。如特征归一化组件 One_Hot、模型评估组件 Evaluation、树模型训练组件 GDBT、逻辑回归模型训练组件 LR 等。

3．Meta_Service

Meta_Service 是训练系统的元数据中心管理服务，负责记录每个训练任务的进度和运行状态，配置参数、联邦学习合作方以及角色。

4．Task_Schedule

Task_Schedule 是训练系统的任务调度服务，负责解析配置参数，以及进行整个训练任务的调度。在这里，我们引入了设计模式中的责任链模式，Task_Schedule 按照指定的联邦学习组件运行顺序，将一个训练任务转化成一条执行链，并提交给任务线程池去执行。

5．Model_Manager

Model_Manager 服务（模型管理服务）用于对已经训练好的模型进行版本管理及离线保存。当完成训练任务后，训练服务会将训练好的模型信息发送给模型管理服务。模型管理服务首先对模型进行完整性校验，待校验通过后，对该模型进行持久化存储、分组、分配版本等操作。

6．注册中心

为了保证服务高可用，通常将 ZooKeeper 作为注册中心。当服务启动的时候，会将服务信息注册到 ZooKeeper 中,然后当我们向网关服务发起训练请求的时候,网关服务会从 ZooKeeper 中拉取到可用的服务,通过指定的负载均衡策略完成服务调用。

7. 分布式计算引擎和分布式存储系统

实现高性能、服务稳定的存储及实时计算是非常困难的。在通常情况下,我们会直接使用第三方服务。市场上比较好的分布式存储系统有 HDFS、LMDB 等,分布式计算引擎则可以使用 Spark、Storm、Flink 等。目前,我们使用 HDFS 作为分布式存储系统,使用 Spark 作为分布式计算引擎。

上文详述了训练服务的整个架构,下面将介绍联邦学习模型训练的整体流程。首先是双方的训练部署形式,训练部署图如图 9-14 所示。

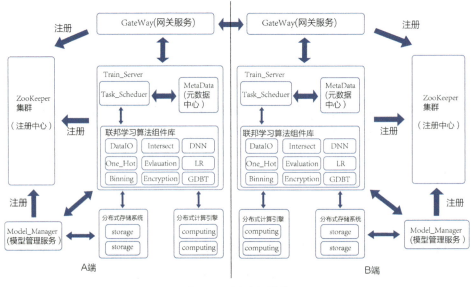

图 9-14　训练部署图

在部署好服务后,以一次训练任务为例,整个联邦学习模型训练大致可以分为以下几个步骤(如图 9-15 所示)。

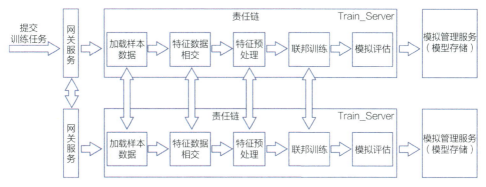

图 9-15 训练流程图

（1）提交训练任务。当我们向网关服务提交一个训练任务之后，网关服务会将请求路由到训练服务。

在训练服务接收到网关服务请求，开始训练之前，我们会先检验配置参数的准确性，比如需要的算法组件库是否存在、训练的参数是否合理、格式是否正确等。在检验通过后，训练服务会解析我们上传的配置参数，根据我们的配置去实例化所需要的联邦学习组件。

（2）加载样本数据。DataIO 组件会将不同类型的数据源（如 CSV 文件、HDFS、数据库）的样本数据转换为训练服务可识别的 Key、Value 类型。

（3）特征数据相交。Intersect 组件会完成特征数据相交，比如 A 方的用户 ID 为 u1，u2，u3，u4，而 B 方的用户 ID 为 u1，u2，u3，u5。在求交集后，A 方和 B 方知道相同的用户 ID 分别为 u1，u2，u3，但 A 方对 B 方的其他用户 ID（如 u5）一无所知，B 方对 A 方的其他用户 ID（u4）一无所知。

（4）特征预处理。在进行模型训练之前，通常会使用特征预处理组件进行特征处理，比如进行特征分箱、特征过滤（单变量分析）、特征采样、特征清洗（缺失值和异常值处理）、特征规范化（无量纲化、离散化）、特征衍生等操作，从而使得训练的模型达到更好的效果。

（5）联邦训练。指定联邦学习算法组件（如 GDBT、LR、DNN）进行联合模型训练，一般来说，算法组件会进行如下操作：协作者 C 方［一般建议由数据方（B 方）作为协作者］将加密需要的公钥分别发送给 A 方和 B 方，A 方和 B 方交互加密的中间结果，C方汇总梯度与损失，A方和B方分别更新自己的模型。如果达到配置参数指定的最大迭代数，就结束训练。详情如图9-16所示。

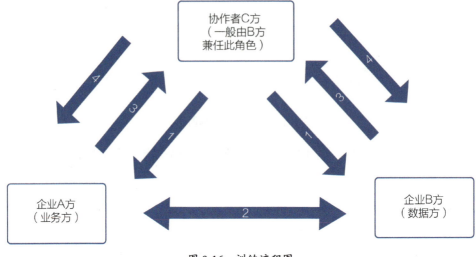

图9-16　训练流程图

（6）模型评估。Evaluation组件提供了一些用于分类和回归的评估方法，包含AUC、KS、LIFT、PRECISION、RECALL、ACCURACY、EXPLAINED_VARIANCE、MEAN_ABSOLUTE_ERROR、MEAN_SQUARED_ERROR、MEAN_SQUARED_LOG_ERROR、MEDIAN_ABSOLUTE_ERROR等。

（7）模型存储。在完成训练任务后，训练服务会将训练好的模型信息发送给模型管理服务（Model_Manager），由模型管理服务将模型进行分类、版本管理等，然后将模型信息存储到分布式存储服务中，并将模型的元数据信息、地址保存。

在将模型持久化存储后，我们可以选出效果最好的模型，然后将此模型导入推理服务中进行实时预测，这样就可以将联邦学习的成果运用到企业生产中了。

9.4　推理架构揭秘

在完成联邦建模任务并且成功地将最终训练好的模型存储在相应的存储模块

后，发起方（C方）就可以发起推理任务，在A方跟B方的配合下展开联合预测，根据双方的特征值，得到预测结果，而得到这个结果正是我们联合建模的最终目的，其大致流程如图9-17所示。

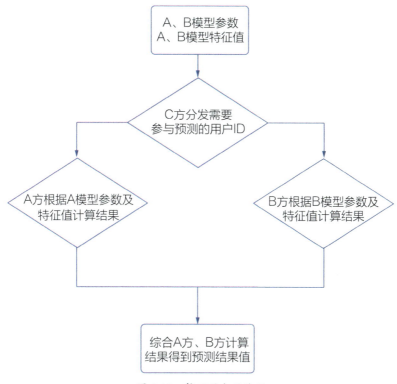

图9-17 推理的大致流程

从图9-17中可以看出，发起方C方首先将要进行预测的用户ID分别发送给A方和B方。A方和B方分别找到需要参与预测的用户，根据模型参数和相应用户的特征值计算中间结果，然后将这个结果进行加密传送给C方，最后由C方进行整合。在实际生产的过程中，由发起推理的一方承担C方的角色，一般为A方或者B方，最后得到的结果也将在C方输出和存储。

如上文所述，整个推理流程较为简单，但当我们从工程的角度去分析时，不论是系统的耦合性还是稳定性，该流程框架都是远远不够的。例如，当业务需求是要将整个推理从联邦系统中抽出来单独部署的时候，或者当我们要查询不同模型不同版本预测的历史结果的时候，又或者当需要满足高可用进行集群部署的时候等。因此，为了应对复杂的业务需求，对于系统的各个组件，我们需要在灵活与便捷上寻找一个平衡点。图 9-18 为整套推理系统的架构图。

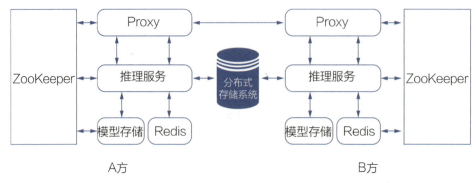

图 9-18　推理系统的架构图

首先，我们需要实现预测的功能。这是我们的核心任务，因此我们需要搭建一个最重要的组件 Predict Server。当出现一个新的推理请求时，它可以将所有与推理相关的接口注册到注册中心，像 ZooKeeper，外部系统可以通过服务发现获取接口地址加以调用；Predict Server 从远程分布式存储系统中存储模型到本地，根据请求信息从本地存储系统中选择模型并加载模型，匹配到需要参与预测的用户信息，开展预测任务。

其次，端与端之间需要通信。所以，我们需要一个代理，对外暴露 gRPC 接口和 HTTP 接口，把路由的转发以及外部系统的所有请求都委托给这个代理，同时也可以根据业务的特点，决定负载均衡的方式，比如在接入代理之前部署 Nginx 来实现反向代理。

最后，我们还需要将每次预测的结果存储起来以满足一些业务的需求，同时也需要将模型存储起来，持久化模型到本地可以保证在推理中某些组件发生灾难时快速恢复过来，以及不需要在每次发起推理请求时都从分布式存储系统中加载模型，从而既提高效率也保证安全。

在构建完推理需要的组件后，我们可以开始分析整个流程，整个推理的流程如图 9-19 所示，大致可以分为以下几个步骤。

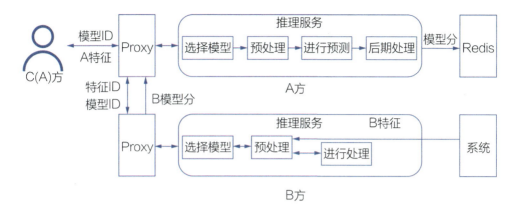

图 9-19 推理流程图

加载模型：加载模型的目的是保证 A 方、B 方从远程或者本地存储系统中加载到相同的模型，以保证后面的预测准确。假定由 A 方担任 C 方的角色，发起推理任务，在 C 方（由 A 方担任）输入加载模型的指令后，代理模块（Proxy）会将收到的指令发送给 Predict Server。Predict Server 会根据指令中模型的参数从存储系统中将模型读取进来，如果该模型第一次被加载，那么 Predict Server 会去分布式存储系统中查找，然后持久化在本地的存储系统中，如果该模型已经被加载过，那么 Predict Server 直接从本地存储系统中读取。与此同时，Proxy 也会将指令发送给 B 方，B 方会根据收到的模型参数执行相同的操作，这样 A 方、B 方都已经加载到相同的模型。

发起推理：在 A 方和 B 方都加载完模型后，发起方 C 方（A 方）再发起一个预测请求，Proxy 一边将请求信息发送给 A 方，一边从请求信息中提取特征 ID 等信息发送给 B 方，A 方和 B 方都会根据请求信息中的模型参数从已加载的模型中选择要参与预测的模型，在选定模型后 B 方会从外部系统中根据传过来的特征 ID 选定相应的特征信息参与模型的预测，并将结果通过 Proxy 传给 C 方（A 方），A 方选定模型并根据 A 方的特征值进行预测得到预测值，传给 C 方（A 方）。

记录结果：C 方（A 方）将 A 方的预测结果，即自身得到的预测结果与 B 方传过来的结果进行整合，并将最终的结果记录在 Redis 这类数据库中。

当然，为了保证模型的升级与维护，在实际生产过程中，我们通常可以用多个变量共同标识一个模型，这样可以满足更加复杂的业务需求。

这样，整个推理系统就可以应用在生产环境中了，由于在实际生产中有着复杂的业务需求以及不可预测的问题，因此我们需要根据实际情况完善架构，例如添加相应的服务治理功能、线程池的规划等。

9.5 调优案例分析

本节主要介绍特征工程、离线训练、实时推理三个环节在项目实战中的一些优化思路和方法技巧，通过使用一些自动化工具和系统参数调优来保证服务的可用性，提升服务的运行效率，从而使算法工程师可以高效、快速地实现从模型训练到上线使用。

9.5.1 特征工程调优

在通常情况下，特征工程在整个模型训练过程中要占用 70%～80%的时间。算法工程师需要根据业务场景收集数据、整合数据，然后依次按照特征清洗、特征变换、衍生特征生成、特征评估等环节进行特征的加工和处理，并且特征质量直接影响了最终模型的效果，因此该环节在整个模型训练过程中是尤为重要的开端。

这里介绍一个基于深度特征合成（Deep Feature Synthesis，DFS）方法进行自动化特征工程的 Python 框架——Featuretools。我们可以很方便地将源数据作为输入，根据特征加工需求配置具体的日期、类别等参数，利用 Featuretools 进行自动化特征工程，具体使用方案可参考官方文档。

当要处理的数据量较大时，我们可以将 Featuretools 和其他分布式计算框架结合使用来实现以更快的速度处理更大量的数据。Featuretools 集成了 Dask（一个并行计算框架），可以查看官方文档进行使用。使用 Featuretools 和 Spark 的结合需要有一定的 Spark 基础，需要先通过 Featuretools 的 dfs 方法生成衍生特征的定义，然后将输入数据根据主键拆分成不同部分（partition），在拆分的过程中需要注意各个 partition 的数据尽量分布均匀，避免出现单个 partition 数据量过大导致数据倾斜的情况。对于 Spark 2.3+版本，可以使用 Pandas UDF，对于 Spark 2.3 以下版本，可以通过自定义 UDF 借助 group by 函数进行分布式计算，最终将各个 partition

结果合并即可得到全部数据的特征工程结果。

9.5.2 训练过程的通信过程调优

模型训练是比较耗时的过程，模型参数配置的复杂性、数据量大小、网络状况、服务器资源等都会影响模型训练的耗时情况，下面对网络通信过程中的心跳检测，对从服务器内核参数优化到 RPC 服务参数优化再到应用层的优化进行详细分析。

心跳检测有两个主要的目的：

（1）检测出参与联邦学习训练的各节点服务是否正常，及时探测到不能正常提供服务的节点。

（2）防止因模型在单节点进行训练时没有数据包传输导致断开连接。

Linux 内核 TCP keepalive 调优参数说明如下（需要在应用中配置 SO_KEEPALIVE 才能使 Linux 内置的 keepalive 生效）。

（1）Linux 内核 TCP keepalive 调优参数说明（表 9-1）。

表 9-1　Linux 内核 TCP keepalive 调优参数说明

参数名	参数说明	默认值
tcp_keepalive_time	keepalive 的空闲时长，或者说每次正常发送心跳的周期	7200（秒）
tcp_keepalive_intvl	keepalive 探测包的发送间隔	75（秒）
tcp_keepalive_probes	在 tcp_keepalive_time 之后，没有接收到对方确认信息，继续发送保活探测包的次数	9（次）

（2）Linux 内核 TCP keepalive 调优配置修改。

在 Linux 中，我们可以修改 /etc/sysctl.conf 的全局配置：

net.ipv4.tcp_keepalive_time=7200

net.ipv4.tcp_keepalive_intvl=75

net.ipv4.tcp_keepalive_probes=9

在添加上面的配置后输入 sysctl -p 命令使其生效，我们可以使用 sysctl -a |

grep keepalive 命令查看当前的默认配置。

对于 RPC keepalive 参数调优，这里选择以 gRPC 为例进行分析。gRPC 是一个开源的高性能、跨语言的 RPC 框架，能够满足联邦学习在模型训练和推理服务中的远程调用。RPC keepalive 调优参数说明见表 9-2。

表 9-2　RPC keepalive 调优参数说明

参数名	参数说明	默认值
GRPC_ARG_KEEPALIVE_TIME_MS	该参数控制在 transport 上发送 keepalive ping 命令的时间间隔。可根据训练数据集、服务器配置预估训练时间来减少该时间	2（小时）
GRPC_ARG_KEEPALIVE_TIMEOUT_MS	该参数控制 keepalive ping 命令的发送方等待确认的时间。如果在此时间内未收到确认信息，那么它将关闭连接。可根据实际情况增加超时时间	20（秒）
GRPC_ARG_KEEPALIVE_PERMIT_WITHOUT_CALLS	如果将该参数设置为 1（0：false；1：true），那么即使没有请求，也可以发送 keepalive ping 命令。建议设置为 1	0:false
GRPC_ARG_KEEPALIVE_TIGRPC_ARG_HTTP2_MAX_PINGS_WITHOUT_DATAMEOUT_MS	当没有其他数据（数据帧或标头帧）要发送时，该参数控制可发送的最大 ping 数。如果超出限制，gRPC Core 将不会继续发送 ping 命令。把其设置为 0 将允许在不发送数据的情况下发送 ping 命令	2

当遇到日志中出现错误代码为 ENHANCE_YOUR_CALM 的 GOAWAY 情况时，如果客户端发送太多不符合规则的 ping 命令，那么服务器发送 ENHANCE_YOUR_CALM 的 GOAWAY 帧。例如，①服务器将 GRPC_ARG_KEEPALIVE_PERMIT_WITHOUT_CALLS 设置为 false，但客户端却在没有任何请求的 transport 中发送 ping 命令。②客户端设置的 GRPC_ARG_HTTP2_MIN_SENT_PING_INTERVAL_WITHOUT_DATA_MS 的值低于服务器的 GRPC_ARG_HTTP2_MIN_RECV_PING_INTERVAL_WITHOUT_DATA_MS 的值。

虽然操作系统以及远程方法调用框架都实现了 keepalive，但是作为应用层，也应该实现 keepalive，主要原因如下：

（1）如果操作系统崩溃导致机器重启，就会导致没有机会发送 TCP segment。

（2）如果服务器硬件故障导致机器重启，就会导致没有机会发送 TCP segment。

（3）在并发连接数很多时，操作系统或者进程重启，可能没有机会断开全部连接。

（4）对于网络故障，连接双方得知发生故障的唯一方案是通过检测心跳超时。

心跳除了说明应用服务还"活着"，更重要的是表明应用程序还能正常工作。Linux TCP keepalive 由操作系统负责探查，即便进程死锁或者阻塞，操作系统依然能够正常收发 keepalive 数据包。对方无法得知异常发生。

由应用程序记录上次接收和发送数据包的时间，在每次接收数据或发送数据时，都更新一下这个时间，而心跳检测计时器在每次检测时，将这个时间与当前系统时间对比，如果时间间隔大于允许的最大时间间隔（在实际开发中根据需求设置为 15~45 秒），就发送一次心跳包。总之，进行通信的两端之间在没有数据来往达到一定的时间间隔时才发送一次心跳包[184]。

9.5.3 加密的密钥长度

加密的密钥长度对性能影响较大的两个环节如下。

环节 1：隐私数据求交集

隐私数据求交集常用的方案有 PSI、RSA Intersection、RAW Intersection。对于 RSA Intersection 来说，RSA 算法的密钥一般是 1024 位的，而在要求更严苛的场景中会使用 2048 位的，在数据集较大（亿字节级别）时，密钥的长度对求交集过程的性能影响就会非常明显。因此，我们要根据服务器性能、需要求交集的数据量选择合适的求交集算法方案和加密算法，在保证安全的前提下对密钥长度的合理设置能大大地增加隐私数据求交集的时间。

环节 2：在模型训练过程中传递的加密梯度

在联邦学习模型训练过程中需要传递同态加密的梯度以使各方更新模型参数。以 Paillier 算法为例，Paillier 算法是基于复合剩余类的困难问题的概率公钥加密算法。该加密算法是一种同态加密算法，满足加法和数乘同态。我们一般会设置 Paillier Secure Key Size 为 2048 位，为了在保证不易被破解的情况下提升运算效率，可以改 Paillier Secure Key Size 为 1024 位或其他长度来达到安全和性能的平衡。

9.5.4 隐私数据集求交集过程优化

隐私数据集求交集过程是很重要的过程，既要保证隐私数据的安全性，又要通过可靠的加密算法找出参与训练的多方的数据交集。选择性能、安全性兼顾的算法及其实现方案至关重要，目前主要的算法有 Private Join and Compute、Diffie-Hellman Key Exchange、RSA Intersection、RAW Intersection 等。我们可以根据个人技术栈以及对性能、安全性、使用成本的需求选择适合自己的实现方案，通过数据分区、并行计算提升该过程的效率。

9.5.5 服务器资源优化

在模型训练过程中，数据集、特征大小、同时训练任务的密集度等诸多因素会影响模型的训练速度。为了提升资源利用率、缩短模型训练时长，我们需要对模型训练过程中的日志记录、服务器资源使用情况进行统计分析，根据性能瓶颈调整服务器的硬件资源，以提升模型训练效率。

我们可以利用 sar 找出系统瓶颈，sar 是 System Activity Reporter（系统活动情况报告）的缩写。sar 对系统当前的状态进行取样，然后通过计算数据和比例来表达系统的当前运行状态。它的特点是，可以连续地对系统取样，获得大量的取样数据；取样数据和分析的结果都可以存入文件，所需的负载很小。sar 是目前 Linux 上全面的系统性能分析工具之一，可以从 14 个大的方面对系统的活动进行分析并生成报告，包括文件的读写情况、系统调用的使用情况、CPU 效率、内存使用状况、进程活动及与进程间通信（IPC）有关的活动等，其使用较复杂。sar 是在查看操作系统报告指标的各种工具中，使用得最普遍和最方便的。它有两种用法：①追溯过去的统计数据（默认）；②周期性地查看当前数据。

常用的 sar 可视化工具有 SAR Chart、kSar 等。我们可以根据安装需求，选择适合自己的工具进行 sar 的分析。

9.5.6 推理服务优化

实时在线推理服务是联邦学习投入工业生产使用的一种方式,是模型进行线上生产进而支撑真实业务场景的手段之一。推理服务的稳定性、性能将影响实际的线上业务。为了保证推理服务高可用,我们需要用至少 2 台服务器部署推理服务,并且做好从硬件层面到软件层面的负载均衡,根据对双方的实时特征获取接口进行压力测试,在满足业务场景需求的前提下设置合理的超时时间,避免部分特征获取时间过长影响推理服务的整体性能。同时,服务上线后特征接口的性能监控预警、特征质量监控预警也是提升服务可用性的重要手段。

第10章
联邦学习的产业案例

10.1 医疗健康

随着人工智能和大数据技术的发展,"医疗大数据"时常被人们提及。虽然医疗大数据的价值十分明显,但是真正应用到产业中的案例却很少。尽管我们可以想象很多种人工智能与医疗结合的方式(如 AI 影像帮助医生检查 CT 图像、机器学习为医生诊疗提供临床案例,以及电子病历的生成等),但是在这样的应用背景之下,数据的获取、数据的质量问题、数据的共享问题成为制约人工智能和大数据技术在医疗领域中发展的瓶颈。

IBM 的超级电脑"沃森"(WATSON),是人工智能与医疗健康结合所孕育出的比较知名的产品,但也曾因为在训练中开出错误的治疗药物而饱受质疑。经过调查发现,沃森之所以会对患者做出错误诊断,是因为沃森训练所需的数据量与实际进行训练的数据量相差甚远,数据量不足导致模型训练出现错误,这就是上文所说的人工智能在医疗领域中发展的瓶颈,也就是医疗领域的"数据孤岛"现象的反映。如何解决这个瓶颈问题?联邦学习的提出为解决这个瓶颈问题提供了条件。因为医疗数据的隐私性极强,所以数据传输和分享十分敏感,存储在不同机构的不同数据集之间无法实现信息共享,限制了对医疗大数据的充分利用,而联邦学习可以在不传输数据的情况下进行模型训练。因此,联邦学习对于解决医疗领域的"数据孤岛"问题具有至关重要的作用。本节通过列举联邦学习在医疗领域中的应用实例,让你充分了解联邦学习对医疗领域的帮助。

10.1.1 患者死亡可能性预测

电子病历是指在个人电子设备上生成的和患者健康相关的数据信息。有效地利用电子病历对医学的发展具有重大价值，但电子病历的存储是十分分散的，电子病历可能存储在个人设备、医院、药店等不同的位置。由于数据的敏感性以及法律的严格限制，数据之间的分享成为巨大的挑战。传统方法通常将医疗数据统一集中到数据库的站点中，对数据进行统一的分析建模，但由于前文所说的原因，医疗数据的传输限制非常复杂，因此数据传输成本会随之增大。采用联邦学习的方式，能够有效地解决传统方法所面临的"数据孤岛"问题。下面以利用 ICU 患者的电子医疗信息，通过开发联邦学习模型对 ICU 患者的康复结果进行预测为例，来展示联邦学习在医疗领域中是如何发挥作用的[185]。

通过利用来自多家医院的 ICU 患者的住院信息，以患者入院 24 小时之内服用的药物作为输入，预测患者在 ICU 住院期间的死亡率。为了对每次入院的 ICU 患者进行二进制预测，搭建了三层全连接神经网络模型，隐藏层采用 ReLu 函数激活，输出层采用 Sigmoid 函数激活，采用交叉熵作为训练的损失函数。患者死亡事件用二元标记，0 表示存活，1 表示死亡。联邦学习的作用机制就是将集成模型中学到的算法分布到每个数据源进行分布式训练，然后将本地的训练模型的参数反馈给处理器并建立集成模型，整个过程会循环多次。

为了模拟真实的医疗环境来进行模型训练，假设每个医院的住院信息都位于其自己的数据环境中。中央解析器通过向所有模拟的医院节点发送具有相同参数的初始模型以进行整体模型训练的初始化。每个模拟节点的本地模型仅使用属于自己内部的数据源进行训练，将根据平均样本大小加权后的参数返回给中央解析器，中央解析器在对所有数据源的模型进行集成、更新后，将更新后的模型再次发送给所有医院。整个模型联邦学习示意图如图 10-1 所示。

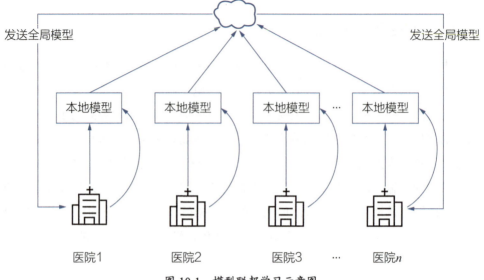

图 10-1　模型联邦学习示意图

通过利用联邦学习的技术，在保护用户隐私的前提下，最大限度地实现了数据的共享建模，并且文中还对现有的联邦学习技术进行改进，提高其预测的准确度，更好地将联邦学习应用到医疗领域，可以说联邦学习打开了人工智能在医疗领域中应用的大门，从而给人类真正做到"智慧医疗"带来了更多的可能性[186]。

10.1.2　医疗保健

上文通过采用联邦学习的方式，在保护患者个人信息的隐私性前提下，有效地利用了电子病历，实现了医疗数据信息的共享分析。人工智能在医疗领域中除了帮助医生诊断病情，也可以帮助大众进行医疗保健。我们身体的健康状况与日常活动行为有着密不可分的联系。随着可穿戴式智能设备的普及，例如手环、智能手机、腕带等，通过记录身体的活动情况，我们可以对一些疾病的产生提出风险预警。在医疗保健中，同样也需要大量的数据进行训练，也面临着"数据孤岛"的问题。在医疗场景中，"数据孤岛"问题产生的原因有以下两个：①隐私和法律的原因。当用户使用多家公司的产品时，数据无法交换，这会导致数据量不足，对医疗保健模型训练有巨大影响。②模型的个性化问题。由于每个人的身体机能和日常行为都是不同的，按照传统的方式，利用集中的大量数据训练模型，然后将模型分布到每个穿戴设备上，就无法对每个人进行个性化医疗保健。

下面以中国科学院计算技术研究所和微软提出的 FedHealth 框架为例，介绍联邦学习在医疗保健方面是如何发挥作用的。联邦机器学习主要分为三类：第一类是横向联邦学习，共享局部特征；第二类是纵向联邦学习，共享部分样本；第三类是联邦迁移学习，适用于多方的数据集的样本和特征之间没有太多相似性的情况。FedHealth 属于联邦迁移学习的框架，被提出的主要目的是通过联邦迁移学习实现精准的个人医疗保健。FedHealth 框架主要由以下两个部分构成，第一个是基于服务器端的云模型，该模型利用公共数据集进行训练，然后 FedHealth 框架将云模型发送到所有用户的设备上，这样每个用户就都可以用自己的数据进行模型训练。用户将自己的个性化模型上传到云端，对已有的云模型进行训练更新，整个模型的参数共享传输过程通过同态加密完成，保证用户的隐私不会被泄露。

从上文的叙述中可看出，云模型和用户端模型的训练是 FedHealth 框架的两个重要组成部分。每个用户都可以在服务器端模型的帮助下训练出自己的个性化模型，从而进行个人医疗保健。FedHealth 框架采用深度神经网络进行云模型和用户端模型的训练，其目标函数如下

$$\operatorname{argmin}_\theta L = \sum_{i=1}^{n} l\left(y_i, f_S(X_i)\right) \qquad (10\text{-}1)$$

式中，X_i 为输入的样本；y_i 为样本真实值；f_S 为要学习的服务器端模型；L 为函数损失；n 为样本大小，θ 为学习模型的参数，也就是网络节点的权重和偏差。

该框架的第二个部分是用户端模型的训练。在更新好云模型后，要将模型发送到每个用户终端，在这个过程中采用同态加密技术以避免直接分享用户的信息，而只进行模型参数的共享。每个用户端模型的目标函数如下

$$\operatorname{argmin}_{\theta^u} L_1 = \sum_{i=1}^{n^u} l\left(y_i^u, f_u(X_i^u)\right) \qquad (10\text{-}2)$$

式中，f_u 代表用户端模型；L_1 代表每个用户端的模型损失。在训练完成后，f_u 会被上传到云端集成。

研究者将 FedHealth 框架应用于智能手机的人类活动识别数据集上以验证其性能。该人类活动识别数据集由 30 个志愿者的 6 个活动组成，共收集 10 299 个

实例。为了模拟现实情景和保证用户隐私数据的安全，研究者从数据集中选取了 5 个志愿者的数据作为孤立的隐私数据不与其他志愿者的数据进行共享。FedHealth 框架的研究者将其与传统的机器学习方法和不使用联邦学习的深度学习模型等进行了对比，结果显示 FedHealth 框架识别的精确度不仅大大超过了传统的机器学习方法，而且与不使用联邦学习的模型相比平均提高了 5.3%左右。

FedHealth 是联邦学习在可穿戴医疗保健领域中应用的一次尝试，通过利用设备上的个人医疗数据实现对个人的医疗保健。微软和中国科学院计算技术研究所进行的人类活动实验已经证明了它的有效性，并且研究者表示该模型在未来还拥有更大的潜力，例如利用增量学习技术，使模型可以根据用户和环境的变化进行实时更新。另外，该联邦迁移学习框架在未来也可以被应用到更多的医疗程序中，如某些疾病的风险预警、跌倒预警等。通过该案例，我们可以了解到联邦学习在医疗领域中还有更加广阔的应用空间。

10.1.3 联邦学习在医疗领域中的其他应用

联邦学习目前是解决医疗领域"数据孤岛"问题切实可行的方法。在医疗领域中，除了上述提到的应用，也有很多学者进行了其他方向的研究。在医学成像方面，NVIDIA 团队与伦敦国王学院合作，率先将联邦学习应用到医疗影像分析中，推出了首个用于医疗影像分析且具有隐私保护能力的联邦学习系统，这成为联邦学习在医疗领域中应用的又一次突破。该技术在 2019 年的国际医学图像计算和计算机辅助干预国际会议上进行了公布。研究者在论文中提道："联邦学习在无须共享患者数据的前提下，即可实现分散化的神经网络训练，各个节点训练自身的本地模型，并定期交给参数服务器，进而创建全局模型，分享给所有节点。"该系统已经在包含了 285 位脑瘤患者的 MRI 扫描结果的 BraTS 2018 数据集的脑瘤分割数据上成功地进行了实验。在相似患者的寻找中，有学者使用联邦学习利用多家医院的数据进行患者的相似性学习，他们在保护用户隐私的前提下，利用模型找到了不同医院的相似患者；也有学者利用联邦学习进行患者表征学习及肥胖症患者的表型研究；还有学者利用联邦学习进行心脏病预测以及脑部疾病的研究等，都取得了不错的进展。他们还在已有的联邦学习的基础上，不断进行改进，使用户的隐私信息进一步得到保护。相信随着专家学者及所有人工智能爱好者们不断研究，联邦学习会日益成熟。未来在通往人类真正的"智慧医疗"的发展道路上，联邦学习将会发挥巨大的作用。

10.2　金融产品的广告投放

自 2014 年以来，互联网金融（互金）行业经历了从野蛮生长到回归理性的过程。因为大部分人对互金产品存在戒备心以及互金产品天然存在着风险属性，所以互金产品从拉新、注册到投资转化的道路注定是艰难的。随着获客成本不断攀升，互金产品的竞价成本已经从人均几十元攀升到几百元甚至上千元，各大互金企业在获客上的投入都是非常大的。大部分企业面临的现状是要想获客就先要有流量，而流量越来越贵，好不容易获得的流量又没有很好地转化，转化后的用户质量不高，且黏性差，于是进入"砸"钱→获取用户→用户质量差→"砸"更多的钱→获得更多低质量用户的怪圈。举个例子来理解上面的困境：某广告主在投放广告时发现借贷成本（新增一次借贷需要的广告投入）太高，于是分别通过降低出价、定向对低风险高需求用户进行竞价，发现成本降低了，但是曝光量（广告的展示次数）急剧减少。该广告主无奈，只能通过提高出价、放宽用户定向限制来增加广告曝光量，但这样就会导致成本超标、用户质量得不到保证。

所以，想要破除怪圈，我们就需要在商业逻辑的框架下，同时从媒体和广告主的角度出发对从流量到转化的全流程进行拆分、评估、优化，权衡各个环节，使得转化的全链路最优。

用户在浏览某媒体时，常会有文字、图片或者视频广告展现给他。用户在点击广告之后会到达广告产品的落地页。各个广告主都希望媒体能展示自己的广告，那么媒体怎么决定展示哪个广告主的广告呢？答案之一就是实时竞价。简单来说，竞价广告就是媒体按照价高者得的策略，将某个流量的某个广告展示位卖给广告主。实际上，由于大部分广告都是产生点击后才计费（CPC 广告）的，所以媒体并不是简单地按照出价对广告主进行排序，而是按照点击收益×点击率（即 eCPM，千次展示期望收益）对广告主进行排序，并将流量分配给 eCPM 最高的广告主，其中点击收益是广告主在媒体广告交易平台设置的点击成本。实际成交价在广义第二高阶的竞价策略下略低于广告主设置的点击成本。所以，对于媒体来说，对广告点击率预测得越准，意味着收益越大。

在上述框架中，我们来讨论竞价广告的最优投放策略是什么。对于广告主来说，他们希望在预算一定的前提下获得最多的有效转化。广告主的动作空间是什么呢？有两个：①广告素材；②分层出价。广告素材不在本文讨论范围内，我们来看一下为什么要做分层出价。流量的市场价是由参与竞价的广告主决定的，流量的市场价往往与流量价值（流量为广告主带来的收益）正相关。试想一下，我们如果对所有用户都按市场平均价出价，那么会获得什么样的流量呢？答案是容易获得低价值的流量。因为对于高价值流量来说，我们的出价不具有竞争力。当对流量价值预估不准时，我们把不同价值的流量放在一起出价，依然会出现高价值流量竞争力不足的问题。在竞争激烈、出价接近用户价值的情况下，这个问题可能导致广告主亏损！

所以，竞价广告的优化策略如下：对不同价值的流量设置不同的点击成本——分层出价。最极端的做法当然是我们对每个流量都设置不同的成本，但由于落地难度太大，实际上更多地采用客群维度的分层出价，即将价值相近的用户放在一起来设置成本。

分层出价问题可以拆分为分层和最优出价两个子问题。

综上所述，我们希望在流量价值维度将人群进行分层，这就需要对用户的价值做出预测。我们通常使用生命周期价值来衡量企业客户对企业所产生的价值，但在实际业务中需要用短期指标进行量化。以互金产品为例，我们通常从逾期风险、借贷需求等维度考查用户价值。不管考查维度是什么，我们都可以通过机器学习的方式从用户的行为画像中预测用户价值。至此，我们将问题抽象为一个有监督的机器学习问题，建模的本质是从历史数据中学习从用户画像到价值的映射关系，通常可以以 XGBoost 的结果作为基准，通过模型融合、深度学习等方式提高预测的准确性。

与一般的有监督模型相比，在广告投放场景中的建模难点在于，媒体端流量对于广告主来说大部分是薄信息甚至无信息用户，如何预测这部分流量的价值呢？一种有效的方式是联邦学习。联邦学习可以在保证参与方信息不泄露的前提下完成基于多方数据的联合建模。在广告投放场景中，广告主有流量价值相关数据，如是否逾期、是否借贷、是否活跃等，媒体有流量的行为数据，如浏览次数、登录时长等。通过纵向联邦学习，我们可以用媒体侧的行为数据预测流量价值，从而进行人群分层。联邦学习框架提供的安全的数据共享机制，使得具有强互补性的媒体和广告主之间的数据能够实现最大化的变现。在这个过程中，广告主自然有充分利用自身数据更准确地预测 eCPM 的冲动。同时，如前面所述，媒体也有这样的需求，利用双方数据更加准确地预测用户行为，进而实现广告主与媒体双赢。目前，不少互金企业已开创性地与头部媒体将联邦学习落地到实际广告投放业务中。实践表明，联邦模型与单边模型相比，无论是在覆盖度上还是在模型预测效果上都有很大提高。

10.3 金融风控

目前，各个产业正经历着与科技的深度融合，其中大数据、人工智能在众多领域中已经开始发挥作用，成为经济发展的新引擎。尤其在金融领域，例如银行业、保险业、证券业，对大数据技术和创新的需求非常大，占大数据市场份额的 10% 以上，应用场景包括精准营销、个性化定价、客户管理、金融信贷、信用消费评级、信息验证等。

虽然大量的用户数据是金融机构进行大数据风控必不可少的武器，但是在《中华人民共和国网络安全法》中明确要求获取用户数据必须经过授权。2019 年，国家对侵犯公民隐私的公司进行了查处，多家知名独角兽企业主动或被动地停止了部分业务，受此影响相关的一些金融机构也暂停了放款业务。联邦学习是一种更好的联合建模方法，可以在保护用户隐私的前提下实现"金融信息+场景数据"的多方跨界融合，帮助金融机构有效地降低金融风险，提升服务水平。下面通过某金融机构与某互联网公司的合作来讲解联邦学习的落地过程，如图 10-2 所示。

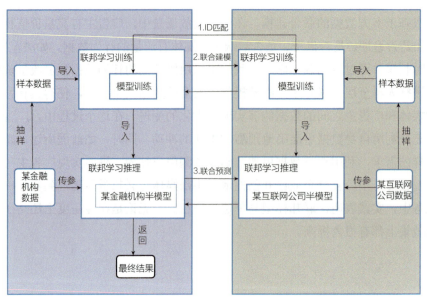

图 10-2 某金融机构与某互联网公司的联邦学习落地过程示意图

某金融机构在授信审批时希望可以进行初步风控,但只拥有用户的一些身份信息及借贷信息,而某互联网公司拥有大量的用户行为信息、消费信息等数据。现在通过联邦学习将两方数据融合进行模型训练。联邦学习的落地分为两个阶段:第一个阶段为联邦学习训练,即使用联邦学习进行模型训练;第二个阶段为联邦学习推理,即线上调用训练完成的联邦学习模型进行实时预测打分。

联邦学习在金融风控中的应用可以进一步划分为多个数据方之间、数据方与金融机构之间的联邦学习。

10.3.1 数据方之间的联邦学习

数据方往往有大量的用户数据。在大数据时代,用户的特征维度经常可以达到上千个,但单个数据方所拥有的数据特征往往不够全面,而且公司真正需要的是和预测目标有较大相关性的特征,单个数据方的有效特征数量往往不足。例如,某手机公司可能拥有大量的 App 安装数据,如支付类 App 当前的安装个数、投资类 App 当前的安装个数、游戏类 App 当前的安装个数等。当手机公司想要预测用户的购买力时,"游戏类 App 当前的安装个数"这个特征和用户购买力的相关性不大，仅靠金融类 App 的安装个数等特征进行建模得到的效果又可能不甚理想。于是，手机公司希望和其他数据方进行合作，以获得更多有效特征进行联合建模。不同的数据方拥有不同侧重点的特征，如互联网公司拥有用户行为数据、电子商务公司拥有用户消费数据等。为了保证特征的全面性，手机公司会考虑和各种类型的数据方合作。

以前，手机公司可以通过向专门的数据方购买数据来提升自己的业务能力，这些数据方通过各种隐蔽的渠道获取重要性和隐私性更强的用户数据，然后出售给银行等金融机构来获利。然而，随着国家对数据保护的监管力度逐渐加大、公民对隐私保护的意识逐渐增强[187]，获取用户数据的难度和代价逐渐增加，很多曾违法窃取用户数据的公司也都主动或被动地停止了业务。

在保证数据合法性、安全性、规范性的前提下，数据方之间可以通过联合建模的方式合作。

联邦学习建模既能保证数据的安全性，又能保证模型的准确性，非常适用于大数据时代的多方合作，金融建模流程如图 10-3 所示。数据方往往有大量的用户数据，而地理位置相近的数据方往往有很多重合用户。基于隐私保护的样本 ID 匹配，我们可以在合法的条件下得到大量的可使用样本。因此，样本的量级完全可以满足联邦建模的需要。

在特征维度方面，单个数据方在某个方面的特征维度往往会很大。例如，手机公司有种类繁多的 App 安装记录等。如果直接将各方的所有特征输入模型，那么会导致训练时间急剧增加，而大量无用特征对模型效果几乎没有提升，因此在训练之前还需要使用联邦特征工程对数据进行预处理，主要包括单变量分析、变量筛选两个步骤。

单变量分析旨在分析每个特征（x_i）对目标（y）的效用，进而指导特征工程。挑选入模变量过程是比较复杂的过程，需要考虑的因素很多。比如，变量的预测能力、变量之间的相关性、变量在业务上的可解释性等。在单变量分析阶段，需要使用联邦特征工程技术在加密标签的前提下对各方的特征计算 WOE、IV、PSI 等参数。WOE 称为证据权重，用于对特征进行变换；IV 称为信息价值，是与 WOE 密切相关的指标，用于对特征的预测能力进行打分[188]；PSI 用于筛选特征变量、评估模型的稳定性。

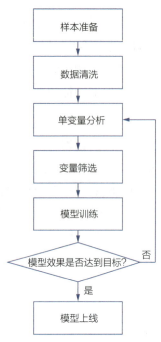

图 10-3　金融建模流程图

在计算完成后,整理各个指标的结果,以便进行后续的变量筛选。

在变量筛选阶段,需要根据单变量分析的结果剔除预测能力较差、稳定性较差、缺失率较高的变量。例如,标签拥有方先通过缺失率剔除了婚姻状况这个变量,再计算剩余变量的 IV,按照从大到小的顺序排序,选取了前 100 个变量。

各个数据方根据变量筛选的结果重新准备数据,输入模型中进行训练、推理、模型评估等工作。在流程结束后,标签拥有方根据每个数据方提供的特征变量的重要性支付报酬。标签拥有方通过联邦学习,在保证安全的前提下训练得到了更好的模型,而数据拥有方通过提供加密的数据,在不暴露用户隐私的前提下从标签拥有方处获得了利益。这样,各方通过联邦学习安全地实现了多赢!

10.3.2　数据方与金融机构之间的联邦学习

不同于其他场景,以银行为代表的金融机构往往比较保守,虽然其对各种新兴技术(如人工智能和大数据处理等)具有非常强烈的需求[189],迫切希望使用这些技术来提高现有业务（包括精准营销、个性化定价、客户管理、金融信贷、信用消费评级等）的效率，但是银行所持有的数据往往比较敏感。银行并不能轻易地使用这些数据进行挖掘分析，需要保证数据使用的合法性、安全性和规范性等。此外，银行所持有的数据通常比较单一，只有本行的存款和借贷等信息，并不能为用户刻画全面的用户画像，所以为了达到更精准地描绘用户画像和资金管理目标，其往往在对用户或者企业进行评估时需要海量外部数据支持，通过多维度的用户特征和海量数据优化模型，以实现高效的风控和优质用户管理等目标。

联邦学习的出现使得多个参与方用本地数据协同建模成为可能，其能够在保证数据的合法性、安全性和规范性的前提下，使得包括银行在内的各个数据方的数据既不离开本地数据库又能参与到建模过程中，同时使银行可以与多个数据方共享特征变量、协同建模，实现"金融信息+场景数据"的多方跨界融合，帮助金融机构有效地降低金融风险和提升服务水平。此外，联邦学习的协作模式还可以实现双方建模人员在线分析与建模，降低成本。下面分别介绍纵向联邦学习和横向联邦学习在银行等金融机构的应用案例。

例如，某银行（银行 A）与某两家其他公司（公司 B 和公司 C）通过纵向联邦学习的方式协同训练模型，其中银行 A 拥有用户的身份信息、标签和中国人民银行的信用报告等特征，而公司 B 和公司 C 分别拥有大量的用户行为信息和消费信息等数据。银行 A 和其他公司（公司 B 和公司 C）联邦建模示意图如图 10-4 所示。

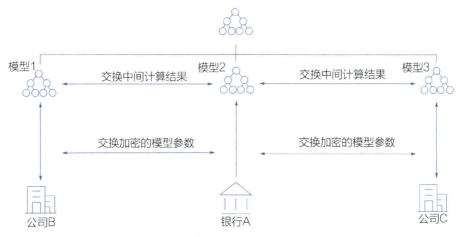

图 10-4 银行 A 与其他公司（B、C）联邦建模示意图

参与联邦建模的双方并不会向对方直接传递数据，而是传递加密的模型参数（如梯度等）进行模型更新。纵向联邦建模的第一步是加密样本对齐，即通过RSA等加密技术在找出参与方交集用户的同时不泄露差集用户[189]，然后进行对应的特征工程提取有效的特征进行模型训练以提高模型的准确性、稳定性和可解释性，参与方在建模过程中以加密的形式交互模型的中间计算结果并更新各自侧模型，最后在模型训练完成后基于相应指标进行模型效果评估。这种联邦学习的协作建模方案可以显著提高模型的性能，明显降低银行的不良贷款率。

与纵向联邦学习不同，横向联邦学习的特点是多个参与方之间用户特征相同，但是样本不相同，其在银行场景中可以应用于反洗钱等业务。反洗钱在银行的日常运作中非常重要，但是如何确定交易是正常交易还是洗钱行为是非常枯燥和易错的。银行一般会先基于某些规则的模型从所有记录中过滤出明显的正常交易，然后通过人工逐个审核的方式检查其余交易是否是洗钱行为，但是往往那些基于规则的模型覆盖范围较小，需要人工审核的交易往往会浪费大量的时间和精力。此外，这些基于规则的模型对于未知情景（如新洗钱形式等）不具备很好的处理和判别能力。所以，多个银行之间可以通过横向联邦学习协同训练共享的通用模型，在保证各个银行本地数据不出库的前提下共享数据进行模型训练，解决该领域样本少、数据质量低的问题，实现高效地识别和控制洗钱行为。

参与联邦建模的银行提供同类数据，即它们使用相同的特征参与联邦建模。各个银行首先利用本地数据训练模型，将加密的模型参数传递给可信的第三方[190]，其中模型参数可以是模型权重或梯度等，而这里的第三方可以是某个可信机构，如中国人民银行等。然后，第三方解密所收到的模型参数进行聚合更新，并将更新后的模型参数分发给各个银行，各个银行再基于本地数据更新收到的模型参数后发送给第三方，如此反复迭代直到满足终止条件。模型由所有参与的银行协同训练完成，期间各方的数据均不会离开其自己的数据库，这种方式极大地提高了模型性能，且参与联邦建模的银行越多，模型性能越高。银行之间联邦建模示意图如图10-5所示。

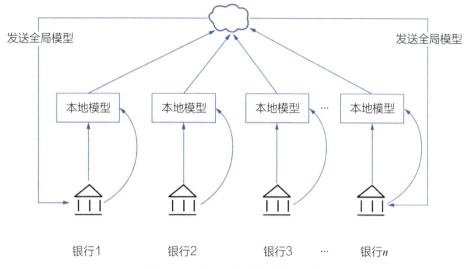

图 10-5 银行之间联邦建模示意图

无论是在横向联邦学习中还是在纵向联邦学习中，各个数据方的原始数据均没有脱离本地环境，ID 匹配的过程也基于加密机制下的安全求交。严格加密的计算过程保证了中间参数无法反推，完美地解决了企业之间的安全联合建模的需求。联邦学习在银行业中有广泛的应用场景，已有多家大型银行机构及互联网公司展开了战略布局和应用，推出了具有行业影响力的解决方案和项目，其在保险科技、信贷风控等诸多场景中得到初步验证。我们相信在不远的未来联邦学习将会更快地迭代，将有更多的产品及项目落地，在银行相关领域中发挥作用，促进经济和社会发展。

10.4 其他应用

联邦学习自从被提出后受到了众多研究者的关注，除了上述几个领域，在其他领域中也起了重要的作用。

10.4.1 联邦学习应用于推荐领域

目前，推荐功能在机器学习领域中已经得到了广泛发展。推荐功能已经深入我们日常生活的各个领域，例如商品推荐、视频推荐、新闻推荐。大多数的推荐都基于用户的历史数据信息来判定用户未来可能的行为。但是由于近年来用户数据隐私性问题已经成为至关重要的问题，很多用户数据出于保护用户隐私的原因被分布在多个机构中，形成了一个个"数据孤岛"。如何在保证用户数据的隐私性的同时，实现用户级信息共享从而进行推荐成为制约推荐系统在实践中应用的主要问题。

联邦学习的提出使这个问题的解决成为可能。联邦学习大体分为三个方面：横向联邦学习（在推荐中可理解为基于商品的联邦学习）、纵向联邦学习（在推荐中可理解为基于用户的联邦学习）、迁移联邦学习（迁移联邦学习研究的则是在相同的用户和相同的商品特征都不多的情况下如何构建联邦推荐模型）。下面用一个书籍推荐的例子介绍联邦学习在推荐中的应用。

将书籍推荐服务商和用户兴趣数据的服务商之间进行联邦建模。在具备用户特征的前提下，采用因子分解机对特征进行交叉处理，对推荐系统的性能提升有很大帮助。在联邦学习场景中，微众银行提出联邦因子分解机，在不直接进行数据共享的前提下完成联邦双方内部的特征交叉和双方相互之间的特征交叉。首先，联邦参与方需要初始化自己的模型，计算模型的中间结果，例如部分特征的梯度、部分损失等，将其加密后传给对方。双方将加密并加入掩码后的梯度进行汇总上传到服务器端，服务器端对其进行解密后发送给联邦双方，而后双方更新自己的本地模型。最后，双方会分别得到训练好的部分联邦模型，所以在对用户进行推荐预测时双方需要共同参与完成。双方各自完成本地模型的中间参数的计算，然后将其上传到服务器端，服务器端将其解密后，对双方模型进行解密汇总，计算得到预测结果，最后将预测结果反馈给推荐服务商。

除了上述联邦学习在推荐领域的应用方式，华为也提出了自己的联邦推荐学习框架——联邦元学习推荐，其主要目的是利用以往的经验进行学习，换言之，就是让机器知道自己如何进行训练。在推荐算法领域比较常用的算法就是协同过滤算法，但是协同过滤算法需要服务器端收集大量的用户数据和商品数据。在应用联邦学习解决了数据的隐私性问题之后，华为开始关注服务器端与联邦客户端的传输内容。在联邦学习框架中，各个终端与服务器端之间传输的是模型（模型参数），模型是通用的而且通常比较大。所以，华为引入了元学习，使服务器端与各个客户端传输训练模型的算法，这样既减少了传输内容，又可以使每个客户端的算法不同，从而保证其个性化。随着联邦学习不断发展和众多研究者不断创新，联邦学习在推荐系统中的应用形式会更加丰富。

10.4.2 联邦学习与无人机

近年来,随着信息通信技术快速发展,无人机的使用需求在不断增长,由于其机动、灵活的特性使其在很多领域中拥有先天优势。例如,监控、航拍、运输以及在军事领域中的使用。另外,无人机也可以作为一个设备终端,搭载应用。无人机可以搭载的应用多以实时性应用为主,例如实时直播、遥感。这就对搭载在无人机上的无线网络提出了较高的要求,要求高速率、低延迟。

机器学习在很多领域中进行了应用,受到很多研究者关注,但在无人机领域结合传统的机器学习技术却有些不适用。传统的机器学习技术通常以服务器为中心在服务器端集中存储数据,数据的传输主要集中在服务器端。这些传输的数据很可能导致个人信息泄露。另外,因为无人机所处的室外环境不断变化,在利用无线网络向服务器端进行数据传输时对网络带宽有一定的要求,所以传统的方案会带来极大的网络延迟,对一些需要实时决策的程序会带来很大影响。所以,我们需要一种去中心化的方案来训练由各个无人机设备生成的数据集。因此,无人机与联邦学习的结合便应运而生。作为一种分布式训练的方法,联邦学习可以解决无人机与人工智能结合所面临的问题。无人机设备使用其本地生成的数据集训练本地模型,并将本地模型的权重发送到服务器端进行集成计算。联邦学习可以使各个无人机设备将自己生成的数据保存在本地以分布式方式训练模型,避免了数据隐私性问题。另外,联邦学习避免了向服务器端发送大量数据,有效地改善了网络开销。因此,与传统机器学习相比,联邦学习更适合在无人机领域应用,也更适合应用在实时性应用程序中。

基于无人机网络搭建联邦学习模型,不仅可以保护无人机的数据隐私,还更高效地利用了无人机资源。基于无人机网络训练联邦学习的基本步骤如下:

首先,根据无人机要支持的目标应用,服务器端初始化一个全局模型 M_1,M_1 被发送到各个无人机终端。然后,每个无人机终端 i 利用自己的本地数据基于全局模型 M_j 训练并更新本地模型,模型参数为 L_i^j,j 为当前的迭代次数。每个终端模型在训练时要找到一个使损失最小的参数进行不断更新,并返回给服务器端。训练流程图如图 10-6 所示。

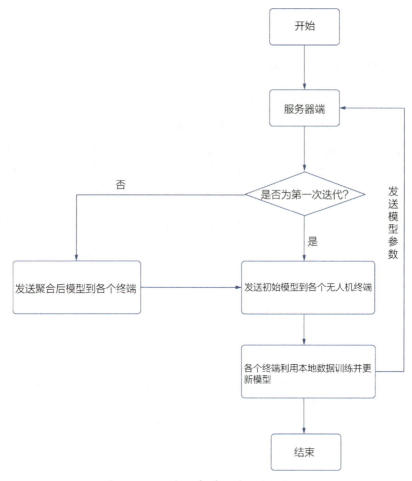

图 10-6 无人机联邦学习模型训练流程图

最后，服务器端将各个终端模型按照最小化整体平均损失的原则进行集成。

$$\text{Loss}(M_j) = \frac{1}{N}\sum_{i=1}^{N}\text{Loss}(L_i^j) \qquad （10\text{-}3）$$

基于联邦学习技术的无人机未来可以应用在我们生活的方方面面，例如可以将无人机作为 5G 基站进行部署，扩展网络覆盖范围，特别是对于一些偏远地区。因为物联网设备需要超低时延，所以可以将无人机部署成一个移动网络，与物联网结合。总之，联邦学习与无人机的结合还处于发展阶段，随着技术的发展，相信未来会有更多应用的可能性。

10.4.3 联邦学习与新型冠状病毒肺炎监测

2020 年 4 月 1 日,斯坦福大学举办了名为"新型冠状病毒肺炎(简称新冠肺炎)和 AI"的活动。在这次活动中,斯坦福大学教授李飞提出了家用 AI 系统,该系统在保证居民隐私的前提下监测使用者的健康数据,从而达到对新冠肺炎预警的目的。

该系统最初是针对老年人的,尤其是独居老人的,希望通过 AI 技术达到对老年人进行护理的目的。该系统由预先安装在家中的摄像头、热传感器、深度传感器和可穿戴传感器组成。传感器和摄像头在捕获信息时,如果直接把信息传输给中央服务器,那么这个过程很容易产生信息泄露,并且传感器和摄像头捕获的通常是很敏感的用户私人信息。所以,数据在传输到服务器端之前就应该进行加密。因此,李飞教授采用了联邦学习方案,让每个终端设备进行本地的模型训练,然后将加密的模型数据传送到服务器端进行聚合计算,通过这种方式来降低数据泄露的风险,同时采用联邦学习这种分布式的训练方式会使模型的鲁棒性更强,另外也可以在一些可穿戴设备上进行联邦学习模型的训练。目前,该系统还处于研发阶段,距离投入生产可能还有一段距离。

在国内,由于新冠肺炎疫情的原因,全国采取了隔离措施。随着疫情缓解,政府、企业开始复工,学校陆续开学。高校学生返校是对疫情防控工作的又一次考验。有高校的研究学者提出利用边缘计算和联邦学习来对高校新冠肺炎进行防控管理。每个高校都可以利用边缘计算在本地对采集到的师生信息进行快速计算和分析。每个高校采集的数据信息都相当于一个数据终端。联邦学习将每个高校所训练的模型特征参数上传到服务器端,服务器端将所有上传的模型参数进行聚合,然后将更新后的模型参数传送给各个高校终端。由于传输的是模型的加密参数,所以在这个过程中可以确保高校的数据不会被泄露。

联邦学习为人工智能和大数据的发展与应用开辟了更广阔的道路,实现了在保障本地数据隐私性的前提下对模型进行分布式训练,使多个数据的提供者可以共享模型,实现真正的互利共赢。期待在未来,联邦学习可以应用到各行各业中,真正打破行业间的数据壁垒。

第 11 章
数据资产定价与激励机制

联邦学习作为一种新兴的人工智能基础技术，最初的设计目标就是在依法、合规的前提下，保证多方数据可以安全地进行传输和交换，保护终端数据和个人数据的隐私安全，解决"数据孤岛"问题。在实际场景中，数据作为一种特殊形态的资产，联邦学习在实现过程中势必存在各方的利益交换，我们需要对数据进行合理定价，并对各个参与方进行相应的激励。本章从研究数据自身价值出发，阐述数据资产的相关概念和特征，研究数据资产定价的理论模型，同时，介绍在当前联邦学习场景中的激励机制与定价模型。

11.1 数据资产的相关概念及特点

11.1.1 大数据时代背景

在计算机被发明以前，受限于介质和运算能力等因素，存储和能够被利用的数据极其有限。1946 年，冯·诺依曼发明的计算机问世，使得数据的获取、存储、运算处理等问题得以解决。随着移动互联网的发展，我们的生活和社会都朝着数字化方向飞速发展，每个人的网络行为都被互联网真实地记录下来，各式各样的数据如同石油一般沉淀积累下来。在 2012 年以后，大数据一词越来越多地被人提及，人们用它来描述和定义信息爆炸时代产生的海量数据。研究机构 Gartner 认为，大数据是一种海量、高增长率和多样化的信息资产，这种资产需要应用新的处理模式才能具有更强的决策力、洞察发现力和流程优化能力。

大数据之所以区别于普通数据，是因为大数据的 4V 特性：Volume（规模性）、Velocity（高速性）、Variety（多样性）、Value（价值性）[191]。规模性是指目前在互联网中积累的数据规模巨大，已经无法按照传统的存储计算方式进行处理，数据规模从量变到达了质变。高速性是指数据的更新频率更快，数据每秒都有增量更新，这直接影响了大数据的规模性。多样性是指数据的种类各式各样，除了结构化的数据，更多的是半结构化和非结构化的数据。价值性有两层含义：一是数据都是蕴含价值等待挖掘的；二是海量的数据可能拥有的有用价值极低，数据的价值密度低。

互联网时代的大数据积累是迅速的，在大多数情况下，以当时的技术手段无法处理、提取所有数据中的有用信息和知识。但是，这些日积月累的数据却为科学技术的进步提供了充足的燃料。随着各种硬件设施和技术手段不断升级，人类能够处理和应对的数据更加丰富，从中进行分析、提取的信息创造了巨大的学术价值和经济价值，数据的价值属性愈发凸显。

11.1.2 数据资产的定义

目前，数据挖掘应用在金融、工业、医疗、农业、民生、教育等各个领域中都发挥着积极作用，其对经济和生活的影响引起了政府的高度重视。在国家层面，更是将数据资产提升到了数据生产要素的高度，从顶层战略视角去看待大数据。

对于数据要素或者数据资产来说，我们不妨先参考会计学中关于资产的经典定义。资产是指由企业过去的交易或事项形成的、由企业拥有或者控制的、预期会给企业带来经济利益的资源。资产一般可以被认为是企业拥有或控制的能够用货币计量，并能够给企业带来经济利益的经济资源。简单地说，资产就是企业的资源。在财务报表中，一项资源可以被确认为资产，不仅需要符合资产的定义，还应该同时满足以下两个条件：①与该资源有关的经济利益很可能流入企业，即该资源有较大的可能直接或间接导致现金和现金等价物流入企业；②该资源的成本或者价值能够可靠地计量，即应当能以货币来计量[192]。

显而易见，数据是企业的一项资产，按照资产的会计学定义，可以对数据资产进行认定。

第一，数据资产的来源，数据确实是在企业的生产运营过程中产生的，这点符合资产定义第一条"由企业过去的交易或事项形成的"。

第二，因为大部分数据都是在和客户的交互过程中产生的，这时数据的权属问题就变得难以确定。欧盟的《通用数据保护条例》（GDPR）规定了数据主体、数据控制者和数据处理者[193]，但是没有明确规定数据的权属，我国在这个方面也没有明确的立法说明。所以，资产定义的第二点"由企业拥有或者控制的"可能是确定数据资源能否真正成为数据资产的关键项。从现实情况来看，企业在不同情况下对不同数据类型的权力范围不一而论，目前我国已发布《信息安全技术个人信息安全规范》，正在研究制定《数据安全法》等法律法规。

第三，毋庸置疑，企业在生产运营中产生的数据，如果能够得到充分、有效的挖掘，不仅可以给企业提供决策支持，分析结果还可以作为产品输出，这都可以给企业带来经济利益。这点满足资产定义第三点"预期会给企业带来经济利益"，但因为数据的价值密度性，并不是所有数据都能给企业带来正向的收益，数据能够计入资产，是有一定门槛限制的。

综上所述，我们给出企业数据资产的相关定义如下。

定义 11-1　如果满足以下条件，那么企业拥有的数据被称为数据资产。

（1）该项数据来源于企业正常的生产经营与交易活动。

（2）该项数据在法律意义上可以确权，即企业拥有数据的所有权或者控制权。

（3）企业可以利用该项数据进行生产加工和交易，最终可以获得经济利益。

另外，如果需要对数据资产进行会计处理，计入财务报表，那么还需要满足以下条件：

该项数据的获取成本和预期经济收益可以用货币计量。

从数据资产的定义中可以看出，对于广义的数据资产来说，最关键的是需要有法律明确规定数据权属，这属于法律问题，可以通过立法解决。对于狭义的数据资产来说，关键在于对数据资产进行合理的定价，这属于技术问题，可以通过研究定价模型解决。

11.1.3 数据资产的特点

区别于常规的资产，数据作为一种电子化、虚拟的无形资产，具有特殊的物理特征、数学特征和经济学特征。分析数据资产的典型特征，可以帮助我们理解和认识数据资产的相关性质。

1．物理特征

数据资产的物理特征包括采集来源、存储介质、格式标准化等。

（1）采集来源。数据资产的采集来源必须合法合规。企业在生产经营过程中，无时无刻不在产生数据积累，但不是所有数据都能够成为数据资产。例如，企业内部流程信息流转积累的数据，并不能为企业产生实际的经济利益，不能称之为数据资产。企业数据资产的采集来源通常有以下几种：一是公开数据；二是在自身产品运营中积累的用户数据（如浏览记录、交易信息、登记信息等），但是这部分数据是由用户和企业共同创造的，用户拥有数据所有权，企业拥有数据控制权，企业需要取得用户的充分授权才能将此项数据作为资产使用；三是通过第三方企业购买获取数据资产，必须保证牵扯的各方授权链条完整。

（2）存储介质。数据资产在网络空间传输，其物理存在需要占用存储介质的物理空间，以二进制形式存储。传统纸质媒介无法满足对数据资产进行有效的存储和传输，只有网络空间中可读取的数据才可以进行资产化认定。数据资产的存储性质是数据真实存在的表现，并且可以度量，数据的物理存在可以直接用于制作数据复本和数据传输。

（3）格式标准化。结构化数据和非结构化数据都可以成为数据资产，但只有满足存储格式标准化，才可以进行标准化商品交易。数据的格式标准如果不统一，那么将不利于数据的存储、传输和定价，从而为数据交易的双方带来不必要的麻烦。

2．数学特征

数据资产的数学特征包括统计学指标、质量指标、融合性、相斥性、模型依赖性等。

（1）统计学指标。数据资产拥有样本量、变量数、时间序列长度、均值、方差、样本分布等统计学指标。通过分析数据资产样本的统计学指标，我们可以推断数据资产的整体分布性质。

（2）质量指标。数据资产拥有数据覆盖度、观察颗粒度、数据完整度等质量指标。数据资产的质量指标是影响数据资产价值的关键因素。

（3）融合性。两项数据资产在合并后产生的价值，可能大于两项数据资产价值相加。例如，在信贷审批场景中，将个人身份信息数据和个人金融借贷信息数据综合放入贷前审批模型中，比单纯地考虑个人身份信息或个人金融借贷信息的效果更好。

（4）相斥性。两项数据资产在合并后产生的价值，可能小于两项数据资产价值相加。由于数据自身的价值性，数据资产同时也具有相斥性，两项数据资产单纯地合并可能也会导致数据价值密度下降、数据噪声增多、增益效果降低等后果。对于具体场景，我们需要具体分析数据资产的融合性和相斥性。

（5）模型依赖性。数据资产的价值需要通过建立相应的算法模型来体现。根据 Ackoff 提出的 DIKW 模型，智慧、知识、信息和数据之间依次存在从窄口径到宽口径的从属关系（如图 11-1 所示）。从数据中可以提取出信息，从信息中可以总结出知识，从知识中可以升华出智慧。通过机器学习、神经网络、自然语言处理等算法模型，我们可以将数据资产升级为更高层次的"数据"，为使用者提高生产效能发挥更大的数据价值。

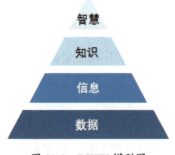

图 11-1　DIKW 模型图

3. 经济学特征

数据资产的经济学特征包括非竞争性、场景差异性、外部性、时效性等。

（1）非竞争性。数据资产的边际成本约等于零。在经济学中，关于非竞争性的定义是，一个使用者对该物品的消费并不减少它对其他使用者的供应，换句话说，增加消费者的边际成本为零。由于数据资产的物理性质，它是可以被重复使用的，并且使用次数不会影响数据质量或容量，它还可以被不同使用方在同一时间使用，因此数据资产具有非竞争性。

（2）场景差异性。数据资产在不同使用者的应用场景中，存在一定的外在价值差异。首先，不同的使用者针对相同的数据资产应用不同的分析方法，可以得到不同的信息结论；其次，相同的数据资产，在面临不同的应用场景和问题时，能提供的增益价值不同。

（3）外部性。数据资产对其所有者的价值和对社会的公共价值存在一定差异，这被称为数据资产的外部性。在经济学中，外部性又称为溢出效应，指一个人或一群人的行动和决策使另一个人或另一群人受损或受益的情况。数据资产的外部性既可为正又可为负。

（4）时效性。数据资产具有很强的时效性，依靠实时的数据资产做出的决策需要在特定时间内发挥作用。另外，大部分数据资产在经过一段时间后，并不能反映观测时刻的现实状况，从而会造成数据资产的可使用价值下降，这称为数据资产折旧。

11.1.4 数据市场

既然数据可以作为一项资产进行认定，并且具有典型的物理、数学、经济学特征，我们就可以将数据资产作为商品进行市场化交易，构建数据市场。根据传统经济学中关于市场的定义和性质特征，我们可以如下定义数据市场。

定义 11-2 如果一个市场满足以下条件，那么被称为数据市场。

（1）供需关系存在。在经济关系活动中存在数据资产的供给方和数据资产的需求方，即数据资产的买方和卖方。

(2)交易标的。数据资产的交易标的为数据的使用权或所有权。

(3)市场参与角色。除了数据资产的买卖双方,还存在数据市场的平台方、市场监管方。

(4)交易环境。由于数据资产的特殊属性,数据市场必须建立在可信、安全的交易环境中,以保证交易双方的数据资产安全。

数据市场是一个买卖双方可以进行数据资产交易的平台,支持数据资产的可信、安全共享和交易,自动强化和控制数据所有者的合法权益及应得报酬。因为数据资产的虚拟性、非竞争性、复制成本极低,所以数据市场必须建立在合法合规与相应的安全技术(如大数据、云计算、数据加密、隐私保护等)的基础上,只有确保数据主体及数据所有者对数据的有效控制,才可以正常地进行数据资产交易。

在现实生活中,数据的交易一直都在发生,但是因为数据资产难以进行标准化定价,所以一直没有形成集中化和标准化的数据市场。目前,数据的交易模式主要是基于服务订购的点对点交易,买方提出定制化数据需求,通过和卖方协商采用不同的服务模式进行交易,要么接入应用程序编程接口,要么进行数据的联合建模,而数据资产的定价多采用市场竞价方案。

构建数据市场的核心是为数据资产供需双方提供可信的数据交换和交易的环境,密码学技术则可以帮助数据市场实现可信环境并且进行数据资产的产权界定,其中包括可验证计算、同态加密、安全多方计算等方法。对于复杂的计算任务,可验证计算可以生成一个简短证明,只需验证简短证明,即可判断计算任务是否被准确地执行,这可以解决计算结果可靠性的验证问题。同态加密和安全多方计算则可以对数据资产进行加密处理而不影响数据的使用效果,数据资产的交易标的为数据的一次使用权,从而使数据具备排他性。另外,我们还可以通过区块链技术构建一个去中心化的数据市场,加强数据的交易与使用管理。

联邦学习作为目前一种新兴的技术解决方案,可以为数据市场提供一种交易模式。从技术角度来看,联邦学习是一种隐私保护的分布式机器学习技术,包括机器学习、分布式、隐私保护三个技术关键词。与现有的分布式机器学习不同,联邦学习主要受制于原始数据分布在不同位置的严格约束,不能有任何泄露原始数据的风险，这其中也用到了密码学技术。比如，在横向联邦学习的场景中，各个数据参与方在本地训练模型，加密上传本地模型的训练梯度到云端，原始数据不出本地，由云端聚合进行全局模型更新，最后返回给各方云端的模型训练结果，以对其自身产品进行优化改进。在此过程中，各方无法对密文数据进行破解，也无法通过训练结果逆向解析出原始数据，因而为企业数据资产在外部使用提供了一个安全、可信的环境。

11.2 数据资产价值的评估与定价

11.2.1 数据资产价值的主要影响因素

数据资产作为一种新型资产，其价值评估理论还需要不断研究、实践和完善。移动互联网发展迅猛，大量的数据涌向数据市场，对数据资产价值的评估已经十分急迫。对数据资产价值的评估需要研究影响数据资产价值的主要因素，需要关注数据资产的生产、传播、应用等全链路流程。一般来说，能够具体体现数据资产价值的主要因素有数据资产化成本、数据资产的质量、数据资产的应用价值。下面详细分析这三个因素的影响逻辑和评判方案。

1. 数据资产化成本

数据资产一定是数据，但数据不一定是数据资产，只有满足定义 11-1 的特定数据才被称为数据资产。原始数据的体量大，并且收集和获取具有一定成本，如果没有对其进行资产化处理，那么一方面会存在安全合规问题，不能直接交易评估，另一方面不能被直接使用，无法产生相应的经济收益，因此其不能被称为数据资产。由此可知，数据资产化过程是生成数据资产必不可少的环节。

在数据成为生产要素之后，利用数据创造价值的其他条件就是工具和劳动力。数据加工的过程之所以能够体现数据资产的价值，其根本缘由在于劳动（人力劳动和机器计算）将数据加工生成了可以应用或者传播的有商品价值属性的数据资产。逻辑构建越复杂和计算复杂度越大，所体现的数据挖掘精细程度越高，所得到的数据资产质量越高，价值越大。如图 11-2 所示，原始数据经过清洗、重组、分析、可视化等处理之后，形成的数据可以被企业用于参与项目或者生产决策，并为企业带来相应的经济收益，形成的数据就是数据资产。

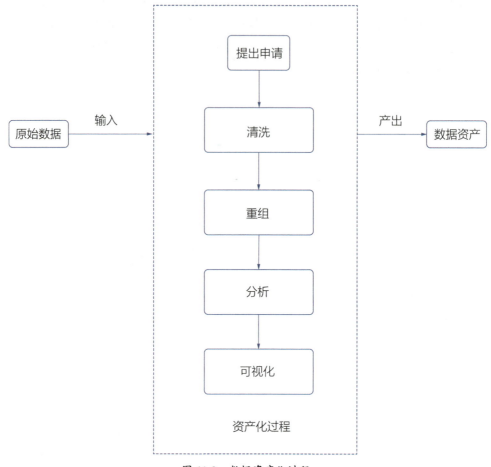

图 11-2　数据资产化过程

一般来说，数据资产化成本主要体现在人力成本和计算分析复杂度成本两个方面。人力主要是参与整理分析的数据处理人员，其价值在于通过脑力劳动设计有效的逻辑方案或算法，从原始数据中挖掘出有效的可被企业直接使用的数据资产。计算分析复杂度主要体现在形成数据资产的过程中所使用的算力。对算力的评估可以表示为每时段内同配置机器可处理的数据记录数。如果只是简单地对原始数据进行标注或梳理，那么计算分析复杂度成本相对较低，如果对原始数据构建了较为复杂的逻辑标签或使用算法模型得到有效评分等,那么计算分析复杂度成本相对较高。我们可以根据实际情况做计算分析复杂度成本计算。

2. 数据资产的质量

企业通过数据资产化过程得到数据资产,虽然耗费一定成本,但是成本的多少并不能直接决定数据资产价值的高低。数据资产的质量情况是数据资产价值的内在体现。数据资产的本质仍是数据,因此可以采用数据质量的评估方法来评估数据资产的质量。一般来说,评估数据质量的主要指标有数据完整性、数据规范性、数据准确性、数据时效性、数据丰富度和数据覆盖率,如图11-3所示。数据完整性、数据规范性和数据准确性是细粒度的数据内容评估,可具体到每条数据记录的质量。对数据时效性、数据丰富度、数据覆盖率要从数据整体上把握,要能够从整体上体现数据的丰富程度和匹配覆盖程度。从具体到全局两个维度上评估数据质量的问题,能够准确地把握数据资产的质量,为数据资产的价值评估提供有效的参考。下面详细介绍这六个指标。

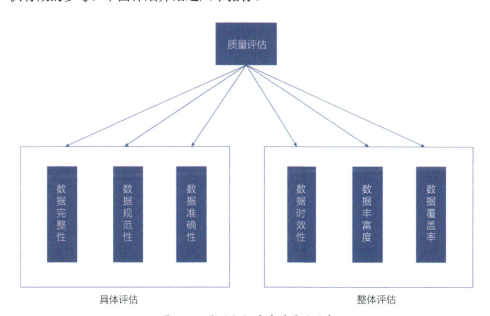

图 11-3　影响数据资产质量的因素

（1）数据完整性。数据完整性主要评估数据的缺失程度。当数据出现缺失时，数据记录的可用性就存在疑问，当数据资产中出现大量数据缺失时，数据资产就可能失去价值。因此，无论是原始数据还是在数据资产化的过程中，都要尽量保证数据的完整性，不能在任何环节中出现不必要的数据缺失，导致数据资产不完整，从而影响数据资产的价值。

（2）数据规范性。规范是数据资产可以被有效应用的前提之一，数据规范性是指数据记录符合规范且逻辑合理。符合规范主要评估的是数据在格式或类型上的一致性，保证数据资产在格式或类型上没有脏数据。逻辑合理主要评估的是数据项的取值合乎一定逻辑，数据项之间固有的逻辑关系也需要合理。例如，数据项 A 的取值小于数据项 B、数据项 C 的取值范围在 $[V_{\min}, V_{\max}]$[①]等。

（3）数据准确性。在如今的大数据时代，数据来源多种多样，保证数据的可靠、准确十分重要。保证数据准确性的首要前提是保证数据来源的可靠性。只有在来源可靠的前提下，验证数据记录信息是否存在错误或异常才有意义。一般来说，数据项的分布都符合正态分布的规律，某些显著大或显著小的异常数据很容易就被发现，但对不显著的异常数据的查错是较为困难的，可能需要借助复杂的数据分析和相关的业务场景知识。

（4）数据时效性。数据时效性主要评估随着时间的增加，数据资产的价值随之衰减的程度。在大数据时代，数据的更新非常迅速，数据的有效期变得相对较短，比如用户的消费数据每天都在发生变化，给用户推荐的商品排序数据也会随之发生变化，而之前的用户消费数据的参考价值就会逐渐衰减，乃至更早的数据被淘汰。一般来说，给不同时段的数据设定合理的时间衰减因子，可以评估数据的时效性。

（5）数据丰富度。数据丰富度主要评估数据资产中有价值信息项的丰富程度。数据资产中可被有效利用的数据项越多，其价值就越大，而且不同数据项之间的价值也可能不同。数据项之间的关联性和区分性，也是需要考虑的方面，对存在信息冗余的数据项需要做信息减益。

---

① $V_{\min}$ 指价值最小值，$V_{\max}$ 指价值最大值。

（6）数据覆盖率。数据覆盖率相对容易评估，主要评估数据资产能够覆盖多少样本数据。数据覆盖率越高，其利用率就越高，其价值越大。

上面详细地描述了数据质量评估的六大维度。它们可以被有效地应用到数据资产的质量评估中，从数据质量的角度反映数据资产的内在价值。

3. 数据资产的应用价值

数据资产的应用价值评估是数据资产价值评估中最重要的环节。数据资产的成本和质量评估都是其内在价值评估，而数据资产的应用才是数据资产价值最直接的表现。不同类型的数据资产的价值及其重要程度在不同项目中具有差异化表现，需要在特定场景中具体定义，因此数据资产的类型和使用场景是影响数据资产价值的重要因素。数据资产的应用效果主要表现在效果反馈上，数据资产的调用次数和效果反馈就直接体现了数据资产的具体价值。综上所述，我们定义评估数据资产应用价值的四大维度分别是资产类别、应用场景、使用次数、效果评估，如图 11-4 所示。

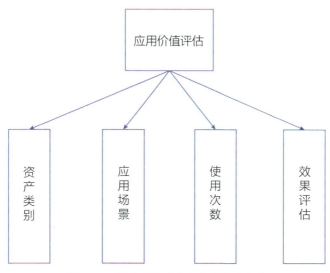

图 11-4　影响数据资产应用价值的因素

（1）资产类别。因为不同类型的数据资产的获取难易程度不同，其在场景中产生作用的重要程度不同，所以应用价值有高低差异，不能一概而论。例如，用户消费类数据资产和用户资产类数据资产。从获取难易程度上看，用户资产类数据资产一般属于用户较为私密的数据，较难以获取。而在不同的场景中，用户消费类数据资产和用户资产类数据资产的作用也有较大差异。因此，数据资产类别是影响数据资产应用价值评估的重要因素。

（2）应用场景。数据资产的场景差异性，决定了数据资产在其中的重要程度，因此可根据数据资产与不同应用场景的契合程度，反映数据资产的应用价值。例如，上文说到的用户消费类数据资产和用户资产类数据资产，用户消费类数据资产主要体现用户的消费行为习惯，可以据此为用户提供合理的商品推荐，所以在用户推荐中，用户消费类数据资产更为有效。用户资产类数据资产体现用户的资产情况，表明用户的资质，在用户评级以及信贷场景中较为重要。因此，在评估应用价值时，我们必须考虑数据资产的应用场景。

（3）使用次数。数据资产越重要、越有效，使用的次数就越多，因此使用次数也是数据资产应用价值体现的一个指标。

（4）效果评估。数据资产的使用是否有效，主要看反馈效果好坏。一般来说，反馈效果评估越好，说明数据资产的应用价值越高。

11.2.2 数据资产价值的评估方案

前文根据数据资产价值体现的三个主要方面，阐述了影响数据资产价值的一些具体因素和评估方法。本节将对现有的数据资产评估方法做分析阐述，然后提出数据资产价值评估方案。

现有的数据资产价值评估方法主要参考无形资产的评估，大致归纳为收益法[194]、成本法[195]和市场法[196]。

收益法是目前能够被广大学者和评估机构接受的方法。收益法本质上是测算数据资产在未来能为企业带来多少收益值，并利用折现率①把收益值计算为现值，

---

① 折现率是指将未来有限期预期收益折算成现值的比率。

进而计算数据资产的价值。收益法的基本依据是，认为市场购买数据资产的价值不会高于未来通过利用数据资产所能得到的预期收益回报[194,197]。但是收益法有明显的弊端，对于数据资产在未来能为企业带来多少收益的评估是十分困难的，未来是不可控的，且收益与具体产品挂钩，单一的数据资产在其中的作用和收益无法具体评估。

成本法通过计算重置数据资产所需要的成本，同时加入时间贬值、功能性贬值、经济性贬值等因素，而得到数据资产的具体价值[197]。该方法的基本思想在于商品的价值不应该超出重构与重建商品的成本价值[195,197]。数据资产在现行条件下进行重构和再生产的成本一般不会超过之前的成本。然而，一方面，对于某些特殊的数据资产来说，由于特定的生产要素不是大众所有的，一般难以实现重构，不能够通过此种方法评估其价值。另一方面，数据资产能够为企业带来的经济效益远远大于其生产成本，因此即使能够通过重构成本的方法评估其价值，也是片面的，与真实价值差距较大。

市场法是指将市场上相同或类似的数据资产的近期交易价格，通过直接或间接对比，分析其中的差异来评估当前数据资产价值[195,196]。该方法注重的是市场具体价值，对于评估当前数据资产价值有很大的参照意义，但是该方法也存在一定的局限。一方面，必须保证市场上存在相同或者可对比的类似数据资产参照，否则不存在参照价值。另一方面，如何对不同数据资产间的可比性以及差异性进行量化，目前也缺乏统一、完善的方案。

前文对三种无形资产价值评估的方法进行了阐述，这些方法从不同的角度来评估数据资产价值，都存在一定的局限性和片面性，对数据资产价值的评估并不一定全面、合理。本节针对这些痛点，提出一种多维度的数据资产价值评估框架，如图11-5所示。数据资产价值评估框架由数据资产化成本评估、数据资产质量评估、数据资产应用价值评估三个模块构建，每个模块都从不同的维度来评估数据资产的价值，使得数据资产的价值评估更加全面、具体。同时，每个模块都给出具体的评估指标，可以细化到数据资产生命周期的各个阶段，保证了数据资产价值评估的完整性和合理性。

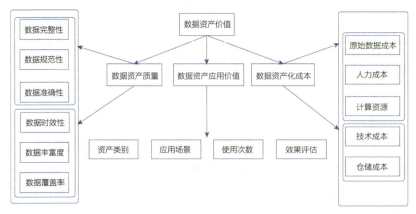

图 11-5 数据资产价值评估框架

1. 各个模块的指标评估

由于不同的评估指标对数据资产价值的影响程度不同，因此需要确定每项评估指标的权重，从而评估数据资产价值。下面采用层次分析法构建数据资产价值的评估体系。以数据资产化成本评估指标为例，绘制的层次化结构如图 11-6 所示。通过评估指标判断矩阵可以得到各个指标的权重 w_i，假定数据资产的原始数据成本、人力成本、计算资源、技术成本、仓储成本的得分分别是 $[s_1, s_2, \cdots, s_5]$，那么数据资产化成本评估的总得分 S_c 可以表示为

$$S_c = \sum_{i=1}^{n} w_i s_i \tag{11-1}$$

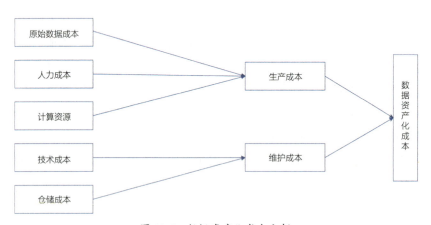

图 11-6 数据资产化成本分析

同样的计算方法，可以适用于数据资产质量评估和数据资产应用价值评估，分别得到数据资产质量评估得分 S_q 和数据资产应用价值评估得分 S_a。

2. 数据资产价值评估

结合上文从三个角度的不同指标对数据资产价值做全面的评估，按照数据资产化成本、数据资产质量和数据资产应用价值对数据资产价值影响的重要程度不同，对其确定不同的权重分别是 W_c，W_q，W_a。由此可以得到，数据资产价值评估的最终分值为

$$S = S_c W_c + S_q W_q + S_a W_a \qquad (11\text{-}2)$$

11.2.3 数据资产的定价方案

根据 11.2.2 节对数据资产多个维度的评估方案，我们可以对数据资产有全面的认识。在此基础上，依据评估结果，对当前数据资产进行合适的定价，可以达到用货币衡量数据资产价值的目的，同时也可以更好地适应市场，方便数据资产的传播。

在此我们没有考虑复杂的资产定价模型，主要依据的是 11.2.2 节的三个模块的多维度评估体系。参照上文的数据资产价值评估体系，我们可以对市场上已有的相同或类似数据资产进行抽样评估，得到具体的评估值，与我们的数据资产评估结果形成对比差异。假定抽样市场的数据资产的标价是 V'，经过上文评估体系得到的具体评估结果分别是 S'_c，S'_q，S'_a。那么可以依据式（11-3）得出数据资产的基本定价 V。

$$V = V' \times \left(1 + \frac{S_a - S'_a}{S'_a} \times \alpha\right) \times \left(1 + \frac{S_q - S'_q}{S'_q} \times \beta\right) \times \left(1 + \frac{S_c - S'_c}{S'_c} \times \gamma\right) \qquad (11\text{-}3)$$

式中，S_a，S_q，S_c 分别为当前的数据资产应用价值、质量、资产化成本的评估结果；α，β，γ 分别为不同的溢价系数，溢价系数的取值区间为 $(0,1]$。基本的思想是考虑当前的数据资产是否比同类型的数据资产的应用价值、质量、资产化成本更优，因此会在同类型的数据资产上有一定的溢价基础。

该定价方案融合了统计层面的数据资产评估结果和价格层面的数据市场价值，完成了对数据资产的定价，不仅实现了当前的数据资产与市场相近数据资产的评估对比，同时完成了对当前的数据资产的参照定价。该方案可以较为准确、合理地解决市场上有可参照的数据资产定价问题，但仍然无法避免市场方法的弊端，对于无参照的数据资产的定价基本无效。无参照的数据资产一般来说较为特殊和独有，在某些特殊场景中的重要程度较高，可以通过数据资产评估方案评估后，再借助专家经验实现有效定价。

11.3 激励机制

联邦学习作为数据资产交换使用的具体场景，为众多复杂的业务场景提供了技术解决方案，展示了数据市场的一种合作模式。目前，联邦学习还面临一些亟待解决的问题，激励机制的设计便是其中之一。联邦学习机制的设计都假设参与方愿意无条件地参与到联邦建模中，但现实情况并非如此，因为数据的采集过程是有成本的，比如 11.2 节中介绍的数据资产化过程。数据经过资产化过程之后便拥有了其本身的价值，分享不同价值的数据自然也应该获得不同的回报。比如，横向联邦学习中的参与设备在共享数据的过程中，均会产生电量和带宽的消耗，如果参与到联邦建模中的设备不能获得额外的回报，那么在实际场景中将很难保证横向联邦学习设备的数量。

这便是理想和现实的区别。在商业化方案的实际落地中，不仅要考虑各个参与方之间的建模有效性和数据的隐私性，还应考虑合适的利益分配，为提供高质量数据的参与方分配足够的回报。尤其在纵向联邦学习中，各个参与方之间可能存在间接的竞争关系。从这个角度来看，参与纵向联邦学习的各个参与方在提供了数据的同时便产生了机会成本，如果不能给这些参与方分配足够的报酬，那么很难保证这些参与方能够长期地参与到联邦学习中。

构建一个合理的报酬分配机制，不仅可以保证联邦学习的机制长久、稳定运行，还能激励更多的机构参与到联邦学习机制中，提高联邦学习的效果。只有数据资产定价和激励机制合理才能保证数据市场长久发展。

因此，在联邦学习中，构建合理的激励机制是联邦学习的重要一环。如何构建一个合理、有效的激励机制，是一个复杂但有重要意义的研究方向。

目前，联邦学习的激励机制设计主要包括两个方面：①如何对各个参与方的贡献进行量化；②在激励机制中收益分配方案的设计，即除了贡献度，收益分配方案还应该考虑哪些因素。

11.3.1 贡献度量化方案

目前，对参与方贡献度的衡量方法与联邦学习的类型有关，即横向联邦学习和纵向联邦学习会根据学习机制的不同，采用不同的衡量方法。

在横向联邦学习中，由于参与方均拥有完整的特征空间，因此可以使用模型解释的方法计算各个参与方的贡献度。其中，文献[198]使用删除诊断和影响函数来衡量不同参与方的数据质量和贡献度。

删除诊断方法的思想是，在删除某些训练集中的某些数据后，再重新训练模型，并对比删除前后的模型变化。为了量化模型的变化，文献[198]使用了以下定义的影响函数

$$\text{Influence}^{-i} = \sum_{j \in N} \left| y_j - y_j^{-i} \right| \qquad (11\text{-}4)$$

式中，y_j 为第 j 个样本在原始模型中的推理结果；y_j^{-i} 为第 j 个样本在删除了数据 i 之后训练完成的模型中的推理结果。影响函数的值代表了该数据对模型的重要性。由于横向联邦学习中的设备提供的数据不止一条，因此一个设备的贡献度使用该设备所有数据的影响函数之和来表示，即

$$\text{Influence}^{-D} = \sum_{i \in D} \text{Influence}^{-i} \qquad (11\text{-}5)$$

通过不断地重新训练来计算影响函数，虽然可以有效地评判数据质量和效用，但是这种重新训练的方法却非常低效，尤其在联邦学习场景中，每次训练都需要较长时间。这种评估数据价值的方式的成本较高，需要较多的计算资源和较长的评估时间，这也是在激励机制设计中需要解决的一个问题。Richardson 等人提出了一种提高激励机制实用性的方法[199]。在他们的方案中，不会直接计算准确的影响函数，而是计算一个影响函数的近似结果，并保证近似结果与真实结果的误差

在可承受的范围内，通过这种方式大大地提高了评估速度，尤其在数据量较大的情况下效果更为明显。

除此之外，Kang 也使用横向联邦学习中设备的 CPU 频率、CPU 使用轮数和本地模型迭代次数等属性计算了设备的资源消耗，作为贡献度的衡量指标[200]。

在纵向联邦学习中，因为不同的参与方提供不同维度的特征，所以参与方的贡献度可以使用特征的重要性进行衡量。Wang 等人提出使用 Shapley 值作为特征的贡献度，并设计了一种在纵向联邦学习场景中能够保护隐私的 Shapley 值计算方法[198]。Shapley 值作为博弈论中常用的评价指标，可以将模型的效果科学地分配到每个特征上，为特征贡献度的量化提供了一个有力的方法。但是，与横向联邦学习场景中的激励机制一样，该方法的复杂度也比较高，在实际场景中很难直接使用，可行性较差。为了解决这个问题，Wang 等人使用蒙特卡洛采样算法，近似计算每个特征的 Shapley 值，通过这个方法大大地降低了该评估方案的计算复杂度。

上述的文献主要研究了贡献度量化方法，使用这些方法可以计算出各个参与方的贡献度，这可以作为激励机制的基线，但是数据的采集和共享都存在相应的成本。因此，在贡献度的基础上可以加入其他因素，制定一个更合理的收益分配方案。

11.3.2 收益分配方案

收益分配方案的设计是博弈论中重要的研究方向。在联邦学习中，收益分配也是一个博弈问题。如上文所说，在联邦学习中，各个参与方均存在一定的参与成本，如果只考虑贡献度这个指标，那么可能会造成分配机制不合理，比如某些提供了高质量数据的参与方可能会出现收益小于回报的情况。因此，除了贡献度，还应该综合考虑多种指标，制定更加合理的激励机制。

Yu 等人提出了一种联邦学习激励机制，该机制从各个参与方的贡献（contribution）、成本（cost）和遗憾（regret）三种维度进行了量化[201]。为了保证足够的公平性，其收益分配的思想是综合以上三种公平性指标，从而确定最终的收益分配值。

除此之外，Kang 还提出了用参与方的信誉度这个概念作为制定分配策略的重要指标，提供数据的质量越高，其信誉度就越高[200]。使用信誉度指标，不仅可以提高对高质量数据提供者的激励，还可以有效地对各方数据进行筛选，防止恶意用户或者低质量用户对模型效果产生影响。为了将参与方的信誉度设计为一种长期的指标，设计者提出了使用联盟区块链维护各个参与方的信誉度，并通过合约机制设计了一种适合联邦学习的激励机制。

11.3.3　数据资产定价与激励机制的关系

机器学习并不是一门新兴学科，而是一门在大数据时代迎来了曙光的"古老"学科。利用大数据的核心是挖掘数据的价值，机器学习便是挖掘数据价值的关键技术，数据越多，机器学习的效果就越好，但如果数据本身的质量存在问题，或者数据量不足，那么无论机器学习的算法如何巧妙，其模型效果都必将受到很大限制。换句话说，数据决定了机器学习效果的上限。联邦学习作为一种带有隐私保护功能的分布式机器学习机制，希望从数据聚合的角度提升模型效果的上限。正如 11.1 节所述，数据的重要性日益上升，市场需要一个合理的数据资产定价方法。同样，在以数据为核心的联邦学习机制中，联邦学习场景内的所有参与方的数据便构成了一个数据市场，只有合理的激励机制才能保证这个市场稳定运行，或者说，在联邦学习场景中业务方需要构建一个合理的数据资产定价方法，为各个贡献数据的参与方发放奖励。从这个角度讲，激励机制的核心便是数据资产定价的方法，我们可以借鉴或者直接使用数据资产定价方法设计联邦学习的激励机制。

当前对联邦学习激励机制的研究相对较少，且主要集中在横向联邦学习场景中[200,202]，缺乏对纵向联邦学习场景中相关激励方法的研究。然而，企业之间的合作却多以纵向联邦学习的方式为主，且对一个合理的分配机制有天然的强烈需求。因此，在企业之间的联邦学习合作落地进程中，如何设计一个合理的、被广泛认可的纵向联邦学习激励机制，是迫切的需求，有着重要的商业意义。数据资产定价方法，对数据市场上不同企业的数据价值进行了量化，全面地考虑了数据的资产化成本、质量以及应用价值，为纵向联邦学习场景中的激励机制设计提供了一个有效的数据评估方法，解决了方案设计的核心问题。

另外，当前文献衡量数据资产的主要指标为数据对模型效果的影响，容易忽略数据资产化过程产生的成本和数据资产的质量。科学的数据资产定价方案综合考虑了多个因素，既能保证激励机制中收益分配的合理性，又可以通过数据资产质量的多个指标对数据进行筛选，降低联邦学习过程中低质量数据的比例，从而有效地提升联邦学习的效率以及模型效果。

数据资产定价方法从数据的多个属性出发，对数据资产的价值进行了深度剖析，可以为联邦学习激励机制的设计提供更科学的数据价值量化方法。另外，数据资产定价方法适用于纵向联邦学习场景中的收益分配方案设计，填补了当前研究中纵向联邦学习激励机制设计的空白。

当然，目前适用于联邦学习的激励机制方案还不成熟，FATE 以及 TensorFlow Federated 等当前主流框架还未加入有效的激励机制，但在业务场景中收益分配又是迫切的需求。数据作为一种虚拟资产，其价值由多种因素所确定。只有使用有效的激励机制，才能对数据的质量和价值进行准确的量化，保证不同参与方的不同质量的数据在合作中完成"优胜劣汰"，最终保证联邦学习能够产生足够的效果，保障联邦学习方案在商业场景中正常运行，为联邦学习方案的落地保驾护航。因此，数据资产定价方法以及联邦学习的激励机制设计都将是一个重要的研究方向。

第 12 章
联邦学习面临的挑战和可扩展性

作为一种前沿新兴技术,联邦学习为我们提供了一种新的兼顾数据隐私保护和数据协同计算的方法,正处于飞速发展中,吸引了业界的极大关注,但与其他机器学习技术(如深度学习、强化学习等)相比仍不够成熟,还有待进一步研究推动。以本书前面的章节(特别是国内外联邦学习的发展现状)为基础,本章对联邦学习研究和应用中可能会遇到的挑战以及联邦学习带来的机遇进行简要的讨论。

12.1 联邦学习面临的挑战

谷歌科学家 Kairouz 等人发表了 *Advances and Open Problems in Federated Learning*[28],基于国内外人工智能发展现状的差异,对目前联邦学习可能会遇到的问题进行了讨论。我们在第 1 章中已经分析过联邦学习对于解决大数据时代"数据孤岛"问题所拥有的优势,同时也分别呈现了在联邦学习中用到的安全多方计算、同态加密和差分隐私等技术的优势。尽管如此,作为一种新兴的机器学习技术,联邦学习要想和其他机器学习技术(如深度学习、强化学习等)一样广泛应用还有很长的路要走。我们希望主要针对目前国内外的联邦学习发展状况,为读者展现实现和部署联邦学习可能会面临的挑战,同时也希望有更多的伙伴加入对联邦学习的研究中,共同推进联邦学习的发展。

12.1.1 通信与数据压缩

在大数据时代，数据传输和通信是重要的环节之一，所以我们十分关心联邦学习在通信和数据压缩方面可能需要解决哪些问题。在前面的章节中，我们讲到在联邦学习的典型训练过程中各个参与方需要把加密数据等信息传输到中央服务器进行联合训练，也就是用分布在大量客户端上的训练数据来训练高质量的集中模型，这样不仅需要很大的通信成本，而且每个客户端的网络连接都不可靠且相对较慢。因此，国内外的研究者推测数据传输与通信可能会成为联邦学习的主要发展瓶颈。

目前，对于网络通信连接这个研究方向，很多学者开始对如何降低联邦学习中的通信成本（如网络带宽等）进行了探讨。Konen 等人提出了两种降低上行链路通信成本的方法，即将联邦平均算法与模型更新稀疏化结合或者将模型更新量化到少量比特，并在深度神经网络分类任务中对这两种方法进行了评估，实验结果证明了这两种方法均可以显著降低通信成本，在最好的情况下可以实现将训练合理模型所需的上传通信量减少两个数量级[10]。但是问题在于，我们能否在此基础上降低更多通信成本，或者采用这些降低通信成本的方法是否可以保证联邦学习的准确性，如果无法保证模型的准确性，那么只单纯降低通信成本没有意义。

12.1.2 保护用户隐私数据

众所周知，联邦学习的出现就是为了保护数据隐私和数据安全，但是联邦学习在提供数据隐私保护的同时，可能也会带来一些新的数据安全问题。因此，我们对现有技术结果进行调研，并将联邦学习技术在进行严格的隐私保护方面可能会面临的挑战归结为以下几点。

1. 隐私迭代

现在假设有值得信任的中央服务器，如何更好地实现严格的隐私保护？在联邦学习训练过程中，如果模型迭代（在每次训练完成后保存最新的模型）对于各个参与方和中央服务器都是可见的，那么为了保证模型迭代的安全（隐藏来自本地服务器的迭代），各个参与方可以在提供隐私保密的可信执行环境（Trusted

Execution Environment，TEE）中执行联邦学习的本地计算部分[203]。中央服务器需要确定联邦学习的代码是否正在可信执行环境中运行，并且将加密的模型迭代传输到设备中，这样可以保证只能在可行执信环境内部进行解密。最后，在可信执行环境中先对模型更新参数加密，再将参数传输到中央服务器，在中央服务器上使用密钥进行解密，其简单的交互过程如图 12-1 所示。关键的挑战之一在于，存在支持跨设备的可信执行环境，但在计算上成本却很高。

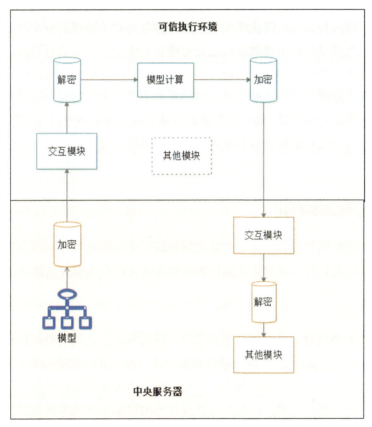

图 12-1　中央服务器与可信执行环境交互过程的简单示意图

2. 对不断更新的数据进行分析

在没有隐私问题的情况下，我们需要在新的数据到达时可以简单地更新模型（重新训练模型）来保证模型在现有数据上的最大准确性。然而，相关类似（相同）

数据的其他信息发布可能会导致隐私保护程度降低，因此必须减少这些模型的更新频率，以保证隐私和总体分析的准确性[204]。所以，如何在联邦学习训练中实现对数据库隐私和模型准确性的保证是值得研究的问题。

3. 防止模型被盗用或被滥用

模型被盗用或被滥用是一个很重要的问题，模型本来就是一种有价值的知识资产，一些比较重要的模型是基于很多最有价值的数据训练得到的，比如风控、金融交易、信用预测等。防止模型被盗用和被滥用对于数据的安全性是非常重要的，因为这些模型被盗用或被滥用之后可能会造成一些敏感信息泄露。对此，我们可以选择限制对模型参数的访问。但是问题在于，有研究表明：即使模型参数本身已被成功隐藏，通过一些简单有效的攻击方法，也可以对逻辑模型、神经网络和决策树等流行模型以"接近完美的逼真度提取目标机器学习模型"[205]。因此，在对各个参与方数据进行联合训练时，我们必须采取适当措施以防止模型被盗用或被滥用。

12.1.3 联邦学习优化

联邦学习的应用目前还处于初期发展阶段，在训练过程中有很多仍待优化的地方，本节将从联邦学习的优化算法和超参数优化两个方面分别展开介绍。

1. 联邦学习的优化算法

正如 1.4 节所讲，在典型的联邦学习训练过程中，我们的最终目标是要得到一个联合模型（全局模型），这个联合模型在各个参与方的总数据集（各个参与方数据集的并集）上的损失函数最小。从优化算法的角度来说，数据、通信传输和设备因素都十分重要。除此以外，与其他技术的可组合性是联邦学习算法需要考虑的另一个重要因素。从隐私性来看，通常联邦学习算法的生产部署不是独立运行的，而是和其他加密技术（如安全多方计算、差分隐私以及梯度压缩）结合的。

McMahan 等人提出了一种基于迭代模型平均的深度网络联合学习的**联邦平均算法**，通过对更新好的本地模型进行平均，从而在中央服务器上生成更新好的联合模型[27]。在本地进行模型更新并减少与中央服务器的通信回合在一定程度上解决了数据传输和通信能力有限带来的挑战,但同时也带来了一些新的算法挑战。比如,对于独立同分布数据,假设各个数据参与方都有一个大规模数据集,这些数据参与方在训练时会直接对本地模型进行简单的平均,但理论和实践都无法保证这种模型平均的方法导致的速度收敛是正确的还是错误的。在最近的研究中,将联邦学习和与模型无关的元学习(Model Agnostic Meta Learning,MAML)结合的方法被提出[206],但是从目前该领域的发展来看,这个研究方向还存在以下问题:与模型无关的元学习算法的评估主要针对图像分类问题,那么联邦学习训练所用的多方数据集(可能不是图像分析相关数据集)能否用于与模型无关的元学习算法中进行模型评估还有待考证[207]。

2. 超参数优化

超参数优化(Hyperparameter Optimization,HPO)又叫超参数调整。很多机器学习算法通常包含了大量可以优化的参数,其中有一些参数无法通过训练优化,我们把它们称为超参数(Hyperparameter),比如学习率就是一个超参数。关于一般机器学习和自动机器学习(AutoML)[208]的 HPO 的研究比较多,其中 AutoML 可以被理解为通过设计一系列高级控制系统来操作机器学习模型,使得模型可以自动地调整超参数到合适的配置而无须人工干预,但是在联邦学习背景下对超参数优化的研究还比较少。超参数优化主要用来提高模型的准确性。需要注意的是,对于资源有限的设备,HPO 可能会过度使用其有限的计算资源。

根据联邦学习的特性,与一般的机器学习技术相比,联邦学习可能会增加更多的超参数,如全局模型的更新规则、训练过程的客户端数量等。因此,在联邦学习中的超参数优化不仅需要更高维度的搜索空间,可能还需要更多的计算资源。为了解决这个问题,对超参数设置具有鲁棒性的优化算法和自适应算法的开发也许是很有价值的研究方向[209]。

12.1.4 模型的鲁棒性

如第 1 章和第 2 章所述,联邦学习模型虽然结合了安全多方计算、差分隐私和同态加密等一系列安全技术,在面对传统攻击时可表现出一定的安全性和可靠性,但是我们在下文中将会介绍相关学者针对联邦学习场景提出的一些新的攻击方式和失败模式。我们希望将联邦学习模型在面对攻击时可能遇到的挑战综合呈现出来，这对于读者在进行联邦学习训练、开发联邦学习模型算法和布局联邦学习架构时的安全性考量是十分重要的。在前面的章节中，我们提到了两种攻击方式：模型更新中毒攻击和逃避攻击，这两种攻击都属于"对抗性攻击"，其主要方式为对模型的训练及推理过程进行一些更改，从而降低模型性能。

1. 模型更新中毒攻击

对于模型更新中毒攻击来说，尤为重要的是拜占庭式攻击模型，由于分布式系统中的故障可以产生任意输出[210]，因此攻击者一旦可以使该进程产生任意输出，那么对分布式系统中的某个进程的攻击就是拜占庭式的。2020年，Fang等人首次系统地研究了局部模型对联邦学习的中毒攻击，假设攻击者已经破坏了一些客户端设备，并且在学习过程中操纵受损客户端设备上的本地模型参数，使得全局模型具有较大的测试错误率。实验评估结果表明，在某些情况下，多个拜占庭式弹性防御对模型更新中毒攻击的防御能力很弱。这表明对联邦学习的局部模型更新中毒攻击需要一些新的防御措施[211]。除此以外，Fung等人认为联邦学习训练过程容易受到多种攻击，其中模型更新中毒攻击会更加严重，特别是容易受到基于女巫（sybil）的中毒攻击[212]。

2. 逃避攻击

逃避攻击是在机器学习和模式识别中常见的攻击之一，逃避攻击主要通过修改测试集中恶意样本的特征值来成功逃避机器学习系统的检测，从而实现对系统的恶意攻击。尽管在数据保护中，业界关注更多的是黑盒攻击，但由于联邦学习系统的分布式特性，全局模型有可能被任意恶意的客户端访问，因此在联邦学习系统中考虑防御白盒逃避攻击是十分必要的。研究结果表明，针对对抗示例的防御方法（如对抗训练）只能提高所针对的特定类型对抗样本的鲁棒性，对于其他类型则无法提供防御保障，甚至有可能会增加模型的脆弱性，这使得将对抗训练适应于联邦学习面临了一系列的挑战。生成对抗性示例十分昂贵，虽然有学者提出可以通过重用对抗示例来最大限度地降低成本，但是依然需要大量本地计算资源。对于跨设备的联邦学习，生成对抗性示例可能会大量增加计算成本[213]。

12.1.5 联邦学习的公平性

在进行机器学习模型训练时，有时可能会出现预期之外的结果，比如具有相似特征的人脸图片被识别成不一样的分类，就可能导致模型"不公平"[40]或者对某些信息敏感的群体（如肤色、种族等）导致不同的结果，也可能会违反人口公平性的相关标准[214]。在联邦学习中，多方数据联合训练，我们尤其要注意这点。下面从训练数据的偏差、对敏感属性的公平性等方面来讨论在联邦学习中的公平性、隐私性、鲁棒性，以及在联邦学习的公平性中出现的新的机遇与挑战。

1．训练数据的偏差

与机器学习相同的是，在联邦学习模型中引发不公平的常见因素也是训练数据的偏差，比如抽样等引起的偏差。比较常见的是在训练数据中一些少数民族的人数较少，因此在学习的时候就可能会出现对这些群体的加权较小，这就直接导致了对这类群体的模型预测较差。在联邦学习中，在数据访问过程中可能会出现数据集移位和非独立性，这也可能引发训练数据的偏差。

有研究结果表明：训练数据生成过程的偏差可能引发从该数据中学到的结果模型的不公平性。在联邦学习训练中，当从本地客户端收集数据时，我们一定要考虑这点。虽然目前国内外学者提出了少数可以在联邦学习系统中识别和纠正已经收集的数据的偏差的方法（如对抗方法），但这个方向仍待进行深入的实验研究。

2．对敏感属性的公平性

正如本节提到的，关于人群的一些敏感信息（如肤色、种族等）都可能导致模型结果的"不公平性"。但是如何将模型结果与联邦学习的环境相匹配也是一个重要的挑战。比如，在对语言建模时，常常没有明确对用户"好"的概念的结果，而是集中在预测准确性方面。针对这个问题，Li 等人提出了 q-Fair 联邦学习（q-Fair Federated Learning，q-FFL），鼓励在联邦学习网络中跨设备进行更公平（即更低的方差）的精度分配，即"模型性能在设备之间的更公平分布"[215]。

3．公平性、隐私性和鲁棒性

从法律和道德的角度来看，公平性和隐私性似乎是互补的，因为在现实生活中，我们不仅需要保护隐私，还需要保持公平性。"不公平"现象主要是由基础数据的敏感性导致的。由于联邦学习的特性，对于联邦学习如何解决现有的公平性问题以及可能会出现的新的公平性问题还有很多挑战。Cummings 等人对非联邦学习的差分隐私保护和公平性问题相容做了相关研究，并且给出了一个有效的分类算法，该算法既能保持效用，又能满足高要求的隐私性和近似公平性[216]。但关于联邦学习系统如何解决隐私保护和公平性问题仍然需要更多的研究工作。需要注意的是，如果敏感数据不可用，那么对隐私保护和模型公平性的权衡就变得十分困难，因为目前关于如何识别模型表现不佳的子组并量化"隐私"的研究还没有进展，对这个领域的研究以及应对相关挑战还需要更多学者参与。

在联邦学习中，很多关于隐私保护的工作常常需要同时对模型的公平性和鲁棒性一起考虑。比如，在前文中我们提过的差分隐私不仅可以保护隐私，还可以防御数据中毒以提高模型的鲁棒性。需要注意的是，在通过转换数据的方式以隐藏私有属性保护隐私的同时，我们也为模型训练中的相对属性公平提供了一种保障。同样，在联邦学习中，客户端也可以将某个转换应用于其本地数据，以改善联邦学习过程中的隐私保护及公平性问题，但是能否以联合的方式学习该转换就是一个需要解决的问题。

12.2 联邦学习与区块链结合

12.2.1 王牌技术

在互联网新浪潮中，最受关注的两项热门技术是联邦学习和区块链。联邦学习是一种在大数据服务中保护隐私的分布式机器学习技术，区块链是一种在网络中实现价值转移的去中心化分布式数据库技术。

联邦学习诞生于 2016 年的谷歌输入法优化项目，在互联网产业中存在三种服务形态：横向联邦学习、纵向联邦学习和联邦迁移学习。2020 年 4 月，我国政府出台了关于完善要素市场化的重要文件,数据作为新型生产要素被写入文件中,与土地、劳动力、资本、技术并列为五大生产要素。数据要素区别于传统生产要素的最大特征是:一方面,它严格要求保护个人隐私数据,这是个人权利不可被侵犯的体现,个人隐私数据受到法规严格保护。另一方面,数据的开放共享又是人工智能为用户提供便捷服务的基础,是数字经济发展的命脉之所在,也是中国在下一轮国家间新技术竞争中取胜的关键。因此,数据成为生产要素的难点在于,实现隐私保护和数据开放共享之间的平衡,产业界一般采用联邦学习技术解决该问题。

区块链诞生于 2009 年的比特币项目,根据分布式账本来源分为三种服务形态:数字货币、智能合约、应用平台。目前,全球主要国家都在加快布局区块链技术发展,我国在区块链领域拥有良好基础,要加快推动区块链技术和产业创新发展,积极推进区块链和经济社会融合发展。

上述事实表明,联邦学习和区块链的重要性均已上升到国家战略技术的高度,是当前名副其实的王牌技术,在当今市场经济发展中具有巨大潜力。

12.2.2　可信媒介

能够获得如此高的热度和受到如此重视,联邦学习和区块链有一个重要的共同特征:可信。俗话说,"人心隔肚皮",陌生人之间一般难以快速建立信任,这是因为在资源有限的社会竞争中,获得更多利益是人的本性,人们担心被欺诈而损失利益。然而,信任在市场经济中具有至关重要的作用,能够简化交易流程、提高交易成功率,进而实现大规模交易,推动市场经济健康良好运行。

在传统市场中,交易由权威机构监督执行。例如,我国政府制定了《中华人民共和国消费者权益保护法》及《中华人民共和国产品质量法》,并对违法行为进行惩罚。也就是说,权威机构起到"可信媒介"的作用,为市场交易保驾护航,尤其对常见商品的质量、价格等细节均有十分详尽和标准化的管理方案。

在互联网市场中,智能终端设备飞速发展,光纤网络和 5G 无线网络逐步普及,产品创新层出不穷。相比之下,权威机构需要经过较长时间的调查和研究才能制定相应的法规,这使得很多互联网产品在短时间内得不到权威机构的背书,进而使得用户不敢放心大胆地使用新产品。例如，在互联网电子支付出现 7 年之后，权威机构才为部分互联网企业发放支付牌照，这才有了后来无处不在、十分便捷的手机支付形式。现如今，点对点转账（提高跨境交易的便捷性）、互联网大数据合作（提高用户服务水平）等新产品，尚缺乏成熟的法律法规来进行必要的管理与规范，亟须可用的"可信媒介"。

联邦学习和区块链正是在这样的背景下诞生的技术派"可信媒介"。联邦学习的可信在于，在数据合作过程中使用的是不可逆的变换数据，即使没有权威机构监督，隐私数据也不会被泄露。区块链的可信在于，在记账过程中使用了群体共识和数字签名技术，即使没有权威机构监督，所记录的交易也是不可被篡改且不可抵赖的。因此，这样的技术"可信媒介"将为国民经济持续健康发展提供新的生产力。

12.2.3 对比异同

通过深入分析，我们发现联邦学习和区块链有很多相似之处，表 12-1 详细地对比了两项技术的共同点和差异。

表 12-1 联邦学习与区块链的共同点和差异

	共同点	差异	
		联邦学习	区块链
应用场景	互联网服务	个性化的用户服务	点对点的交易记账和合约
应用基础	若干计算节点，存在协作意愿，达成共识	各个节点数据具有互补性，共识为具体的联邦学习算法	各个节点同步记录所有交易信息，共识为具体的同步机制
应用目标	在去中心化网络中增强节点互信	各个节点数据可用不可见，提升服务质量，为用户创造价值	确保交易记录不可被篡改，在数字世界实现价值表示和价值转移
数据存储	数据分布式存储在多个节点中	无重复冗余，特征维度不同，或者样本对应的主体不同	有冗余，各个节点均记录全量数据（或者摘要），存储的数据相同
关键技术	安全多方计算	差分隐私、同态加密等隐私保护技术，分布式计算，机器学习	共识机制，数字签名，智能合作
挑战问题	计算量大	在确保安全性的前提下，优化模型准确性，提升计算效率	在确保共识性的前提下，提升吞吐量

以下举例说明应用场景、应用基础、应用目标三个方面的共同点和差异。

1. 应用场景

两项技术均用于互联网场景。不同之处在于，联邦学习用于个性化的用户服务。例如，在电商 App 上给女朋友挑选礼物，这是令很多男生发愁的一件事情，联邦学习可以综合购物历史、性格爱好、商品推荐等大数据信息，帮助用户选出既时髦又有个性的礼物。又如，金融服务的核心是风控，在传统业务模式中，找出潜在的多头和欺诈风险用户是比较困难的，联邦学习可以从消费习惯、社交关系、职业等维度实现风险定价，为优质用户提供更低利息的贷款。

区块链用于点对点的交易记账和合约。例如，在国际贸易中，跨境支付需要经过汇出银行、中国人民银行、代理和收款银行等多家金融机构的处理和清算，导致了手续费费率高、到账时间长等问题。区块链可提供去中心化的点对点电子交易系统，支付过程无须传统的中心化金融机构，可极大地降低手续费费率并缩短到账时间。又如，传统的开发票、报销和抵税流程十分繁杂，需要会计人员多重审核，区块链可用于实现自动开票、报销和抵税，从而减少繁杂的人力投入。

2. 应用基础

两项技术均需要有协作意愿和共识的计算节点。不同之处在于，联邦学习要求节点之间的数据具有互补性。例如，其中一个节点存储消费习惯特征，另一个节点存储性格、爱好等特征，各个节点之间的共识为联邦算法，通过约定在联邦之间的信息交互协议，实现模型训练及推理。

区块链需要各个节点同步记录所有交易信息。例如，账户 A 给账户 B 支付 1 枚代币，A 的支付信息及签名将发送给网络上的所有节点，各个节点产生一致的记录。区块链网络能够达成一致，最关键的技术是共识算法。共识算法是解决一致性问题的关键，在分布式、去中心化的区块链网络中协助节点保持数据一致。常用的共识算法有工作量证明（PoW）、拜占庭容错（BFT）、股份授权证明（DPoS）等。

3. 应用目标

两项技术的目标都是在去中心化网络中增强节点之间的互信，不同之处在于，联邦学习旨在实现"数据可用不可见"的隐私保护，并通过融合使用各方数据提升用户服务的质量，进而创造出新的价值。例如，同态加密就是一种隐私保护技术，所产生的密文与明文完全不一样，分布性质和排序性质都发生了巨大变化，这使得原始数据是"不可见"的，密文可按指定规则进行运算，进而实现了梯度下降算法和模型优化，实现了"可用"。

区块链旨在确保交易记录不可被篡改，利用共识算法、分布式技术解决在去中心化网络中的双重支付问题，最终实现数字世界的价值表示和价值转移。例如，在比特币系统中，账户 A 给账户 B 支付 1 枚比特币，并将该信息广播给所有"矿工"节点，"矿工"节点为了获得系统奖励，都努力将该信息打包到新区块，并为了获得更多奖励争当历史区块的见证者，这便使得该信息在区块链中不可被篡改。

12.2.4 强强联合

联邦学习和区块链有共同的应用基础，通过技术上的共识实现多方合作的可信网络，具有较好的互补性。从应用目标来看，联邦学习旨在创造价值，而区块链旨在表示和转移价值，因此有以下两种基本结合形式，即攻击溯源和收益分配，如图 12-2 所示。

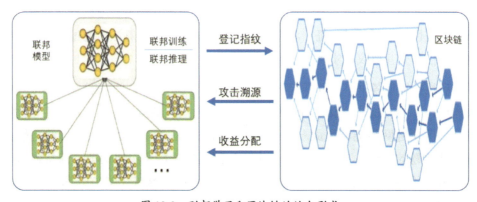

图 12-2 联邦学习和区块链的结合形式

第一种结合是利用区块链的记录不可被篡改的特性，对联邦学习合作方可能面临的恶意攻击进行追溯和惩罚。例如，在多个参与方进行联邦学习的同时，部署区块链用于记录联邦学习的数据指纹（包括建模样本、推理样本、交互信息），而对应的原始数据存储于参与方本地。当发现有样本遭受恶意攻击时，由各个参与方或者第三方组成调查组，依据区块链记录的指纹对原始数据进行核验，便可以找出具体是哪一方遭受了攻击，进而可以采取相应的补救措施。

第二种结合是利用区块链的价值表示和转移功能，对联邦学习服务所创造的价值进行记账和收益分配。例如，在多个参与方进行联邦推理的同时，部署区块链用于记录用户服务的接口调用日志指纹、各个参与方的贡献、该服务所产生的收益，并通过智能合约自动将收益分配给各个参与方。这种方式与现有的按条计费不同，可以更精准地评估每次调用的质量，从而激励参与方确保调用的准确性，并积极优化效果。

联邦学习和区块链还有更多结合的可能，这需要我们共同参与，进行更多探索，将这两项王牌技术结合形成更有价值的产品和服务。

12.3 联邦学习与其他技术结合

在本节中，我们将简要地介绍联邦学习与前沿技术的结合与发展，包括自动特征工程、深度神经网络和强化学习，而具体的技术实现可参见本书前面的对应章节。

特征工程是联邦学习中一个重要的环节，主要包括特征构建、特征提取、特征选择三个部分（详细介绍可参见第 5 章）。自动特征工程方法旨在自动完成特征创建、特征选择和特征提取，可以高效地实现最优参数组合的搜索，减少超参数调优的时间成本。

正如第 5 章所述，与传统的特征工程方法相比，在联邦学习中采用自动特征工程方法，可以实现多方交互下的联合自动调优过程，这对于特征构建经验少或者无法有效地进行手动调参的建模方有很大的帮助，其中详细案例可参考第 5 章。

深度神经网络（Deep Neural Networks，DNN）又称为多层感知机，是包含很多隐藏层的神经网络。它可以解决很多传统机器学习无法解决的问题，特别是在人脸识别、图形检测等领域。在联邦学习环境中，基于隐私保护的多方协作建模可以充分利用各个参与方的数据，提高深度神经网络模型的性能。王蓉等研究者提出了一种基于联邦学习和卷积神经网络的入侵检测方法，除了可以保证数据隐私，其实验结果表明：该方法在很大程度上减少了训练时间并保持了较高的检测率[217]。在技术落地方面，目前很多主流联邦学习框架（如 FATE、PaddleFL 等）都已部署了深度神经网络模块，其中具体的技术实现和相关案例详见 6.5 节。

强化学习（Reinforced Learning）又称为增强学习，通过智能体与环境交互获得奖励进行学习，其基本模型为马尔可夫决策过程。目前，强化学习主要应用于机器人、游戏和自动驾驶等领域。通过将联邦迁移学习和强化学习结合，我们可以实现智能体共同进行异步更新，这对于解决多智能体强化学习中的信息反馈问题有很大帮助。除此之外，这种方法适用于多种强化学习模型，并且在研究实验中表现出了出色的性能，其中详细的研究与应用参见第 8 章。

参 考 文 献

[1] Chen J X. The evolution of computing: AlphaGo[J]. Computing in Science & Engineering, 2016, 18 (4): 4-7.

[2] Bengio Y. Learning Deep Architectures for AI[J]. Foundations and Trends in Machine Learning, 2009, 2 (1): 1-127.

[3] Chen M, Mao S, Liu Y. Big Data: A Survey[J]. Mobile Networks and Applications, 2014, 19 (2): 171-209.

[4] Chen X, Zhang H, Wu C, et al. Performance Optimization in Mobile-Edge Computing via Deep Reinforcement Learning：2018 IEEE 88th Vehicular Technology Conference (VTC-Fall) [C]. New York: Institute of Electrical and Electronics Engineers, 2018.

[5] Guha R, Al-Dabass D. Impact of Web 2.0 and Cloud Computing Platform on Software Engineering: 2010 International Symposium on Electronic System Design[C]. New York: Institute of Electrical and Electronics Engineers, 2010.

[6] Athey S. The impact of machine learning on economics[M]. Chicago: University of Chicago Press, 2018.

[7] Bertino E, Ferrari E. Big Data Security and Privacy[M]. Berlin: Springer Publishing Company, 2018.

[8] Buttarelli G. The EU GDPR as a clarion call for a new global digital gold standard[J]. International Data Privacy Law, 2016, (2): 2.

[9] Houser K, Voss W G. GDPR: The End of Google and Facebook or a New Paradigm in Data Privacy?[J]. Social Science Electronic Publishing, 2018, 25:1.

[10] Konen J, McMahan H B, Yu F X, et al. Federated Learning: Strategies for Improving Communication Efficiency[A/OL]. arXiv.org[2020-1-18]. https://ui.adsabs.harvard.edu/abs/2016arXiv 161005492K/abstract.

[11] Vaidya J, Clifton C W, Zhu Y M. Privacy Preserving Data Mining[M]. Berlin: Springer Publishing Company, 2006.

[12] Yang Z, Liu Y. Investigating the Influential Factors On Firefighter Injuries Using Statistical Machine Learning: International Conference on Machine Learning & Cybernetics[C]. New York: Institute of Electrical and Electronics Engineers, 2018.

[13] Pettai M, Laud P. Automatic Proofs of Privacy of Secure Multi-party Computation Protocols against Active Adversaries: 2015 IEEE 28th Computer Security Foundations Symposium (CSF) [C]. New York: Institute of Electrical and Electronics Engineers, 2015.

[14] McMahan B, Ramage D. Federated Learning: Collaborative Machine Learning Without Centralized Training data[J]. Google Research Blog, 2017, 3:1-3.

[15] Bonawitz K, Eichner H, Grieskamp W, et al. Towards Federated Learning at Scale: System Design[A/OL]. arXiv.org[2020-1-18] .https://ui.adsabs.harvard.edu/abs/2019arXiv190201046B/abstract.

[16] 何宝宏, 覃敏. 大数据须结束数据孤岛[J]. 新世纪周刊, 2013, (33): 70-72.

[17] 何哲. 利用大数据打通政务信息孤岛[J]. 中国战略新兴产业, 2016, (21): 96.

[18] 张育宁. 大数据时代政府解决"信息孤岛"问题初探——以美国联邦政府为例[J]. 东方企业文化, 2015, (17): 256.

[19] 赵怡康, 李大威, 邓兆华. 生态文明中大数据如何打破"壁垒"消除"孤岛"[J]. 山东林业科技, 2017, 47 (6): 89-92.

[20] 王萌萌. 地方政府治理中的大数据技术运用研究[D]. 重庆：中共重庆市委党校, 2017.

[21] Zerlang J. GDPR: a milestone in convergence for cyber-security and compliance[J]. Network Security, 2017, 2017 (6): 8-11.

[22] 叶明, 王岩. 人工智能时代数据孤岛破解法律制度研究[J]. 大连理工大学学报(社会科学版), 2019, 40 (5): 69-77.

[23] Donaldson M S, Lohr K N, Bulger R J. Health data in the information age: use, disclosure, and privacy [M]. 2nd ed. Washington D.C.: National Academies Press, 1994.

[24] Wang J, Zhang Y. Research and Implementation of Holter Data Format Unification:2014 International Conference on Medical Biometrics [C]. New York: Institute of Electrical and Electronics Engineers, 2014.

[25] Sundaram B V, Ramnath M, Prasanth M, et al. Encryption and hash based security in

Internet of Things: 2015 3rd International Conference on Signal Processing, Communication and Networking (ICSCN) [C]. New York: Institute of Electrical and Electronics Engineers, 2015.

[26] Halevi S. Homomorphic encryption[M]. Berlin: Springer Publishing Company, 2017.

[27] McMahan B, Moore E, Ramage D, et al. Communication-Efficient Learning of Deep Networks from Decentralized Data[A/OL]. arXiv.org[2020-1-18]. https://ui.adsabs.harvard.edu/abs/2016arXiv160205629B/abstract.

[28] Kairouz P, McMahan H B, Avent B, et al. Advances and Open Problems in Federated Learning[A/OL]. arXiv.org[2020-1-18]. https://ui.adsabs.harvard.edu/abs/2019arXiv191204977K/abstract.

[29] Li T, Sahu A K, Talwalkar A, et al. Federated Learning: Challenges, Methods and Future Directions[J]. IEEE Signal Processing Magazine, 2020, 37(3):50-60.

[30] Yang Q, Liu Y, Chen T, et al. Federated Machine Learning: Concept and Applications[J]. ACM Transactions on Intelligent Systems and Technology (TIST), 2019, 10 (2): 1-19.

[31] Larson D B, Chen M C, Lungren M P, et al. Performance of a Deep-Learning Neural Network Model in Assessing Skeletal Maturity on Pediatric Hand Radiographs[J]. Radiology, 2018, 287(1):313-322.

[32] Larsen K, Petersen J H, Budtz-Jørgensen E, et al. Interpreting Parameters in the Logistic Regression Model with Random Effects[J]. Biometrics, 2000, 56 (3): 909-914.

[33] Lin W, Liu Z P, Zhang X S, et al. Prediction of hot spots in protein interfaces using a random forest model with hybrid features[J]. Protein Engineering, Design & Selection, 2012, 25(3): 119-126.

[34] Pan S J, Yang Q. A survey on transfer learning[J]. IEEE Transactions on knowledge and data engineering, 2010, 22 (10): 1345-1359.

[35] Goldwasser S, Lindell Y. Secure Multi-Party Computation without Agreement[J]. Journal of Cryptology, 2005, 18(3):247-287.

[36] Maurer U. Secure multi-party computation made simple[J]. Discrete Applied Mathematics, 2002, 154 (2): 370-381.

[37] Dwork C. Differential Privacy: International Conference on Automata[C].Berlin: Springer Publishing Company, 2006.

[38] Dwork C. Differential Privacy: A Survey of Results: International Conference on Theory

and Applications of Models of Computation[C]. Berlin: Springer Publishing Company, 2008.

[39] Dwork C. Differential privacy in new settings: Proceedings of the Twenty-First Annual ACM-SIAM Symposium on Discrete Algorithms [C]. New York: Association for Computing Machinery, 2010.

[40] Dwork C, Hardt M, Pitassi T, et al. Fairness through awareness: Proceedings of the 3rd innovations in theoretical computer science conference[C]. New York: Association for Computing Machinery, 2012.

[41] Kairouz P, Oh S, Viswanath P. The composition theorem for differential privacy: International conference on machine learning[C]. New York: Association for Computing Machinery, 2015.

[42] Mhamdi E M, Guerraoui R, Rouault S. The hidden vulnerability of distributed learning in byzantium[A/OL]. arXiv.org[2020-1-18] . https://ui.adsabs.harvard.edu/abs/2018arXiv180207927M/abstract.

[43] Biggio B, Corona I, Maiorca D, et al. Evasion Attacks against Machine Learning at Test Time[M]. Berlin: Springer Publishing Company, 2013.

[44] Steinhardt J, Koh P W, Liang P S. Certified defenses for data poisoning attacks: Advances in neural information processing systems[C]. New York: Curran Associates, 2017.

[45] Madry A, Makelov A, Schmidt L, et al.Towards deep learning models resistant to adversarial attacks[A/OL]. arXiv.org[2020-1-18]. https://ui.adsabs.harvard.edu/abs/2017arXiv170606083M/abstract.

[46] Geyer R C, Klein T, Nabi M. Differentially private federated federated learning: A client level persprctive: NIPS 2017 Workshop: Machine Learning on the Phone and other Consumer Devices[A/OL]. arXiv.org[2020-1-18]. http://arxiv-export-lb.library.cornell.edu/abs/1712.07557.

[47] Goldreich O, Micali S, Wigderson A. How to play any mental game, or a completeness theorem for protocols with honest majority[M]. San Rafael: Morgan & Claypool Publishers, 2019.

[48] Douglasr R. Stinson, 斯廷森, 冯登国. 密码学原理与实践[M]. 北京:电子工业出版社, 2009.

[49] Goldreich O. Foundations of Crytography[M]. Cambridge: Cambridge University Press, 2001.

[50] Dwork C, Roth A. The algorithmic foundations of differential privacy[J]. Foundations and

Trends in Theoretical Computer Science, 2014, 9 (3-4): 211-407.

[51] Daemen J, Rijmen V. The Design of Rijndael: AES - The Advanced Encryption Standard[M]. Berlin: Springer Publishing Company, 2002.

[52] Rivest R L, Shamir A, Adleman L. A method for obtaining digital signatures and public-key cryptosystems[J]. Communications of the Acm, 1978, 21 (2): 120-126.

[53] Paillier P. Public-key cryptosystems based on composite degree residuosity classes: Advances in Cryptology — EUROCRYPT'99[C]. Berlin: Springer Publishing Company, 1999.

[54] Yao A C C. How to generate and exchange secrets: 27th Annual Symposium on Foundations of Computer Science (sfcs 1986)[C]. New York: Institute of Electrical and Electronics Engineers, 1986.

[55]熊平，朱天清，王晓峰. 差分隐私保护及其应用[J]. 计算机学报，2014, 37(1): 101-122.

[56] Melis L, Song C, Cristofaro E D, et al. Exploiting Unintended Feature Leakage in Collaborative Learning: 2019 IEEE Symposium on Security and Privacy (SP) [C]. New York: Institute of Electrical and Electronics Engineers, 2019.

[57] Shokri R, Shmatikov V. Privacy-Preserving Deep Learning: ACM Conference on Computer and Communications Security (CCS) [C]. New York: Association for Computing Machinery, 2015.

[58] Li Q, Wen Z, Wu Z, et al. A survey on federated learning systems: vision, hype and reality for data privacy and protection[A/OL]. arXiv.org[2020-1-18]. https://ui.adsabs.harvard.edu/abs/2019arXiv190709693L/abstract.

[59] Diffie W. New direction in cryptography[J]. IEEE Trans. Inform. Theory, 1976, 22: 472-492.

[60] 李宗育，桂小林，顾迎捷，等. 同态加密技术及其在云计算隐私保护中的应用[J]. 软件学报, 2018, 29 (07): 1830-1851.

[61] Gentry C. Fully homomorphic encryption using ideal lattices: Proceedings of the forty-first annual ACM symposium on Theory of computing[C]. New York: Association for Computing Machinery, 2009.

[62] Gentry C, Halevi S. Implementing gentry's fully-homomorphic encryption scheme: Advances in Cryptology – EUROCRYPT 2011[C]. Berlin: Springer Publishing Company, 2011.

[63] Cheng K, Fan T, Jin Y, et al. Secureboost: A lossless federated learning framework[A/OL]. arXiv.org[2020-1-18] . https://ui.adsabs.harvard.edu/abs/2019arXiv190108755C/abstract.

[64] Pathak M A, Rane S, Raj B. Multiparty Differential Privacy via Aggregation of Locally Trained Classifiers: International Conference on Neural Information Processing Systems[C]. Cambridge: The MIT Press, 2010.

[65] Tzeng W G. Efficient 1-Out-n Oblivious Transfer Schemes: Public Key Cryptography[C]. Berlin: Springer Publishing Company, 2002.

[66] Lindell Y, Pinkas B. A proof of security of Yao's protocol for two-party computation[J]. Journal of cryptology, 2009, 22 (2): 161-188.

[67] Kolesnikov V, Schneider T. Improved garbled circuit: Free XOR gates and applications: Automata, Languages and Programming [C]. Berlin: Springer Publishing Company, 2008.

[68] Hastings M, Hemenway B, Noble D, et al. Sok: General purpose compilers for secure multi-party computation: 2019 IEEE Symposium on Security and Privacy (SP) [C]. New York: Institute of Electrical and Electronics Engineers, 2019.

[69] Mohassel P, Rindal P. ABY3: A mixed protocol framework for machine learning: Proceedings of the 2018 ACM SIGSAC Conference on Computer and Communications Security[C]. New York: Association for Computing Machinery, 2018.

[70] Bonawitz K, Ivanov V, Kreuter B, et al. Practical secure aggregation for privacy-preserving machine learning: Proceedings of the 2017 ACM SIGSAC Conference on Computer and Communications Security[C]. New York: Association for Computing Machinery, 2017.

[71] Baldi P, Baronio R, Cristofaro E D, et al. Countering GATTACA: efficient and secure testing of fully-sequenced human genomes: Proceedings of the 18th ACM conference on Computer and communications security[C]. New York: Association for Computing Machinery, 2011.

[72] Narayanan A, Thiagarajan N, Lakhani M, et al. Location Privacy via Private Proximity Testing: Proceedings of the Network and Distributed System Security Symposium[C]. Reston: Internet Society, 2011.

[73] Mezzour G, Perrig A, Gligor V, et al. Privacy-Preserving Relationship Path Discovery in Social Networks: Cryptology and Network Security[C]. Berlin: Springer Publishing Company , 2009.

[74] Freedman M J, Nissim K, Pinkas B. Efficient Private Matching and Set Intersection: Advances in Cryptology - EUROCRYPT 2004[C]. Berlin: Springer Publishing Company , 2004.

[75] Asharov G, Lindell Y, Schneider T, et al. More efficient oblivious transfer and extensions for faster secure computation: Proceedings of the 2013 ACM SIGSAC conference on Computer & communications security[C]. New York: Association for Computing Machinery, 2013.

[76] Shamir A. How to share a secret[J]. Communications of the ACM, 1979, 22: 612-613.

[77] Blakley G R. Safeguarding cryptographic keys: 1979 International Workshop on Managing Requirements Knowledge (MARK) [C]. New York: Institute of Electrical and Electronics Engineers, 1979.

[78] Meadows C. A More Efficient Cryptographic Matchmaking Protocol for Use in the Absence of a Continuously Available Third Party: 1986 IEEE Symposium on Security and Privacy [C]. Berlin: Springer Publishing Company , 1986.

[79] Bellare M, Rogaway P. Random oracles are practical: A paradigm for designing efficient protocols: Proc First Annual Conference on Computer and Communications Security[C]. New York: Association for Computing Machinery, 1993.

[80] Naor M. Efficient Oblivious Transfer Protocols: Symposium on Discrete Algorithms[C]. New York: Association for Computing Machinery, 2001.

[81] Canetti R, Goldreich O, Halevi S. The random oracle methodology, revisited[J]. Journal of the Acm, 2004, 51(4): 557-594.

[82] Freedman M J, Ishai Y, Pinkas B, et al. Keyword Search and Oblivious Pseudorandom Functions: Theory of Cryptography[C]. Berlin: Springer Publishing Company, 2005.

[83] Cristofaro E D, Tsudik G. Practical Private Set Intersection Protocols with Linear Complexity: Financial Cryptography and Data Security [C]. Berlin: Springer Publishing Company, 2010.

[84] Chen H, Laine K, Rindal P. Fast Private Set Intersection from Homomorphic Encryption: Proceedings of the 2017 ACM SIGSAC Conference on Computer and Communications Security[C]. New York: Association for Computing Machinery, 2017.

[85] Ishai Y, Kilian J, Nissim K, et al. Extending Oblivious Transfers Efficiently: Advances in Cryptology - CRYPTO 2003[C]. Berlin: Springer Publishing Company, 2003.

[86] Dong C, Chen L, Wen Z. When private set intersection meets big data: An efficient and scalable protocol: Proceedings of the 2013 ACM SIGSAC conference on Computer & communications security[C]. New York: Association for Computing Machinery, 2013.

[87] Kolesnikov V, Kumaresan R, Rosulek M, et al. Efficient Batched Oblivious PRF with Applications to Private Set Intersection: Proceedings of the 2016 ACM SIGSAC Conference on Computer and Communications Security[C]. New York: Association for Computing Machinery, 2016.

[88] Rindal P, Rosulek M. Improved Private Set Intersection Against Malicious Adversaries: Advances in Cryptology – EUROCRYPT 2017[C]. Berlin: Springer Publishing Company, 2017.

[89] Rindal P, Rosulek M. Malicious-secure private set intersection via dual execution: Proceedings of the 2017 ACM SIGSAC Conference on Computer and Communications Security[C]. New York: Association for Computing Machinery, 2017.

[90] Pinkas B, Schneider T, Zohner M, et al. Scalable Private Set Intersection Based on OT Extension[J]. ACM Transaction on Information and System Security, 2018, 21(2), 1-35.

[91] Kolesnikov V, Kumaresan R. Improved OT Extension for Transferring Short Secrets: Advances in Cryptology – CRYPTO 2013[C]. Berlin: Springer Publishing Company, 2013.

[92] Pagh R, Rodler F F. Cuckoo hashing[J]. Journal of Algorithms, 2004, 51(2): 122-144.

[93] Hardy S, Henecka W, Ivey-Law H, et al. Private federated learning on vertically partitioned data via entity resolution and additively homomorphic encryption[A/OL]. arXiv.org[2020-1-18] . https://ui.adsabs.harvard.edu/abs/2017arXiv171110677H/abstract.

[94] Christen P. Data matching: concepts and techniques for record linkage, entity resolution, and duplicate detection[M]. Berlin: Springer Publishing Company, 2012.

[95] Vatsalan D, Christen P, Verykios V S. Efficient two-party private blocking based on sorted nearest neighborhood clustering: Proceedings of the 22nd ACM international conference on Information & Knowledge Management[C]. New York: Association for Computing Machinery, 2013.

[96] Liu Y, Zhang X, Wang L. Asymmetrically vertical federated learning[A/OL]. arXiv.org[2020-1-18] . https://ui.adsabs.harvard.edu/abs/2020arXiv200407427L/abstract.

[97] Criminisi A, Shotton J, Konukoglu E. Decision forests for classification, regression, density estimation, manifold learning and semi-supervised learning[J]. Foundations and Trends in Computer Graphics and Vision, 2011, 5 (6): 12.

[98] Bergstra J, Bengio Y J. Random search for hyper-parameter optimization[J]. The Journal of Machine Learning Research, 2012, 13 (1): 281-305.

[99] Li L, Jamieson K, Desalvo G, et al. Hyperband: A novel bandit-based approach to hyperparameter optimization[J]. Journal of Machine Learning Research, 2016, 18: 1-52.

[100] Kairouz P, McMahan H B, Avent B, et al. Advances and open problems in federated learning[J]. Foundations and Trends in Machine Learning, 2021, 14 (1): 22-34.

[101] Bahmani R, Barbosa M, Brasser F, et al. Secure multiparty computation from SGX:

Financial Cryptography and Data Security[C]. Berlin: Springer Publishing Company, 2017.

[102] Liang G, Chawathe S S. Privacy-preserving inter-database operations: Intelligence and Security Informatics[C]. Berlin: Springer Publishing Company, 2004.

[103] Scannapieco M, Figotin I, Bertino E, et al. Privacy preserving schema and data matching: Proceedings of the 2007 ACM SIGMOD international conference on Management of data[C]. New York: Association for Computing Machinery, 2007.

[104] 方匡南, 吴见彬, 朱建平, 等. 随机森林方法研究综述[J]. 统计与信息论坛, 2011, 26 (3): 32-38.

[105] Chen T, Guestrin C. Xgboost: A scalable tree boosting system: Proceedings of the 22nd acm sigkdd international conference on knowledge discovery and data mining[C]. New York: Association for Computing Machinery, 2016.

[106] Phong L T, Aono Y, Hayashi T, et al. Privacy-Preserving Deep Learning via Additively Homomorphic Encryption[J]. IEEE Transactions on Information Forensics and Security, 2018, 13 (5): 1333-1345.

[107] McMahan B H, Moore E, Ramage D, et al. Communication-efficient learning of deep networks from decentralized data[A/OL]. arXiv.org[2020-1-18] . https://ui.adsabs.harvard.edu/abs/2016arXiv160205629B/abstract.

[108] Yu C, Tang H, Renggli C, et al. Distributed learning over unreliable networks: International Conference on Machine Learning[C]. New York : Association for Computing Machinery, 2019.

[109] Su H, Chen H. Experiments on parallel training of deep neural network using model averaging[A/OL]. arXiv.org[2020-1-18] . https://ui.adsabs.harvard.edu/abs/2015arXiv150701239S/abstract.

[110] Yu H, Yang S, Zhu S. Parallel restarted SGD with faster convergence and less communication: Demystifying why model averaging works for deep learning[A/OL]. arXiv.org[2020-1-18]. https://ui.adsabs.harvard.edu/abs/2018arXiv180706629Y/abstract.

[111] Chang K, Balachandar N, Lam C, et al. Distributed deep learning networks among institutions for medical imaging[J]. Journal of the American Medical Informatics Association, 2018, 25 (8): 945-954.

[112] Chang K, Balachandar N, Lam C K, et al. Institutionally Distributed Deep Learning Networks[A/OL]. arXiv.org[2020-1-18]. https://ui.adsabs.harvard.edu/abs/2017arXiv170905929C/

abstract.

[113] Yang Q, Liu Y, Cheng Y, et al. Federated Learning[M]. San Rafael: Morgan & Claypool Publishers, 2019.

[114] Yang T, Andrew G, Eichner H, et al. Applied federated learning: Improving google keyboard query suggestions[A/OL]. arXiv.org[2020-1-18]. https://ui.adsabs.harvard.edu/abs/2018arXiv 181202903Y/abstract.

[115] Dai W, Yang Q, Xue G R, et al. Boosting for transfer learning: Proceedings of the 24th international conference on Machine learning[C]. New York: Association for Computing Machinery, 2007.

[116] Das S R, Chen M Y. Yahoo! for Amazon: Sentiment Extraction from Small Talk on the Web[J]. Management Science, 2007, 53 (9): 1375-1388.

[117] Thomas M, Pang B, Lee L. Get out the vote: Determining support or opposition from Congressional floor-debate transcripts: Proceedings of the 2006 Conference on Empirical Methods in Natural Language Processing[C]. Cambridge: The MIT Press, 2006.

[118] Blitzer J, Dredze M, Pereira F. Biographies, bollywood, boom-boxes and blenders: Domain adaptation for sentiment classification: Proceedings of the 45th annual meeting of the association of computational linguistics[C]. Stroudsburg: Association for Computational Linguistics, 2007.

[119] Yin J, Yang Q, Ni L. Adaptive temporal radio maps for indoor location estimation: Third IEEE international conference on pervasive computing and communications[C]. New York: Institute of Electrical and Electronics Engineers, 2005.

[120] Ferris B, Fox D, Lawrence N D. Wifi-slam using gaussian process latent variable models: International Joint Conferences on Artificial Intelligence[C]. Menlo Park: AAAI Press, 2007.

[121] Pan J J, Yang Q, Chang H, et al. A manifold regularization approach to calibration reduction for sensor-network based tracking: Association for the Advancement of Artificial Intelligence[C]. Menlo Park: AAAI Press, 2006.

[122] Pan S J, Zheng V W, Yang Q, et al. Transfer learning for wifi-based indoor localization: Association for the advancement of artificial intelligence (AAAI) workshop[C]. Menlo Park: AAAI Press, 2008.

[123] Cook D, Feuz K D, Krishnan N C. Transfer learning for activity recognition: A survey[J].

Knowledge and information systems, 2013, 36 (3): 537-556.

[124] Pan S J, Tsang I W, Kwok J T, et al. Domain adaptation via transfer component analysis[J]. IEEE Transactions on Neural Networks, 2011, 22 (2): 199-210.

[125] Krizhevsky A, Sutskever I, Hinton G E. Imagenet classification with deep convolutional neural networks: Advances in neural information processing systems[C]. New York: Curran Associates, 2012.

[126] Simonyan K, Zisserman A. Very deep convolutional networks for large-scale image recognition[A/OL]. arXiv.org[2020-1-18]. https://ui.adsabs.harvard.edu/abs/2014arXiv1409.1556S/abstract.

[127] Szegedy C, Liu W, Jia Y, et al. Going deeper with convolutions: Proceedings of the IEEE conference on computer vision and pattern recognition[C]. New York: Institute of Electrical and Electronics Engineers, 2015.

[128] 周志华. 机器学习[M]. 北京：清华大学出版社, 2016.

[129] Zeiler M D, Taylor G W, Fergus R. Adaptive deconvolutional networks for mid and high level feature learning: 2011 International Conference on Computer Vision[C]. New York: Institute of Electrical and Electronics Engineers, 2011.

[130] Le Q V. Building high-level features using large scale unsupervised learning: 2013 IEEE international conference on acoustics, speech and signal processing[C]. New York: Institute of Electrical and Electronics Engineers, 2013.

[131] Oquab M, Bottou L, Laptev I, et al. Learning and transferring mid-level image representations using convolutional neural networks: Proceedings of the IEEE conference on computer vision and pattern recognition[C]. New York: Institute of Electrical and Electronics Engineers, 2014.

[132] Shu X, Qi G J, Tang J, et al. Weakly-shared deep transfer networks for heterogeneous-domain knowledge propagation: Proceedings of the 23rd ACM international conference on Multimedia[C]. New York: Association for Computing Machinery, 2015.

[133] Chua T S, Tang J, Hong R, et al. NUS-WIDE: a real-world web image database from National University of Singapore: Proceedings of the ACM international conference on image and video retrieval[C]. New York: Association for Computing Machinery, 2009.

[134] Zhu Y, Chen Y, Lu Z, et al. Heterogeneous transfer learning for image classification: Twenty-Fifth AAAI Conference on Artificial Intelligence[C]. Menlo Park: AAAI Press, 2011.

[135] Qi G-J, Aggarwal C, Huang T. Towards semantic knowledge propagation from text corpus to web images: Proceedings of the 20th international conference on World wide web[C]. New York: Association for Computing Machinery, 2011.

[136] Regulation P. Regulation (EU) 2016/679 of the European Parliament and of the Council[J]. REGULATION (EU), 2016, 679: 2016.

[137] Liang X, Liu Y, Chen T, et al. Federated Transfer Reinforcement Learning for Autonomous Driving[A/OL]. arXiv.org[2020-1-18]. https://ui.adsabs.harvard.edu/abs/2019arXiv191006001L/abstract.

[138] Liu Y, Chen T, Yang Q. Secure federated transfer learning[A/OL].arXiv.org[2020-1-18]. https://ui.adsabs.harvard.edu/abs/2018arXiv181203337L/abstract.

[139] Sharma S, Chaoping X, Liu Y, et al. Secure and Efficient Federated Transfer Learning: 2019 IEEE International Conference on Big Data (Big Data) [C]. New York: Institute of Electrical and Electronics Engineers, 2019.

[140] Aono Y, Hayashi T, Phong L T, et al. Scalable and secure logistic regression via homomorphic encryption: Proceedings of the Sixth ACM Conference on Data and Application Security and Privacy[C]. New York: Association for Computing Machinery, 2016.

[141] Phong L T , Aono Y , Hayashi T , et al. Privacy-Preserving Deep Learning via Additively Homomorphic Encryption[J]. IEEE Transactions on Information Forensics and Security, 2018, 13(5):1333-1345.

[142] Kim M, Song Y, Wang S, et al. Secure logistic regression based on homomorphic encryption: Design and evaluation[J]. JMIR medical informatics, 2018, 6 (2): 19.

[143] Sirajudeen Y M, Anitha R. Survey on Homomorphic Encryption: International Conference for Phoenixes on Emerging Current Trends in Engineering and Management (PECTEAM 2018) [C]. Paris: Atlantis Press, 2018.

[144] Demmler D, Schneider T, Zohner M. ABY-A framework for efficient mixed-protocol secure two-party computation: The Network and Distributed System Security Symposium[C]. Reston: Internet Society, 2015.

[145] Damgård I, Pastro V, Smart N, et al. Multiparty computation from somewhat homomorphic encryption: Advances in Cryptology – CRYPTO 2012[C]. Berlin: Springer Publishing Company, 2012.

[146] Damgård I, Keller M, Larraia E, et al. Practical covertly secure MPC for dishonest majority-or: breaking the SPDZ limits: Computer Security – ESORICS 2013[C]. Berlin: Springer

Publishing Company, 2013.

[147] Abadi M, Chu A, Goodfellow I, et al. Deep learning with differential privacy: Proceedings of the 2016 ACM SIGSAC Conference on Computer and Communications Security[C]. New York: Association for Computing Machinery, 2016.

[148] Hitaj B, Ateniese G, Perez-Cruz F. Deep models under the GAN: information leakage from collaborative deep learning: Proceedings of the 2017 ACM SIGSAC Conference on Computer and Communications Security[C]. New York: Association for Computing Machinery, 2017.

[149] Du W, Han Y S, Chen S. Privacy-preserving multivariate statistical analysis: Linear regression and classification: 2004 SIAM international conference on data mining[C]. Philadelphia: Society for Industrial and Applied Mathematics, 2004.

[150] Jing Q, Wang W, Zhang J, et al. Quantifying the Performance of Federated Transfer Learning[A/OL]. arXiv.org[2020-1-18]. https://ui.adsabs.harvard.edu/abs/2019arXiv191212795J/abstract.

[151] Lillicrap T P, Hunt J J, Pritzel A, et al. Continuous control with deep reinforcement learning[A/OL]. arXiv.org[2020-1-18]. https://ui.adsabs.harvard.edu/abs/2015arXiv150902971L/abstract.

[152] Watkins C, Dayan P. Q-learning[J]. Machine Learning, 1992, 8(3-4): 279-292.

[153] Silver D, Lever G, Heess N, et al. Deterministic policy gradient algorithms: Proceedings of the 31st International Conference on International Conference on Machine Learning[C]. New York: Association for Computing Machinery, 2014.

[154] Ioffe S, Szegedy C. Batch normalization: accelerating deep network training by reducing internal covariate shift: International Conference on Machine Learning[C]. New York : Association for Computing Machinery, 2015.

[155] Uhlenbeck G E, Ornstein L S. On the Theory of the Brownian Motion[J]. Revista Latinoamericana De Microbiología, 1973, 15(1): 29.

[156] Liu B, Wang L, Liu M, et al. Lifelong Federated Reinforcement Learning: A Learning Architecture for Navigation in Cloud Robotic Systems [J]. IEEE Robotics and Automation Letters, 2019, 4(4): 4555-4562.

[157] Wu P, Dietterich T G. Improving SVM accuracy by training on auxiliary data sources: Proceedings of the twenty-first international conference on Machine learning[C]. New York: Association for Computing Machinery, 2004.

[158] Liao X, Xue Y, Carin L. Logistic regression with an auxiliary data source: Proceedings of

the 22nd international conference on Machine learning[C]. New York: Association for Computing Machinery, 2005.

[159] Jiang J, Zhai C X. Instance weighting for domain adaptation in NLP: Proceedings of the 45th annual meeting of the association of computational linguistics[C]. Stroudsburg: Association for Computational Linguistics, 2007.

[160] Dai W, Xue G R, Yang Q, et al. Transferring naive bayes classifiers for text classification: The Association for the Advancement of Artificial Intelligence[C]. Menlo Park: AAAI Press, 2007.

[161] Huang J, Gretton A, Borgwardt K, et al. Correcting sample selection bias by unlabeled data[J]. Advances in neural information processing systems, 2006, 19: 601-608.

[162] Bickel S, Brückner M, Scheffer T. Discriminative learning for differing training and test distributions: Proceedings of the 24th international conference on Machine learning[C]. New York: Association for Computing Machinery, 2007.

[163] Sugiyama M, Nakajima S, Kashima H, et al. Direct importance estimation with model selection and its application to covariate shift adaptation: Advances in neural information processing systems[C]. New York: Curran Associates, 2008.

[164] Quionero-Candela J, Sugiyama M, Schwaighofer A, et al. Dataset shift in machine learning[M]. Cambridge: The MIT Press, 2009.

[165] Argyriou A, Evgeniou T, Pontil M. Multi-task feature learning: Advances in neural information processing systems[C]. New York: Curran Associates, 2007.

[166] Argyriou A, Pontil M, Ying Y, et al. A spectral regularization framework for multi-task structure learning: Advances in neural information processing systems[C]. New York: Curran Associates, 2008.

[167] Jebara T. Multi-task feature and kernel selection for SVMs: Proceedings of the twenty-first international conference on Machine learning[C]. New York: Association for Computing Machinery, 2004.

[168] Lee S I, Chatalbashev V, Vickrey D, et al. Learning a meta-level prior for feature relevance from multiple related tasks: Proceedings of the 24th international conference on Machine learning[C]. New York: Association for Computing Machinery, 2007.

[169] Raina R, Battle A, Lee H, et al. Self-taught learning: transfer learning from unlabeled data: Proceedings of the 24th international conference on Machine learning[C]. New York: Association for Computing Machinery, 2007.

[170] Wang C, Mahadevan S. Manifold alignment using procrustes analysis: Proceedings of the 25th international conference on Machine learning[C]. New York: Association for Computing Machinery, 2008.

[171] Blitzer J, Mcdonald R, Pereira F. Domain adaptation with structural correspondence learning: 45th Annv. Meeting of the Assoc[C]. Stroudsburg: Association for Computational Linguistics, 2006.

[172] Daumé Iii H.Frustratingly easy domain adaptation[A/OL]. arXiv.org[2020-1-18]. https://ui.adsabs.harvard.edu/abs/2009arXiv0907.1815D/abstract

[173] Ben-David S, Blitzer J, Crammer K, et al. Analysis of representations for domain adaptation: Advances in neural information processing systems[C]. New York: Curran Associates, 2007.

[174] Blitzer J, Crammer K, Kulesza A, et al. Learning bounds for domain adaptation: Advances in neural information processing systems[C]. New York: Curran Associates, 2008.

[175] Lawrence N D, Platt J C. Learning to learn with the informative vector machine: Proceedings of the twenty-first international conference on Machine learning[C]. New York: Association for Computing Machinery, 2004.

[176] Evgeniou T, Pontil M. Regularized multi-task learning:.Proceedings of the tenth ACM SIGKDD international conference on Knowledge discovery and data mining[C]. New York: Association for Computing Machinery, 2004.

[177] Bonilla E V, Chai K M, Williams C. Multi-task Gaussian process prediction: Advances in neural information processing systems[C]. New York: Curran Associates, 2008.

[178] Schwaighofer A, Tresp V, Yu K. Learning Gaussian process kernels via hierarchical Bayes[J]. Advances in neural information processing systems, 2004, 17: 1209-1216.

[179] Gao J, Fan W, Jiang J, et al. Knowledge transfer via multiple model local structure mapping: Proceedings of the 14th ACM SIGKDD international conference on Knowledge discovery and data mining[C]. New York: Association for Computing Machinery, 2008.

[180] Richardson M, Domingos P. Markov logic networks[J]. Machine learning, 2006, 62 (1-2): 107-136.

[181] Davis J, Domingos P. Deep transfer via second-order markov logic: Proceedings of the 26th annual international conference on machine learning[C]. New York: Association for Computing Machinery, 2009.

[182] Mihalkova L, Mooney R J. Transfer learning by mapping with minimal target data: Proceedings of the AAAI-08 workshop on transfer learning for complex tasks[C]. Menlo Park: AAAI Press, 2008.

[183] Wang Z, Song Y, Zhang C. Transferred dimensionality reduction: Machine Learning and Knowledge Discovery in Databases[C]. Berlin: Springer Publishing Company, 2008.

[184] 陈硕. Linux 多线程服务端编程：使用 muduo C++网络库[M]. 北京：电子工业出版社, 2013.

[185] Brisimi T S, Chen R, Mela T, et al. Federated learning of predictive models from federated Electronic Health Records[J].International Journal of Medical Informatics, 2018, 112: 59-67.

[186] Liu D, Miller T, Sayeed R, et al. Fadl: Federated-autonomous deep learning for distributed electronic health record[A/OL]. arXiv.org[2020-1-18]. https://ui.adsabs.harvard.edu/abs/2018arXiv 181111400L/abstract.

[187] 谭作文, 张连福. 机器学习隐私保护研究综述[J]. 软件学报, 2020, 31(7): 2127-2156.

[188] 夏商周. 基于 WoE-Logistic ogistic 信用评分卡违约预测模型的网贷平台价值优化方法[D]. 武汉：华中师范大学, 2019.

[189] 杨强. AI 与数据隐私保护："联邦学习"的破解之道[J]. 信息安全研究, 2019,(11): 961-965.

[190] 沈炜, 陈纯. 基于条件可信第三方的不可否认协议[J].浙江大学学报(工学版), 2004,38(1): 35-39.

[191] 维克托·迈尔-舍恩伯格. 大数据时代：生活、工作与思维的大变革[M]. 杭州：浙江人民出版社, 2013.

[192] 伍李明. 企业会计准则——基本准则[J]. 对外经贸财会, 2006, (4): 7-9.

[193] Murphy J. The general data protection regulation (GDPR)[J]. Irish medical journal, 2018, 111(5): 747.

[194] Berkman M. Valuing Intellectual Property Assets for Licensing Transactions[J]. The Licensing Journal, 2002, 28(4):16.

[195] 苏淑香. 无形资产评估的重置成本法及其适用性探讨[J]. 山东工业大学学报：社会科学版, 2000, (3): 211-212.

[196] 刘琦, 童洋, 魏永长, 等. 市场法评估大数据资产的应用[J]. 中国资产评估, 2016,(11):33-37.

[197] 李永红, 张淑雯. 数据资产价值评估模型构建[J]. 财会月刊,2018,(9):30-35.

[198] Wang G, Dang C X, Zhou Z. Measure Contribution of Participants in Federated Learning: 2019 IEEE International Conference on Big Data (Big Data)[C]. New York: Institute of Electrical and Electronics Engineers, 2020.

[199] Richardson A, Filos-Ratsikas A, Faltings B. Rewarding high-quality data via influence functions[A/OL]. arXiv.org[2020-1-18]. https://ui.adsabs.harvard.edu/abs/2019arXiv190811598R/abstract.

[200] Kang J, Xiong Z, Niyato D, et al. Incentive Mechanism for Reliable Federated Learning: A Joint Optimization Approach to Combining Reputation and Contract Theory[J]. IEEE Internet of Things Journal, 2019, 6(6):10700-10714.

[201] Yu H, Liu Z, Chen T, et al. A Fairness-aware Incentive Scheme for Federated Learning: Proceedings of the AAAI/ACM Conference on AI, Ethics, and Society[C]. New York: Association for Computing Machinery, 2020.

[202] Pandey S R, Tran N H, Bennis M, et al. A crowdsourcing framework for on-device federated learning[J]. IEEE Transactions on Wireless Communications, 2020, 19(5): 3241-3256.

[203] Sabt M, Achemlal M, Bouabdallah A. Trusted Execution Environment: What It is, and What It is Not: 2015 IEEE Trustcom/BigDataSE/ISPA[C]. New York: Institute of Electrical and Electronics Engineers, 2015.

[204] Dwork C, Mcsherry F, Nissim K, et al.Calibrating noise to sensitivity in private data analysis[J].Journal of Privacy and Confidentiality, 2016, 7 (3): 17-51.

[205] Tramèr F, Zhang F, Juels A, et al. Stealing machine learning models via prediction apis: 25th USENIX Security Symposium (USENIX Security 16) [C]. Berkeley: the Advanced Computing Systems Association , 2016.

[206] Jiang Y, Konen J, Rush K, et al. Improving Federated Learning Personalization via Model Agnostic Meta Learning[A/OL]. arXiv.org[2020-1-18]. https://ui.adsabs.harvard.edu/abs/2019arXiv190912488J/abstract.

[207] Lake B, Salakhutdinov R, Gross J, et al. One shot learning of simple visual concepts: Proceedings of the 33rd Annual Conference of the Cognitive Science Society[C]. Austin: Cognitive Science Society, 2011.

[208] Wong C, Houlsby N, Lu Y, et al. Transfer learning with neural automl: Advances in Neural Information Processing Systems[C]. New York: Curran Associates, 2018.

[209] Thakkar O, Andrew G, McMahan H B. Differentially private learning with adaptive clipping[A/OL]. arXiv.org[2020-1-18]. https://ui.adsabs.harvard.edu/abs/2019arXiv190503871T/abstract.

[210] Lamport L, Shostak R, Pease M. The Byzantine generals problem[M]. San Rafael: Morgan & Claypool Publishers, 2019.

[211] Fang M H, Cao X Y, Jia J Y, et al. Local Model Poisoning Attacks to Byzantine-Robust Federated Learning[A/OL]. arXiv.org[2020-1-18]. https://ui.adsabs.harvard.edu/abs/2019arXiv191111815F/abstract.

[212] Fung C, Yoon C J, Beschastnikh I. Mitigating sybils in federated learning poisoning[A/OL]. arXiv.org[2020-1-18]. https://ui.adsabs.harvard.edu/abs/2018arXiv180804866F/abstract.

[213] Tramèr F, Boneh D. Adversarial training and robustness for multiple perturbations: Advances in Neural Information Processing Systems[C]. New York: Curran Associates, 2019.

[214] Mehrabi N, Morstatter F, Saxena N, et al. A survey on bias and fairness in machine learning[A/OL]. arXiv.org[2020-1-18]. https://ui.adsabs.harvard.edu/abs/2019arXiv190809635M/abstract.

[215] Li T, Sanjabi M, Beirami, et al. Fair Resource Allocation in Federated Learning[A/OL]. arXiv.org[2020-1-18]. https://ui.adsabs.harvard.edu/abs/2019arXiv190510497L/abstract.

[216] Cummings R, Gupta V, Kimpara D, et al. On the compatibility of privacy and fairness: Adjunct Publication of the 27th Conference on User Modeling, Adaptation and Personalization[C]. New York: Association for Computing Machinery, 2019.

[217] 王蓉, 马春光, 武朋. 基于联邦学习和卷积神经网络的入侵检测方法[J].信息网络安全, 2020,(4): 47-54.